高职高专"十三五"规划教材

化工安全技术

HUAGONG ANQUAN JISHU

孙士铸　刘德志　主编

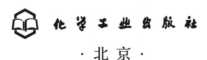

《化工安全技术》结合现代化工企业生产实际，在加强安全基础理论学习的同时，加强对学生安全意识、安全行为、安全技能和安全素养的教育和培养。本书包含化工生产安全认知、职业卫生与防护、危险化学品安全管理、燃烧爆炸伤害预防、压力容器安全管理、触电伤害预防、检修现场伤害预防七个项目，每个项目结合生产内容分为多个任务，并为学习者提供了多个生产事故案例供参考。

本书可作为高职教育化工技术类及相关专业的公共课教材，也可供从事化工生产及相关领域的技术人员和管理人员培训及参考。

图书在版编目（CIP）数据

化工安全技术/孙士铸，刘德志主编. —北京：化学工业出版社，2019.3（2025.2重印）
高职高专"十三五"规划教材
ISBN 978-7-122-33924-9

Ⅰ.①化… Ⅱ.①孙…②刘… Ⅲ.①化工安全-安全技术-高等职业教育-教材 Ⅳ.①TQ086

中国版本图书馆 CIP 数据核字（2019）第 029759 号

责任编辑：张双进　　　　　　　　　文字编辑：孙凤英
责任校对：宋　玮　　　　　　　　　装帧设计：王晓宇

出版发行：化学工业出版社（北京市东城区青年湖南街13号　邮政编码100011）
印　　装：北京建宏印刷有限公司
787mm×1092mm　1/16　印张15¼　字数385千字　2025年2月北京第1版第3次印刷

购书咨询：010-64518888　　　售后服务：010-64518899
网　　址：http://www.cip.com.cn
凡购买本书，如有缺损质量问题，本社销售中心负责调换。

定　　价：42.00元　　　　　　　　　　　　　　　　　版权所有　违者必究

前言

安全管理贯穿于各个行业和领域,安全问题越来越受到各国政府和公众的重视。企业的安全生产管理是企业管理的一个重要领域,现代化的生产、经营性企业的安全生产管理问题,无论从其经济效益还是从社会影响力来看都不容忽视。如果做不好,势必会给人们的生命、财产带来极大的危害,会给国家造成巨大的损失。

化工生产的安全比其他行业更为迫切和重要。要搞好化工企业的安全生产,人是关键因素。要提高化工企业职工的素质和实现化工生产的现代化,必须大力发展安全教育和培训工作。高职院校培养的化工类专业学生是未来化工行业发展所需的高级技术技能型人才。近年来,部分在校学生、实习学生、刚毕业学生的安全事故频发,学生的安全教育和培训工作迫在眉睫。为此,国家先后出台《教育部 国家安全监管总局 关于加强化工安全人才培养工作的指导意见》(教高〔2014〕4号)、《教育部办公厅关于进一步支持化工安全复合型高级人才培养工作意见的复函》〔教高厅函〔2017〕(59)〕支持化工安全人才的培养。

化工类专业的学生应该在加强基础理论学习的同时,加强安全意识、安全理论、安全技能和安全素养的教育和培养,切实提高安全培训质量。

本书由孙士铸、刘德志任主编;孙士铸负责项目一、项目二的编写,刘德志负责项目三、项目四的编写,韩宗负责项目五的编写,王丽负责项目六的编写,李浩负责项目七的编写;本书最终由刘德志统稿,孙士铸审定。

本书在编写过程中得到华泰化工陈洪祥、海科化工集团马宪华等的大力协助,在此一并感谢。

编者

2018年9月

目录

项目一 化工生产安全认知

任务 1 化工生产与安全认知 ………………………………………………… 001
一、认识化工生产的特点 …………………………………………………… 001
二、化工生产的危险因素 …………………………………………………… 004
三、化工生产中存在的心理问题 …………………………………………… 006

任务 2 化工企业安全管理 …………………………………………………… 006
一、企业安全教育分级及主要内容 ………………………………………… 006
二、安全生产相关法律法规 ………………………………………………… 008
三、企业从业人员安全生产职责 …………………………………………… 013

任务 3 违章操作心理成因及消除 …………………………………………… 017
一、违章操作的含义 ………………………………………………………… 017
二、违章操作的类型 ………………………………………………………… 017
三、违章操作者的心理状态 ………………………………………………… 017
四、消除违章操作心理的对策 ……………………………………………… 019

项目二 职业卫生与防护

任务 1 职业危害分析 ………………………………………………………… 029
一、我国目前职业危害现状 ………………………………………………… 029
二、职业危害因素的分类 …………………………………………………… 030
三、职业性危害因素的作用条件 …………………………………………… 031
四、职业危害因素与职业病 ………………………………………………… 032
五、职业危害程度分级标准 ………………………………………………… 033
六、职业危害因素识别的方法应用 ………………………………………… 033

任务 2 预防工业毒物的危害 ………………………………………………… 043
一、工业毒物 ………………………………………………………………… 043
二、职业中毒 ………………………………………………………………… 049

任务 3 预防生产性粉尘的危害 ……………………………………………… 053
一、粉尘的产生及对人体的危害 …………………………………………… 053
二、生产性粉尘的性质 ……………………………………………………… 054
三、预防粉尘危害的对策 …………………………………………………… 055

任务 4 预防物理性危害 ……………………………………………………… 056
一、噪声及噪声聋 …………………………………………………………… 056
二、振动及振动病 …………………………………………………………… 057
三、电磁辐射及其所致职业病 ……………………………………………… 058

四、异常气象条件及有关的职业病 ……………………………………………… 059
任务 5　个人防护用品的使用 …………………………………………………………… 062
　　一、个人防护用品与分类 …………………………………………………………… 062
　　二、安全帽 …………………………………………………………………………… 063
　　三、安全带 …………………………………………………………………………… 064
　　四、防护眼镜和面罩 ………………………………………………………………… 065
　　五、防护手套 ………………………………………………………………………… 066
　　六、防护鞋 …………………………………………………………………………… 068
　　七、护耳器 …………………………………………………………………………… 068
　　八、防护用品必须正确选择和使用 ………………………………………………… 070
任务 6　化工企业职业危害原因分析与控制 …………………………………………… 070
　　一、化工企业职业危害原因分析 …………………………………………………… 070
　　二、化工企业职业危害防治对策 …………………………………………………… 075

项目三　危险化学品安全管理

任务 1　危险化学品的分类和特性 ……………………………………………………… 083
　　一、《化学品分类和危险性公示　通则》 ………………………………………… 084
　　二、《危险货物分类和品名编号》 ………………………………………………… 088
任务 2　危险化学品安全储存 …………………………………………………………… 099
　　一、危险化学品的储存方式 ………………………………………………………… 099
　　二、根据危险化学品的性能储存 …………………………………………………… 099
　　三、危险化学品的存放应符合防火、防爆的安全要求 …………………………… 099
　　四、危险化学品储存要求 …………………………………………………………… 100
任务 3　危险化学品安全运输 …………………………………………………………… 105
　　一、危险化学品运输可能存在的危险、危害因素 ………………………………… 105
　　二、从事危险化学品运输的基本要求 ……………………………………………… 105
　　三、危险化学品运输安全技术与要求 ……………………………………………… 107

项目四　燃烧爆炸伤害预防

任务 1　了解石油化工燃烧爆炸的特点 ………………………………………………… 112
　　一、石油化工生产的特点 …………………………………………………………… 112
　　二、石油化工火灾爆炸的特点 ……………………………………………………… 113
任务 2　灭火剂的选择 …………………………………………………………………… 114
　　一、火灾的种类 ……………………………………………………………………… 114
　　二、灭火剂的选择 …………………………………………………………………… 114
任务 3　灭火器的使用 …………………………………………………………………… 116
　　一、灭火器标志的识别 ……………………………………………………………… 116
　　二、灭火器使用 ……………………………………………………………………… 116
任务 4　生产装置初起火灾扑救 ………………………………………………………… 122
　　一、火灾的发展过程和特点 ………………………………………………………… 122

二、灭火的基本原则 …………………………………………………………… 123
　　三、生产装置初期火灾的扑救 ………………………………………………… 124
　　四、储罐初起火灾的扑救 ……………………………………………………… 125
　　五、汽车初起火灾的扑救 ……………………………………………………… 125
　　六、人身起火的扑救 …………………………………………………………… 126
　任务 5　常见石油化工火灾扑救 ……………………………………………………… 127
　　一、石油化工装置火灾 ………………………………………………………… 127
　　二、油泵房火灾 ………………………………………………………………… 129
　　三、输油管道火灾 ……………………………………………………………… 130
　　四、下水道、管沟油料火灾 …………………………………………………… 130
　任务 6　防火防爆的安全措施 ………………………………………………………… 130
　　一、控制和消除火源 …………………………………………………………… 130
　　二、控制危险物料 ……………………………………………………………… 132
　　三、控制工艺参数 ……………………………………………………………… 133
　　四、采用自动控制和安全保护装置 …………………………………………… 134
　　五、限制火灾和爆炸的扩散 …………………………………………………… 135
　　六、采用防爆电气设备 ………………………………………………………… 135

项目五　压力容器安全管理

　　一、压力容器的工艺参数 ……………………………………………………… 138
　　二、压力容器的基本要求 ……………………………………………………… 138
　　三、压力容器的分类 …………………………………………………………… 139
　任务 1　压力容器与安全附件 ………………………………………………………… 139
　　一、安全阀 ……………………………………………………………………… 139
　　二、防爆片 ……………………………………………………………………… 141
　　三、压力表 ……………………………………………………………………… 143
　　四、液位计 ……………………………………………………………………… 144
　　五、温度计 ……………………………………………………………………… 144
　　六、安全附件的检查 …………………………………………………………… 145
　任务 2　压力容器的定期检验 ………………………………………………………… 145
　　一、年度检查（外部检验）…………………………………………………… 145
　　二、全面检验 …………………………………………………………………… 146
　　三、耐压试验 …………………………………………………………………… 147
　　四、压力容器气压试验应当符合的要求 ……………………………………… 149
　　五、气密性试验 ………………………………………………………………… 149
　任务 3　压力容器的安全使用 ………………………………………………………… 150
　　一、容器安全操作规程 ………………………………………………………… 150
　　二、压力容器的检验 …………………………………………………………… 150
　　三、安全装置的调整和检修 …………………………………………………… 150
　　四、压力容器技术档案管理制度 ……………………………………………… 151
　　五、压力容器维修保养规定 …………………………………………………… 151

六、压力容器的安全操作 ·· 151
任务 4　气瓶的安全管理 ·· 152
　　一、气瓶的分类 ·· 152
　　二、气瓶的结构及附件 ·· 152
　　三、气瓶安全管理 ·· 154
任务 5　锅炉安全管理 ·· 160
　　一、锅炉的危险因素 ··· 160
　　二、锅炉运行的安全管理 ·· 160
　　三、锅炉安全操作规程 ·· 161

项目六　触电伤害预防

任务 1　用电安全 ··· 164
　　一、电的危险性 ·· 164
　　二、防止触电的技术措施 ·· 165
任务 2　触电的伤害与急救 ·· 167
　　一、电流对人体的影响 ·· 167
　　二、触电事故种类、方式与规律 ······························ 171
　　三、触电急救 ·· 174
任务 3　静电的危害与防护 ·· 178
　　一、静电的危害 ·· 178
　　二、静电危害的特点与形式 ······································ 179
　　三、形成静电危害的条件 ·· 179
　　四、防静电灾害的措施 ·· 181
任务 4　雷电的危害与防护 ·· 183
　　一、雷电的基本知识 ··· 183
　　二、雷电的破坏作用 ··· 184
　　三、雷电的危害方式 ··· 185
　　四、防雷措施 ·· 186
　　五、化工生产防雷措施 ·· 186
　　六、人体防雷措施 ·· 189
任务 5　电气火灾预防 ·· 189
　　一、电气火灾爆炸 ·· 190
　　二、电气火灾爆炸危险区域的划分 ·························· 190
　　三、化工生产企业电气安全 ······································ 192
　　四、化工电气安全技术管理 ······································ 194

项目七　检修现场伤害预防

任务 1　生产装置检修的安全管理 ································ 198
　　一、总则 ··· 198
　　二、一般规定 ·· 198

三、检修前的安全要求 ··· 200
　　四、检修期间的安全要求 ··· 201
　　五、检修完成交付开车安全要求 ··· 202
任务 2　装置的安全停车 ··· 202
　　一、常规停车 ··· 203
　　二、紧急停车 ··· 204
任务 3　临时用电作业 ··· 207
任务 4　拆卸作业 ··· 212
　　一、化工装置拆除作业安全注意事项 ····································· 213
　　二、事故案例分析 ··· 216
任务 5　进入受限空间作业 ··· 218
　　一、进入受限空间作业范围 ··· 218
　　二、危害因素 ··· 219
　　三、受限空间作业安全要求 ··· 219
　　四、职责要求 ··· 221
　　五、《受限空间安全作业证》的管理 ······································ 221
任务 6　动火作业 ··· 223
　　一、动火作业定义 ··· 223
　　二、动火作业分类 ··· 224
　　三、动火作业许可证的管理 ··· 224
　　四、动火分析及合格标准 ··· 224
　　五、动火作业安全防火要求 ··· 226
　　六、动火作业职责要求 ··· 226
任务 7　高处作业 ··· 227
　　一、高处作业概念 ··· 227
　　二、高处作业的基本类型 ··· 228
　　三、高处作业施工安全的专项规定 ······································· 229
　　四、高处作业危害与预防 ··· 230
　　五、作业票证的办理 ··· 232

参考文献

项目一
化工生产安全认知

化学工业生产在国民生产中占有重要的地位,与机械、电子、钢铁、纺织等行业相比,由于使用大量的易燃、易爆、有毒、有腐蚀的物质,所以引起火灾、爆炸或者中毒的危险性很大。化工生产中使用的设备、生产操作条件还存在着高温、高压,也给化工生产带来了极大的危险性。由于各种不安全因素的存在,化工生产中一旦发生火灾、爆炸或者中毒等事故,就会给社会造成巨大的伤害,给企业带来不可弥补的经济损失。所以,化工生产必须将安全放在第一位,贯彻执行"安全第一、预防为主、综合治理"的方针,加强安全教育,强化安全管理,保护人民生命财产安全,保证经济效益的提高。

任务 1　化工生产与安全认知

2017年我国共发生4000余起化学品事故,其中化工行业事故多发,这些事故的发生反映出我国化工行业的安全管理基础依然薄弱,安全生产形势严峻。

一、认识化工生产的特点

(一)化工生产特点

化工生产具有易燃、易爆、易中毒、高温、高压、有腐蚀等特点,因而较其他工业部门有更大的危险性。

1. 高温、高压

在化工生产中,为了使化学反应能够快速进行,就要人为地进行升温、加压。另外,化学反应自身也产生高温、高压。高温、高压虽然使化学反应速率加快,达到理想的生产状态,但也带来了生产过程的危险性和难控制性,给安全生产增加了难度。

2. 易燃、易爆

在化工生产中,所使用的各种原料、中间体和产品,一般都具有易燃、易爆性,火灾、爆炸是化工生产中发生较多而且危害甚大的事故类型。当管理不合理或生产装置存在某些缺陷时极易引起着火事故,明火在遇到可燃、易燃气体达到爆炸极限时就易引起爆炸事故的发生。

3. 深冷、负压

在化工生产中,某些生产装置的操作应控制在深冷、负压的状态下进行。如空气分离装置的操作在-195.8℃的低温下进行,再如低温多效海水淡化装置、硝铵和尿素工业的蒸发操作则需要在负压下进行。这些条件都是根据生产中化学反应的需要确定的,也就是说,是由生产性质所决定的。因此,整个化工生产过程的工艺条件十分复杂、多变,并且深冷、负压也是危险性操作,一旦失控就会带来灼伤等事故的发生。

4. 有毒、有害

在化学工业中,由于部分化学品具有毒性、刺激性、致癌性、致突变性、腐蚀性、麻醉性等特性,导致人员急性危害事故每年都发生较多。据有关权威部门统计,由化学品的毒害导致的人员伤亡占化学工业整个事故伤亡的49.9%,几乎占到一半。因此,关注化学品的健康危害是化学工业生产单位的重要工作之一。

5. 大型化、单系列

在化学工业中,随着科学技术的进步,生产规模越来越大,如世界单体常减压装置已经达到1750万吨/年,目前国内最大的常减压炼油装置是中海油惠州以及中化泉州的1200万吨/年单体装置。这些大型装置的产量大、能耗低、经济效益好,但设备贵重、投资较大,一般采用单系列配置,没有备用设备,对生产操作要求极为严格。稍有不慎,就有可能发生较大的事故,对安全生产的要求非常高,对事故苗头的控制非常精细。

6. 高参数、高技术

在化学工业中,我国正在进行产业化结构调整,淘汰一些落后污染的产能,取而代之的是一些技术先进、污染较小、高参数、高技术的现代化工生产装置,如一些大型化肥生产装置、乙烯生产装置,所配置的离心压缩机组,转速高达20000r/min。有的化工反应器反应温度高达2000℃以上。有的为大型装置,单台设备重达1000t以上。高参数、高技术带来了产业的革命,但随之而来的是一个严峻的安全生产问题。

7. 自动化、智能化

在化学工业中,随着现代信息技术的发展,计算机技术、信息工程技术、智能技术也得到了充分的利用。如现在多数大型化工装置的中央控制室均采用DCS控制系统,不仅大大减少了劳动力,也使化工生产各个环节的操作指标得到了精准的控制。但是,自动化、智能化技术的应用也带来了一些新的安全问题,如果管理、维修、操作出现一点闪失,就有可能造成整个系统的停车,给企业造成巨大的经济损失,也有可能造成人员的伤亡。

8. 涉及危险品多、工艺条件苛刻

在化工生产中,涉及的危险物品较多,由于这些危险物品固有的危险性,在操作失误或失控的条件下,极有可能造成燃烧、爆炸、中毒等事故的发生。因此,对化工生产的操作,要求的工艺条件非常苛刻。为了保证生产处于稳定、连续和安全的状态,对温度、压力、流量、液面、气体成分、投料量和投料顺序等工艺指标的确定,都非常严谨。按规定的工艺条件,操作人员要根据生产变化情况,及时频繁地予以调节和进行岗位之间的联系,不允许工艺条件有大的波动,更不允许有超温、超压、超负荷的运行。

9. 产品固定、生产批量大

在化工生产中,一般来说,产品是固定的,而且生产的批量很大。在固定的岗位中,年复一年、日复一日,就生产这么一种产品,容易引起操作人员的麻痹大意,殊不知,在这样大批量生产的化工产品中,潜伏着一些重大的事故隐患。如在硝铵的生产过程中,如果大量

的产品堆积在库房或站台上，长时间不运走，就有可能预热、分解、产生爆炸气体，当浓度达到一定的极限时就有可能发生硝铵爆炸。

10. 生产和销售计划决定生产的物料平衡

在化工生产中，生产和销售计划决定生产的物料平衡。生产不是越多越好，而是要看市场的销售情况，同时也要考虑生产的能力问题，不能因为市场好就盲目地超负荷生产，拼设备、拼人员的劳动力，这样容易发生事故，例如，我国某化工企业"2·28"重大爆炸事故。反过来，市场情况不好，一味地为完成生产任务而大量购进原料又会使得化工产品长期积压，既影响资金周转，也易引发一些其他的事故。

11. 设备投资高并且专用

在化工生产中，特别是在现代大型化工生产装置中，设备的投资比较高，设备都比较昂贵，而且化工生产所用的设备都是专用的。这就对操作人员提出了操作规范，严格按操作规程办事、严格按操作步骤办事是化工生产的基本要求。如果违规操作、违章操作，将会造成重大设备破坏事故，投资几千万元甚至上亿元的设备有可能毁于一旦，甚至引发重大人员伤亡事故。

正因为化工生产具有以上特点，安全生产在化工行业就更为重要。此外，在化工生产中，不可避免地要接触有毒有害的化学物质，化工行业职业病发生率明显高于其他行业。

（二）化工企业火灾爆炸事故分析

通过对原国家安全生产监督管理总局网站资料的收集整理，关文玲、蒋军成等对我国2001～2006年化工生产、经营企业发生的109起火灾爆炸事故按发生事故的设备进行了统计分析，事故共导致458人死亡，统计结果如表1-1所示。

表1-1 化工企业火灾爆炸事故统计表

设备	反应容器	储罐	管道	干燥设备	锅炉	气瓶	冷却装置	净化装置	其他	总计
事故数/起	45	25	7	5	4	3	1	1	18	109
死亡人数/人	176	115	27	20	24	10	4	4	78	458
火灾事故数/起	2	2	0	1	0	0	0	0	5	10
爆炸事故数/起	43	23	7	4	4	3	1	1	13	99

注：火灾指仅发生火灾，爆炸包括物理爆炸、化学爆炸、火灾引发爆炸、爆炸引发火灾。

由表1-1可以看出，化工企业事故发生率最高的是反应容器，如反应釜、中和釜、发生炉等设备。该类设备主要用于完成化学反应，反应条件的要求较为苛刻，往往需要在高温、高压下进行，例如氨合成反应一般压力在30MPa左右，温度为450～550℃。高温高压下反应物具有较高的能量，而且连续工作容易造成设备失效，因此事故频率较高。另外，化学合成过程中很多反应（如氧化反应、氯化反应、硝化反应、水合反应）都是放热反应，其反应过程中产生的热量如果不及时转移，易形成过热现象，从而导致事故的发生。

在化工生产过程中，储罐主要用于存放液态物质，如原油、乙醇、汽油、甲苯等，该类物质多为易燃、易爆、有毒的介质。从表1-1可以看出，与其他设备相比，储罐一旦发生事故，造成的伤亡较大，事故后果较为严重。

管道是用来输送流体物质的一种设备，主要用于联结化工机器与设备、仪表装置等工艺系统，生产过程中使用的炉、塔、罐、槽、压缩机、泵等设备以管道相连通。由于化工工艺的要求，管道中输送的介质往往具有易燃易爆性、毒性、腐蚀性等特点，而且输送过程需要在一定压力下进行，一旦发生泄漏也容易造成火灾爆炸事故发生。

由表 1-1 还可以看出，在所统计的 109 起事故中，其中纯火灾事故仅有 10 起，其余 99 起为物理爆炸、化学爆炸、物理（化学）爆炸引发火灾、火灾引发爆炸事故，这表明由于系统介质、工艺的特点，爆炸成为化工生产、经营过程的主要危险。在上述 109 起事故中，对事故起因较明确的 64 起事故介质统计分析，结果如表 1-2 所示，可以看出在我国化工行业引发事故较多的介质是以石油及其副产品为代表的烃类化合物，其易燃易爆性、易挥发性、易积聚静电性、热膨胀性等特点使得该类物质在生产经营过程中事故易发，其次是苯类化学物、醇类化合物和卤化物。

表 1-2　化工企业火灾爆炸介质统计表

介质类别	事故数/起	死亡人数/人	主要介质
烃类化合物	19	78	石油(5)、汽油(3)、液化石油气(2)、煤气(5)、柴油(2)、天然气(1)、沥青(1)
苯类化合物	11	51	苯(3)、甲苯(2)、二甲苯(1)、叔丁基苯(1)、硝基苯(1)、2,4-二硝基氟苯(1)、间硝基苯甲醚(1)、丙硝基氯化苯(1)
醇类化合物	8	44	乙醇(7)、甲醇(1)
卤化物	5	24	液氯(1)、四溴双酚(1)、氢氟酸(1)、二氯异氰尿酸钠(1)、六氯环戊二烯(1)
胺类化合物	3	10	甲胺(1)、二甲基甲酰胺(1)、甲氧基胺(1)
烯烃类化合物	2	7	乙烯、聚乙烯(1)、四氟乙烯单体(1)
过氧化物	2	6	过氧化甲乙酮(1)、过氧乙酸(1)
酮类	1	3	丙酮(1)
无机类物质	13	45	蒸气(6)、氧气(4)、氨(1)、二胺(1)、锌粉(1)
总计	64	268	

注：（ ）中的数据代表该类介质发生事故的起数。

在统计的 64 起事故中，有机物占 51 起，无机物占 13 起，其中无机物事故中，蒸气超压爆炸事故较为常见。从介质的相态上考虑，工业过程火灾爆炸事故介质以液相和气相为主。从事故统计可以看出，化工企业常见的火灾爆炸事故表现形式是火灾、火灾引发爆炸、爆炸引发火灾。

二、化工生产的危险因素

化工生产的特点使其面临着更复杂的危险因素，主要危险因素有以下几方面。

1. 工厂选址方面

① 易遭受地震、洪水、暴风雨等自然灾害；
② 受水源不足、地质状况限制；
③ 缺少公共消防设施的支援；
④ 受高湿度、温度变化显著等气候影响；
⑤ 受邻近危险性大的工业装置影响；
⑥ 受邻近公路、铁路、机场等运输设施影响；
⑦ 在紧急状态下难以把人和车辆疏散至安全地。

2. 工厂布局

① 工艺设备和储存设备过于密集；
② 有显著危险性和无危险性的工艺装置间的安全距离不够；
③ 昂贵设备过于集中；
④ 对不能替换的装置没有有效的防护；
⑤ 锅炉、加热器等火源与可燃物工艺装置之间距离太小；

⑥ 有地形障碍。

3. 结构

① 支撑物、门、墙等防火等级不够；
② 电气设备无防护措施；
③ 防爆通风换气能力不足；
④ 安全控制指示不明；
⑤ 装置本身存在缺陷。

4. 对加工物质的危险性认识不足

① 装置中原料混合，在催化剂作用下自然分解；
② 对处理的气体、粉尘等在其工艺条件下的爆炸范围不明确；
③ 没有掌握因误操作、控制不良而使工艺过程处于不正常状态时的物料和产品的详细情况，无法做出正确的判断。

5. 化工工艺

① 没有足够的有关化学反应的动力学数据；
② 对有危险的副反应认识不足；
③ 没有根据热力学研究确定爆炸能量；
④ 对工艺异常情况检测不够。

6. 物料输送

① 各种单元操作时对物料流动不能进行良好控制；
② 产品的标识不完全；
③ 风送装置内粉尘进入爆炸极限；
④ 废气、废水和废渣处理不当。

7. 误操作

① 忽略运转和维修的操作教育；
② 没有发挥管理人员的监督作用；
③ 开车、停车计划不当；
④ 缺乏紧急停车的操作训练；
⑤ 没有建立操作人员和安全人员之间的协作机制。

8. 设备缺陷

① 装置腐蚀、损坏；
② 缺少可靠的控制仪表等；
③ 材料疲劳；
④ 对金属材料没有进行充分的无损探伤检查；
⑤ 结构上有缺陷，如不能停车而无法定期检查或进行预防维修；
⑥ 设备在超过设计工艺条件下运行；
⑦ 没有解决运转中存在的问题；
⑧ 没有连续记录温度、压力、开停车情况及中间罐和受压罐内的压力变动。

9. 防护计划不周密

① 没有得到地方应急管理部门的大力支持；
② 安全生产责任分工不明确；

③ 装置运行异常或故障仅由安全部门负责监督；
④ 没有应急管理的成套措施，即使有，操作性也不强；
⑤ 没有实行设备管理和生产部门共同进行的定期安全检查；
⑥ 没有对生产负责人和技术人员进行安全教育和防灾培训。

三、化工生产中存在的心理问题

中国目前每年工伤事故死亡约 13 万人（国家统计局统计）。这么多生命遗憾离世，留下的是家人无尽的悲痛。对大量事故的统计分析说明，有 70%～80% 的事故都跟人有直接关系，所以安全工作的重点应该放在人的身上。提高人的综合素质，提高人的安全意识，提高生产者遵守安全规章制度的自觉性，提高他们的工作技能及安全防护技能，尊重他们的意愿和要求，这就是"以人为本"。人是生产过程的执行者，生产者的思维方式及心理活动将主导人的行动，一旦发生不安全行为，就有可能诱发安全事故。

人的行为过失、不安全行为及不安全状态，都可直接导致事故的发生。而这些在大多数情况下都是由于人的思想、行为相对于安全规程及安全状态发生了偏差而造成的，这种偏差的产生，就是人的心理活动的结果。

人是化工生产的操作者。人在生产活动中是最重要的主宰，人的一切语言、行动都要受心理活动的支配。所以，对化工生产的操作者来说，其喜怒哀乐都直接影响到自身的安全，甚至还关系到他人及设备的安全。特别是特种作业人员，必须要有一种稳定的心态，只有这样，才能保障自身、他人及设备的安全。

人们在事故分析中，总结出了容易发生事故的 11 种心理状态。
① 疲劳：体力疲劳、心理疲劳、病态疲劳；
② 情绪失控：喜、怒、哀、乐；
③ 下意识动作：由于长期的工作行为、工作动作习惯，导致在特殊情况下发生危险动作；
④ 侥幸心理；
⑤ 自信心理；
⑥ 省能心理：花最少的力气、时间，做最多的事，获取最大回报；
⑦ 逆反心理：由于批评、教育、处罚方式不当、粗暴，产生对抗心理，正好是一种与正常行为相反的叛逆心理；
⑧ 配合不好：有心理原因的，也有管理、技术方面原因的；
⑨ 判断失误：导致小事变大事；
⑩ 心理素质不适合从事某项工作；
⑪ 注意力问题：不集中或过分集中都不好。

如果在生产活动中出现了上述一种或数种心态，那就很危险，随之而来的很可能就是不安全行为及不安全状态。安全事故就有可能发生。

任务 2　化工企业安全管理

一、企业安全教育分级及主要内容

企业安全教育分为三级安全教育。三级安全教育制度是企业安全教育的基本教育制度，教育的对象主要以新员工为主。

三级安全教育指厂（公司）级安全教育、车间（部门）级安全教育、班组（工段）级安全教育。

根据原化工部制定的化工企业安全教育要求，三级安全教育具体如下。

1. 厂（公司）级安全教育（一级）

由人力资源部门组织，安全技术、企业卫生与防火（保卫）部门负责，一级安全教育主要内容包括：

① 国家、集团公司及厂级有关安全生产的方针、政策、法律法规，消防，职业卫生及安全生产重要意义；

② 企业的安全生产组织机构及主要安全生产规章制度，厂规厂纪以及入厂后的安全注意事项，卫生和职业病预防等知识；

③ 从业人员安全生产权利和义务；

④ 本企业的生产安全情况、企业设备分布情况、主要危险及要害部位；

⑤ 本厂生产特点（强腐蚀；易燃、易爆、易中毒；高转速，连续性作业）；

⑥ 典型事故案例及教训。

2. 车间（部门）级安全教育（二级）

由车间主任负责，二级安全教育主要内容包括：

① 工作环境及危险因素；

② 所从事工种可能遭受的职业伤害和伤亡事故；

③ 所从事工种的安全职责、操作技能及强制性标准；

④ 自救、互救、急救方法，疏散和现场紧急情况的处理；

⑤ 安全设备设施、个人防护用品的使用和维护；

⑥ 本车间（工段、区、队）安全生产状况及规章制度；

⑦ 预防事故和职业危害的措施及应注意的安全事项；

⑧ 有关事故案例；

⑨ 其他需要培训的内容。

3. 班组（工段）级安全教育（三级）

由班组（工段）长负责，三级安全教育主要内容包括：

① 岗位生产任务、特点，主要设备结构原理，岗位责任制。

② 严格遵守各种安全操作规程。安全操作规程包括：本岗位的安全操作步骤及程序、安全技术知识及注意要求、预防事故的紧急措施、设备维护与保养时应注意的事项。

③ 工（器）具、个人防护用品、防护器具和消防器材的使用方法等。

个人防护用品的使用原则：企业有义务为职工配备必要的个人防护用品；使用个人防护用品者必须了解所使用的防护用品的性能及正确使用方法；使用个人防护用品前，必须严格检查，损坏或磨损严重的必须及时更换；妥善维护保养防护用品。

④ 正确识别和预防"三违"现象。"三违"是指违章指挥、违章操作和违反劳动纪律。

违章指挥是指违反国家的安全生产方针、政策、法律、条例、规程、标准、制度及生产企业的规章制度的指挥。

违章操作是在劳动生产过程中违反国家法律法规和企业制定的各种规章制度的操作。

违反劳动纪律是指违反劳动生产过程中为维护集体利益并保证工作的正常而制定的要求每个员工遵守的规章制度。

在生产作业场所，从业人员在共同劳动过程中，需要将各个工作有秩序地协调起来，越是现代化的生产，这种严密的协调作用就越明显。因此，这就需要依靠从业人员自觉维护和遵守劳动纪律，才能保证正常生产秩序和工作秩序。

二、安全生产相关法律法规

安全生产法律法规是保护社会生产过程中人民生命安全健康，以及保护国家、集体、人民财产安全的法律规范的总称，是我国法制建设与法律法规体系中的一个组成部分。它是以宪法为依据，涉及刑法、民法、经济法、行政法等多种实体法的有关内容，以及配套的有关条例、部门规章、技术规程及标准等。

目前，我国已形成了以《中华人民共和国宪法》为基础，以《中华人民共和国安全生产法》《中华人民共和国劳动法》及有关专项法律法规为主体的安全生产法律体系。现将有关法律法规做简要论述。

1.《中华人民共和国宪法》

宪法是我国安全生产立法的法律依据和指导原则。

《中华人民共和国宪法》的第42条规定：中华人民共和国公民有劳动的权利和义务。国家通过各种途径，创造劳动就业条件，加强劳动保护，改善劳动条件，并在发展生产的基础上，提高劳动报酬和福利待遇。劳动是一切有劳动能力的公民的光荣职责。国有企业和城乡集体经济组织的劳动者都应当以国家主人翁的态度对待自己的劳动。国家提倡社会主义劳动竞赛，奖励劳动模范和先进工作者。国家提倡公民从事义务劳动。国家对就业前的公民进行必要的劳动就业训练。

《中华人民共和国宪法》的第43条规定：中华人民共和国劳动者有休息的权利。国家发展劳动者休息和休养的设施，规定职工的工作时间和休假制度。

2.《中华人民共和国刑法》

《中华人民共和国刑法》对违反各项安全生产法律法规，情节严重者的刑事责任做了规定。

第134条规定：在生产、作业中违反有关安全管理的规定，因而发生重大伤亡事故或者造成其他严重后果的，处三年以下有期徒刑或者拘役；情节特别恶劣的，处三年以上七年以下有期徒刑。强令他人违章冒险作业，因发生重大伤亡事故或者造成其他严重后果的，处五年以下有期徒刑或者拘役；情节特别恶劣的，处五年以上有期徒刑。

第135条规定：安全生产设施或安全生产条件不符合国家规定，因而发生重大伤亡事故或者造成其他严重后果的，对直接负责的主管人员和其他直接责任人员，处三年以下有期徒刑或者拘役；情节特别恶劣的，处三年以上七年以下有期徒刑。

第136条规定：违反爆炸性、易燃性、放射性、毒害性、腐蚀性物品的管理规定，在生产、储存、运输、使用中发生重大事故，造成严重后果的，处三年以下有期徒刑或者拘役；后果特别严重的，处三年以上七年以下有期徒刑。

3.《中华人民共和国安全生产法》

《中华人民共和国安全生产法》于2002年6月9日经全国人大常委会第28次会议审议通过，以中华人民共和国主席第70号令予以公布，并自2002年11月1日起实施。2014年

8月31日第十二届全国人民代表大会常务委员会第十次会议通过全国人民代表大会常务委员会关于修改《中华人民共和国安全生产法》的决定，自2014年12月1日起施行。

新修订的安全生产法，认真贯彻落实了习近平总书记关于安全生产工作的一系列重要指示精神，从强化安全生产工作的摆位、进一步落实生产经营单位主体责任、政府安全监管定位和加强基层执法力量、强化安全生产责任追究四个方面入手，着眼于安全生产现实问题和发展要求，补充完善了相关法律制度规定。

新修订的安全生产法提出安全生产工作应当以人为本，充分体现了习近平总书记等中央领导同志关于安全生产工作一系列重要指示精神，在坚守发展决不能以牺牲人的生命为代价这条红线，牢固树立以人为本、生命至上的理念，正确处理重大险情和事故应急救援中"保财产"还是"保人命"问题等方面，具有重大现实意义。为强化安全生产工作的重要地位，明确安全生产在国民经济和社会发展中的重要地位，推进安全生产形势持续稳定好转，新修订的安全生产法将坚持安全发展写入了总则。

(1)《中华人民共和国安全生产法》的主要内容

《中华人民共和国安全生产法》分为七章，共114条。它全面系统地规定了安全生产工作中各方面的关系及其职责。从生产经营单位的安全生产保障到从业人员的权利和义务，从安全生产的监督管理到生产安全事故的应急与调查处理、法律责任，全面地规范了安全生产的管理行为。其主要内容集中体现在它所确定的7项基本制度中，这7项基本制度分别是：安全生产监督管理制度、生产经营单位安全保障制度、生产经营单位负责人安全责任制度、从业人员安全生产权利与义务制度、为安全生产提供服务的中介机构的工作制度、安全生产责任追究制度、事故应急救援和调查处理制度。

(2) 安全生产的方针

我国安全生产管理方针是"安全第一、预防为主、综合治理"。

① "安全第一、预防为主"方针的由来。18世纪中叶蒸汽机的出现带动了产业革命的发生，而生产率的提高、严重伤亡事故和财产损失的频繁，使"安全第一"的口号得到提出。(美国凯里，1906年)

1957年周恩来总理为中国民航题词："保证安全第一，改善服务工作，争取飞行正点。" (国内首次)

1985年7月，第一次全国安全生产现场会（在鞍钢召开），国家安全生产委员会提出：把"安全第一、预防为主"作为安全生产方针（其后，中共中央、全国人大、国务院多次强调）。

2002年11月施行的《中华人民共和国安全生产法》明确规定："安全生产管理，坚持安全第一，预防为主的方针。"以法律的形式固定。

② 安全第一的含义：安全第一是指在生产经营活动中，在处理安全与生产的关系上要始终把安全放在首要位置，安全生产是一切经济部门、企事业单位和生产经营者在生产活动中的头等大事。

一要以人为本。以人的生命健康为本，把保障人的生命安全放在第一，采取一切可能的措施，保障职工的生命健康和安全。

二要安全优先。安全是生产经营活动的基本条件，实行安全优先原则，在确保安全的前提下，实现生产经营的其他目标。

三要安全发展。把安全第一作为安全生产工作的指导思想和行动准则，强化安全责任意识，树立安全发展观点，落实安全发展的要求，逐步建立长效机制，实现本质安全。

③ 预防为主的含义：预防为主是指安全生产管理要以预防事故的发生、防患于未然为重点，把事故消灭在萌芽状态，把职业病杜绝在发病之前。

树立事故是可以预防的观念，建立健全安全保障体系；按系统化、科学化的管理思想，按照事故发生的规律和特点，通过强化领导、强化管理、抓好安全意识、安全机构、安全制度、安全教育、安全投入、安全设施和监督检查，千方百计预防事故的发生，切实控制并消除不安全（危险、有害）的因素和隐患，防止各类事故的发生。防范胜于救灾，安全生产工作重在防范。

④ 安全第一、预防为主的关系。没有安全第一，就缺乏指导安全生产的行动准则；没有预防为主，就做不到长周期的安全生产。

安全第一是针对生产经营活动而言，有生产经营活动，就必然存在安全问题，就要在思想上、行动上十分重视安全，把安全放在"第一"的位置上。

预防为主是针对安全工作而言，是实现安全第一的基础，是安全第一的体现，就是要树立事故是可以预防的观念。

安全第一，是安全工作的方向、目标，就是要时刻警惕；预防为主，是实现方向、目标的有效途径，就是要措施得力。安全第一和预防为主的目的都是保障安全生产。

⑤ 安全生产方针的发展。胡锦涛指出：加强安全生产工作，关键要全面落实"安全第一、预防为主、综合治理"的方针，做到思想认识上警钟长鸣、制度保证上严密有效、技术支撑上坚强有力、监督检查上严格细致、事故处理上严肃认真。

新修订的《中华人民共和国安全生产法》（以下简称《安全生产法》）确立了"安全第一、预防为主、综合治理"的安全生产工作"十二字方针"，明确了安全生产的重要地位、主体任务和实现安全生产的根本途径。"安全第一"要求从事生产经营活动必须把安全放在首位，不能以牺牲人的生命、健康为代价换取发展和效益。"预防为主"要求把安全生产工作的重心放在预防上，强化隐患排查治理，"打非治违"，从源头上控制、预防和减少生产安全事故。"综合治理"要求运用行政、经济、法治、科技等多种手段，充分发挥社会、职工、舆论监督各个方面的作用，抓好安全生产工作。坚持"十二字方针"，总结实践经验，《安全生产法》明确要求建立生产经营单位负责、职工参与、政府监管、行业自律、社会监督的机制，进一步明确各方安全生产职责。做好安全生产工作，落实生产经营单位主体责任是根本，职工参与是基础，政府监管是关键，行业自律是发展方向，社会监督是实现预防和减少生产安全事故目标的保障。

(3)《安全生产法》的基本原则

① 人身安全第一的原则；

② 预防为主的原则；

③ 权责一致的原则；

④ 社会监督、综合治理的原则；

⑤ 依法从重处罚的原则。

(4) 从业人员在安全生产方面的权利和义务

劳动者在生产经营活动中是最积极、最活跃的因素，也是生产安全事故的最直接、最严重的受伤害者。因此，《安全生产法》在第一章总则、第三章从业人员的权利和义务有十分明确、具体的规定。

从业人员享有的、有关安全生产和人身安全方面最重要、最基本的权利有以下五项：

① 享受工伤社会保险和伤亡赔偿权。这项权利必须以劳动合同必要条款的书面形式加

以确认，生产经营单位必须依法为从业人员办理工伤社会保险的事项。

② 危险因素和应急措施的知情权。从业人员有权了解其作业场所和工作岗位存在的危险因素、防范措施及事故应急措施。

③ 安全管理的批评检控权。从业人员有权对本单位的安全生产工作提出建议，有权对本单位安全生产工作中存在的问题提出批评、检举和控告。

④ 拒绝违章指挥和强令冒险作业权。从业人员有权拒绝违章指挥和强令冒险作业，生产经营单位不得因此而对其进行打击报复，如降低其工资、福利待遇或者解除与其订立的劳动合同。

⑤ 紧急情况下停业作业和紧急撤离权。从业人员发现直接危及人身安全的紧急情况时，有权停止作业或者在采取可能的应急措施后撤离作业场所。

从业人员在依法享有权利的同时，必须承担相应的义务。《安全生产法》规定从业人员必须遵守的义务，主要包括以下4项。

① 遵章守规，服从管理的义务。从业人员在作业过程中，应当严格遵守本单位的安全生产规章制度和操作规程，服从管理。如果因违反操作规程造成伤亡事故及经济损失，要承担相应的经济和行政责任，情节特别严重的还要追究其刑事责任。

② 佩戴和使用劳保用品的义务。为避免和减轻作业及事故中的人身伤害，在生产过程中，从业人员应按照劳动防护用品使用规则和防护要求正确佩戴和使用防护用品。

③ 接受培训，掌握安全生产技能的义务。为了更好地胜任本职工作，从业人员应当接受安全生产教育和培训，掌握本职工作所需的安全生产知识，提高安全生产技能，增强事故预防和应急处理能力。

④ 发现事故隐患及时报告的义务。从业人员发现事故隐患或者其他不安全因素，应当立即向现场安全生产管理人员或者本单位负责人报告。这就要求从业人员必须具有高度的责任心，防微杜渐，防患于未然。

4.《中华人民共和国劳动法》（以下简称《劳动法》）

《劳动法》于1994年7月5日由第八届全国人大常委会第八次会议通过，并自1995年5月1日起实施；2009年8月27日第十一届全国人民代表大会常务委员会第十次会议通过《全国人民代表大会常务委员会关于修改部分法律的决定》，自公布之日起施行。

该法共13章107条，其中第6章为"劳动安全卫生"方面的条款。《劳动法》作为我国第一部全面调整劳动关系的基本法和劳动法律体系的母法，是制定和执行其他劳动法律法规的依据，同时它以国家意志把实现劳动者的权利建立在法律保证的基础上，既是劳动者在劳动问题上的法律保证，又是每一个劳动者在劳动过程中的行为规范。

(1) 关于企业在劳动安全卫生方面必尽的义务

第52条规定：用人单位必须建立、健全劳动安全卫生制度，严格执行国家劳动安全卫生规程和标准，对劳动者进行劳动安全卫生教育，防止劳动过程中的事故，减少职业危害。

第54条规定：用人单位必须为劳动者提供符合国家规定的劳动安全卫生条件和必要的劳动防护用品，对从事有职业危险作业的劳动者应当定期进行健康检查。

(2) 关于劳动安全卫生设施和"三同时"制度的规定

第53条规定：劳动安全卫生设施必须符合国家规定的标准。新建、改建、扩建工程的劳动安全卫生设施必须与主体工程同时设计、同时施工、同时投入生产和使用。

这里的劳动安全卫生设施是指为了防止伤亡事故和职业病的发生，而采取的消除职业危害因素的设备、装置、防护用具及其他防护技术措施的总称，主要包括劳动安全、劳动卫生设施,个体防护措施,生产性辅助设施(如更衣室、饮水设施等)。

(3) 关于特种作业人员上岗要求的规定

第55条规定:从事特种作业的劳动者必须经过专门培训并取得特种作业资格。

特种作业资格是指特种作业人员在独立上岗之前,必须进行安全技术培训,并经过安全技术理论考试和实际操作技能考核,考核成绩合格者发给《特种作业人员操作证》。

(4) 关于职工在安全生产中的权利和义务的规定

第56条规定:劳动者在劳动过程中必须严格遵守安全操作规程。劳动者对用人单位管理人员违章指挥、强令冒险作业,有权拒绝执行;对危害生命和身体健康的行为,有权提出批评、检举和控告。

此条规定明确了职工在劳动安全卫生方面享有的权利和承担的义务,即职工依法享有劳动保护权,可以拒绝违章指挥和冒险作业,有权对危害安全健康的行为提出批评。同时职工也负有遵守劳动纪律、执行安全生产法规的义务,负有及时报告生产过程中险情的义务,负有接受安全卫生教育培训的义务。

5.《危险化学品安全管理条例》(以下简称《条例》)

① 2011年3月2日国务院第591号令颁布了修订的《危险化学品安全管理条例》,自2011年12月1日起施行。

该条例经国务院第144次常务会议审议通过,新修订的《危险化学品安全管理条例》是继2002年修订之后的第二次修订,由74条增加到101条,改动的地方比较多,重要的改动有五处。

a. 建立了危化品使用安全许可制度。化工企业生产的终端产品虽然不是危化品,但是在生产过程当中使用了危化品也必须依法申请办理危化品使用的安全许可证才能从事生产。

b. 适当下放了危化品经营许可审批权限,由过去的省级和市级安检部门下放到市级和县级安检部门。

c. 完善了危化品内河运输的规定,有限制的适度放开危化品的内河运输,并实行分类管理。

d. 完善了危化品登记和鉴定的相关规定,补充了危化品环境管理的登记以及危化品物理危险性、环境危险性、毒理特性的鉴定。

e. 加大了对危化品生产经营非法违法行为行政处罚的力度。如《条例》修订规定:"未经安全条件审查,新建、改建、扩建生产、储存危险化学品的建设项目的,由安全生产监督管理部门责令停止建设,限期改正;逾期不改正的,处50万元以上100万元以上的罚款;构成犯罪的,依法追究刑事责任。"《条例》正式颁布之后将广泛开展宣传贯彻活动,并且加快制定相关配套的部门规章和技术标准,强化对危化品的安全监管。

② 根据2013年12月4日国务院第32次常务会议通过,2013年12月7日中华人民共和国国务院令第645号公布,自2013年12月7日起施行的《国务院关于修改部分行政法规的决定》修正。

将《危险化学品安全管理条例》第六条第五项中的"铁路主管部门负责危险化学品铁路运输的安全管理,负责危险化学品铁路运输承运人、托运人的资质审批及其运输工具的安全管理"修改为"铁路监管部门负责危险化学品铁路运输及其运输工具的安全管理"。

6.《使用有毒物品作业场所劳动保护条例》

根据《使用有毒物品作业场所劳动保护条例》(国务院令第352号)中的规定,用人单位可采取以下措施保证作业场所安全使用有毒物品，预防、控制和消除职业中毒危害，以保护劳动者的生命安全、身体健康。

① 用人单位应当依照职业病防治法的有关规定，采取有效的职业卫生防护管理措施，加强劳动过程中的防护与管理。

② 用人单位应当与劳动者订立劳动合同，将工作过程中可能产生的职业中毒危害及其后果、职业中毒危害防护措施和待遇等如实告知劳动者，并在劳动合同中写明，不得隐瞒或者欺骗。

③ 用人单位应当对劳动者进行上岗前的职业卫生培训和在岗期间的定期职业卫生培训，普及有关职业卫生知识，督促劳动者遵守相关法律、法规和操作规程，指导劳动者正确使用职业中毒危害防护设备和个人使用的职业中毒危害防护用品。劳动者经培训考核合格，方可上岗作业。

④ 用人单位应当确保职业中毒危害防护设备、应急救援设施、通信报警装置处于正常适用状态，不得擅自拆除或者停止运行。

⑤ 用人单位应当按照国务院卫生行政部门的规定，定期对使用有毒物品作业场所职业中毒危害因素进行检测、评价。检测、评价结果存入用人单位职业卫生档案，定期向所在地卫生行政部门报告并向劳动者公布。

⑥ 用人单位应当为从事使用有毒物品作业的劳动者提供符合国家职业卫生标准的防护用品，并确保劳动者正确使用。

⑦ 用人单位应当组织从事使用有毒物品作业的劳动者进行上岗前职业健康检查。用人单位不得安排未经上岗前职业健康检查的劳动者从事使用有毒物品的作业，不得安排有职业禁忌的劳动者从事所禁忌的作业。

⑧ 用人单位应当对从事使用有毒物品作业的劳动者进行定期职业健康检查。

⑨ 用人单位对受到或者可能受到急性职业中毒危害的劳动者，应当及时组织进行健康检查和医学观察。劳动者职业健康检查和医学观察的费用，由用人单位承担。

⑩ 用人单位应当建立职业健康监护档案。

三、企业从业人员安全生产职责

效益来自安全，安全来自员工，关注安全、关爱生命是每个化工企业从业人员特别是新员工的头等大事。如果员工对岗位的工作规范、设备操作规程、事故危险源知之甚少，一旦遇见突发事故，常常表现为不知所措。这就给事故的发生与扩大造成可乘之机，极易导致伤亡事故的发生。随之而来的将是家庭的破碎、企业的受损，对社会的和谐稳定也造成相当大的负面影响。因此，化工企业从业人员必须学习和掌握安全生产知识，增强安全生产意识，提高安全技能，排除潜在的隐患，从而实现避免事故、保护自身的最终目的。

1. 班组长的安全职责

① 贯彻执行企业和车间对安全生产工作的要求，全面负责本工段、班组的安全生产。

② 组织职工学习、贯彻执行企业、车间各项安全生产规章制度和安全操作规程，教育职工遵章守纪，制止违章行为。

③ 组织职工参加"安全月"、安全生产竞赛等活动，坚持班前讲安全、班中检查安全、班后总结安全，表彰先进，推广经验。

④ 负责对新工人进行岗位安全教育。

⑤ 负责班组安全检查，发现事故隐患，及时组织力量消除，并报告上级。

⑥ 发生事故立即报告，组织抢救，保护现场，做好记录，参加和协助调查，落实防范措施。

⑦ 搞好生产设备、安全装置、消防设施、防护器材和急救器具的检查维护工作，使其经常保持完好和正常运行，督促教育职工合理使用劳动保护用品、用具，正确使用灭火器材。

2. 班组安全员的安全职责

① 协助班组长做好本班组的安全工作，接受车间安全员的业务指导，协助班组长做好班前安全布置、班中安全检查、班后安全总结工作。做到四有：有制度、有措施、有布置、有检查。

② 组织本班组开展各种安全活动，认真做好安全活动日记录，提出改进安全工作的意见和建议。

③ 对新工人进行岗位安全教育。

④ 严格执行有关安全生产的各项规章制度，对违章作业应立即制止，并及时报告。

⑤ 检查督促班组人员合理使用劳动保护用品和各种防护用品、消防器材。

⑥ 发生事故要及时了解情况，保护好现场，并及时向领导汇报。

3. 企业员工的安全素质

① 牢固树立"安全第一"的安全意识；

② 全面掌握安全知识；

③ 严格遵守有关安全生产的规章制度和操作规程；

④ 熟练掌握安全操作技能；

⑤ 培养紧急避险意识，提高紧急避险能力。

4. 企业员工的安全守则

① 牢记安全第一；

② 严格遵守安全生产规章制度，不违章作业，并制止他人违章作业；

③ 进入生产现场应该穿防护服装，戴防护帽，不得将长发露出帽外；

④ 从事有可能被传动机械绞辗伤害的作业，不准戴手套，不准围长围巾，其他佩戴饰物不得外露；

⑤ 从事对眼睛有伤害的作业，必须戴防护面罩或护目镜；

⑥ 进入有可能发生物体打击的场所，必须戴安全帽，高空作业必须系安全带或高安全网；

⑦ 在有易燃物、易爆品的作业场所应穿防静电衣物；

⑧ 水上作业必须使用救生衣或救生器具，并爱护和正确使用救生衣或救生器具；

⑨ 上班前4h以内和工作中不得饮酒；

⑩ 生产现场不许打闹、睡觉和擅离岗位；

⑪ 不准将小孩、无关人员带到工作场所；

⑫ 在生产现场要走安全通道，不准在吊物下停留或行走；

⑬ 对违章指挥、冒险作业，员工有权拒绝操作；

⑭ 积极参加各种安全生产活动；

⑮ 主动提出改进安全生产工作的意见。

5. 企业员工的安全生产职责

① 认真学习和严格遵守安全生产的各项规章制度和劳动纪律，不违章作业，并劝阻制

止他人违章行为。

② 精心操作，做好各项记录，交接班时必须交接安全情况。

③ 按时认真进行安全检查，发现异常情况及时处理和报告。

④ 准确分析、判断和处理各种事故苗头，把事故消灭在萌芽状态；如发生事故，要果断正确处理，及时如实地向上级报告，严格保护现场，做好记录。

⑤ 加强对设备的维护保养，保持作业场所卫生整洁。

⑥ 按规定着装；妥善保管、正确使用各种防护用品和消防器材。

⑦ 积极参加各种安全活动。

⑧ 有权拒绝违章作业的指令，对他人违章作业的行为加以劝阻和制止。

6. 化工企业从业人员生产安全禁令

(1) 安全生产法中规定操作工六严格

一是严格执行交接班。

二是严格进行巡回检查。

三是严格控制工艺指标。

四是严格执行操作法（票）。

五是严格遵守劳动纪律。

六是严格执行安全规定。

(2) 生产厂区十四个不准

一是加强明火管理，厂区内不准吸烟。

二是生产区内，不准未成年人进入。

三是上班时间，不准睡觉、干私活、离岗和干与生产无关的事。

四是在班前、班上不准喝酒。

五是不准使用汽油等易燃液体擦洗设备、用具和衣物。

六是不按规定穿戴劳动保护用品，不准进入生产岗位。

七是安全装置不齐全的设备不准使用。

八是不是自己分管的设备、工具不准动用。

九是检修设备时安全措施不落实，不准开始检修。

十是停机检修后的设备，未经彻底检查，不准启用。

十一是未办高处作业证，不系安全带，脚手架、跳板不牢，不准登高作业。

十二是不准违规使用压力容器等特种设备。

十三是未安装触电保安器的移动式电动工具，不准使用。

十四是未取得安全作业证的职工，不准独立作业；特殊工种职工，未经取证，不准作业。

(3) 动火作业六大禁令

一是动火证未经批准，禁止动火。

二是不与生产系统可靠隔绝，禁止动火。

三是不清洗，置换不合格，禁止动火。

四是不消除周围易燃物，禁止动火。

五是不按时做动火分析，禁止动火。

六是没有消防措施，禁止动火。

(4) 进入容器、设备的八个必须

一是必须申请、办证，并取得批准。

二是必须进行安全隔绝。

三是必须切断动力电，并使用安全灯具。

四是必须进行置换、通风。

五是必须按时间要求进行安全分析。

六是必须佩戴规定的防护用具。

七是必须有人在器外监护，并坚守岗位。

八是必须有抢救后备措施。

7. 工厂车间安全生产要求

一要突出一个"全"字，也就是要全员参与。安全生产，人人有责；一人违章，众人遭殃。

二要坚持一个"强"字，也就是安全意识要强。要充分利用班组晨会、车间横幅、黑板报等形式，积极组织安全培训、知识竞赛、消防演习、观看警示片等活动，增强员工的安全意识。

三是立足一个"防"字，也就是做好预防工作。安全生产，重在预防。通过电气线路、化工设施设备、消防设备的检修和维护，重点加强老化、用电用气、有毒、易燃易爆设备和工具操作使用安全，加强重点车间的消防安全管理。

四是狠抓一个"严"字，也就是执行制度要严、检查要严、整改要严。结合"安全生产十个不准"，严格贯彻执行生产安全、消防安全、交通安全等规章制度，组织不定期的安全检查，做到严格、全面、彻底，对违规、违纪行为严厉处罚。

五是强调一个"实"字，也就是将"安全月"的各项活动落到实处。反违章，除隐患，保安全，促生产，不搞形式主义。

8. 化工作业人员的基本职责

化工行业是一个高危行业，化工生产过程中所处理的物料大多具有易燃、易爆、腐蚀、毒害等特性，极易造成安全事故的发生。而人为的不恰当操作，更容易造成安全事故。从业人员在进行化工作业时应当具备安全生产责任心，掌握安全知识，学会自我保护，化工作业人员的基本职责如下。

① 增强安全责任感，落实岗位责任制。

② 努力学习生产技术知识和安全技术知识，提高生产操作技术水平和安全知识水平，通过安全培训教育合格，做到持证上岗。

③ 严格遵守工艺纪律、安全纪律、劳动纪律。集中思想，精心操作，严格按操作规程和操作法操作。

④ 上班坚持巡回检查制，不断消除安全隐患。通过检查，查出隐患和事故的苗子，积极进行整改。

⑤ 安全交出，文明检修。

⑥ 经常参加岗位技术练兵和事故应急救援处理预案的演练，提高事故应急处理救援能力。

⑦ 从事危险化学品生产、储存、经营、使用等的操作人员须经过安全生产监督管理局相关部门的安全专业培训。

⑧ 认真对待所发生的每次事故，从中吸取教训。

任务 3　违章操作心理成因及消除

随着化工生产的工业自动化程度的不断提高、生产安全设施的不断完善，违章操作逐渐成为事故的主要原因。在实际生产过程中，操作者是严格遵守安全操作规程，还是有意无意地违反，对生产和人身安全的影响极大，因此，分析和掌握违章现象产生的心理特征，制定相应的消除对策，对安全工作十分重要。

一、违章操作的含义

所谓违章操作就是指不严格遵守安全操作规程的动作或行为。

二、违章操作的类型

违章操作有各种各样的类型。从心理学角度来看，违章操作主要分为两大类，即无意违章和有意违章。

1. 无意违章

无意违章，顾名思义，是指在无意的情况下造成的违背安全操作规程的动作或行为。按其产生的原因，无意违章也可分为两种情况。一种情况是行为人或操作者在意识不清的状态下发生的违章行为。例如，突发性癫痫患者、精神病人、夜游症患者在发病期间，其意识混乱，在这种状态下发生的操作行为。另一种情况是，虽然操作者或行为人处在意识清醒状态下，但由于某种生理、心理缺陷或无知而造成的违章。例如，一个患有红绿色盲症的人闯红灯，对他本人来说，可能是无意地违章。在实际作业过程中，最常见的是由于无知而造成的违章。

2. 有意违章

有意违章又可称为故意违章，也可分为两种情况。一种情况是操作规程或注意事项本身订的不合理、不科学，但又没有能及时加以修订、完善。例如，有些安全操作规程订的过于烦琐，甚至有重复和矛盾之处，操作者在实际操作中逐渐摸索出一套更加安全的规范，这种故意违旧章不仅是允许的，而且应该加以鼓励推广，这是使安全操作规程不断进步的契机。另一种情况是安全操作规程本身没有问题，不是安全操作规程的原因造成的，而是其他原因，这就是通常所说的明知故犯，在实际生产过程中，这种故意违章并不少见。例如，在化工生产企业中，企业内部车辆司机之间相互斗气，开英雄车，就是一种明知故犯行为。

三、违章操作者的心理状态

根据安全心理学原理以及笔者从事安全工作多年的实际经验分析，违章操作人员一般存在以下几种心理状态，而且这些心理状态是造成事故的重要隐患。

1. 侥幸心理

侥幸心理是许多违章人员在行动前的一种重要心态。有这种心态的人，不是不懂安全操作规程，缺乏安全知识，也不是技术水平低，而多数是"明知故犯"。在他们看来，"违章不一定出事，出事不一定伤人，伤人不一定伤我"。这实际上是把出事的偶然性绝对化了。尽管事故的发生常带有偶然性，但偶然性里包含改变方必然性的因素。一次违章不一定就发生事故，但多次违章显然就增加了发生事故的概率，而且，一次违章侥幸没出事故，往往给人的违章行为带来一种强化作用，容易使这种行为发展成为习惯，而一旦成为习惯，要改就困难了。在日常生活中，在车间作业现场，以侥幸心理对待安全操作的人时有所见。例如，干某件活应该采取安全防范措施而不采取，需要持证作业的无证上岗，如此等等都属于心存侥幸、故意违章之列。

2. 惰性心理

惰性心理又称"节能心理"，它是指在作业中尽量减少能量支出，能省力便省力，能将就凑合就将就凑合的一种心理状态，它是懒惰行为的心理依据。

惰性心理对安全的影响很大，特别是这种心理存在比较普遍，几乎每个人都或多或少存在这种心理。惰性心理和侥幸心理密切关联着，认为省点事不至于出问题，孰知恰恰是这种心理，常常成为致祸的根苗。

3. 麻痹心理

麻痹大意是造成违章的主要心理因素之一。有这种心理的人，在行为上多表现为马马虎虎，大大咧咧，操作时缺乏认真严肃的精神，对安全虽明知重要，但往往只是挂在嘴上，而在心里却觉得无所谓，缺乏应有的警惕性。

造成麻痹心理的因素很多：一是盲目相信自己的以往经验，认为自己的技术过硬，保准出不了问题；二是以往成功经验或习惯的强化，认为多次这么做，也没出过事；三是高度紧张后精神疲劳，例如刚搞过安全工作大检查后，思想放松，产生麻痹心理；四是个性思想因素，如有的人一贯松松垮垮，具有不求甚大解的性格；五是因循守旧，缺乏创新意识。

4. 逆反心理

逆反心理是一种无视社会规范或管理制度的对抗心理状态，一般在行为上表现为"你让我这样，我偏那样""越不允许，我越要干"等特征。逆反心理产生的行为是一种与正常行为相反的对抗性行为，它受好奇心、好胜心、思想偏见、虚荣心、对抗情绪等心理活动驱使。这种心理和行为一般发生在青年工人身上，但在其他工人身上也会发生。在生产活动中，具有逆反心理的人对安全规章制度也容易产生对抗行为，故意不遵守规章制度、不按安全操作规程操作而发生事故的事例也时有发生。由逆反心理造成的对抗行为通常表现为两种方式：其一是显性对抗，例如当安全检查人员指出他违章操作时，他不但不加以改正，反而会大脾气，甚至骂骂咧咧，当面顶撞，并继续违章；其二是隐性对抗，例如当受到领导批评后，表面上表示要立即改正，但当领导一走，仍旧我行我素，这就是常说的"阳奉阴违"。逆反心理很强的人，往往缺乏理智，不辩是非，对自己认为"讨厌"的人和事盲目地一概加以拒绝或否定，因此容易导致事故。

5. 逞能心理

争强好胜本来是一种积极的心理品质，但如果它和炫耀心理结合起来，且发展到不恰当的地步，就会走向反面。逞能心理就是二者的混合物。在逞能（或逞强）心理的支配下，为了显示自己的能耐，往往会头脑发热，干出一些冒险的愚蠢事情来。如某化工企业在某工地摔死的青年，生前不止一次在车间四楼顶女儿墙上"睡过觉"，其实他并非真的能睡着，不过是为了向别人显示自己的胆量。受逞能心理的支配，出事那天，他又在无任何保险措施的情况下，在30m高空处的13cm单梁上行走，不慎坠落而死。

6. 凑趣心理

凑趣心理又称凑兴心理。它是社会群体成员之间人际关系融洽而在个体心理上的反映。个体为了获得心理上的满足和温暖，同时也为了对同伴表示友爱或激励，和其他个体凑在一起开开玩笑说些幽默的话，交换些马路新闻等，如果掌握适度，不失为改进团体气氛、松弛紧张情绪，增强团体内各成员间的情感沟通的一种方法。但是，如果掌握不适度，不但不会起到调节情感,增进团结的积极作用,相反还会伤害一些群体成员的感情,产生出一些误会或无理智的行为。例如,一些安全意识不强、安全经验不足的职工在工作时也打闹嬉笑、乱掷东西、相互设赌、鼓励冒险违章等,常常成为引发事故的隐患。

7. 冒险心理

冒险心理也是引起违章操作的重要心理原因之一。冒险有两种情况:一种是理智性冒险,这种冒险心理通常发生在明知有危险,但又必须去干的情况下。例如,由于某些本身带有危险性的特殊作业的要求,或是由于突发事件,必须立即采取措施,而安全保障条件又不具备的情况下,不得不违章作业。这种理智冒险心理导致的是一种无畏的勇气和不怕牺牲的精神,是一种高尚的行为。另一种是非理智性冒险,这种心理往往受到激情的驱使,或者本人有强烈的虚荣心。例如有的人本来比较胆小,害怕登高,但为了不使自己在众人面前"露怯",硬充大胆,做出一些非理智行为。这种非理智性冒险常是惹祸的根苗。

8. 从众心理

从众心理是指个人在群体中由于实际存在的或头脑中想象到的社会压力与群体压力,而在知觉、判断、信念以及行为上表现出与群体中大多数人一致的现象。从众心理是从众行为内在驱动力和根据。

9. 无所谓心理

无所谓心理常表现为遵章或违章心不在焉,满不在乎。这里也有几种情况:一是本来根本没有意识到危险的存在,认为什么章程不章程,章程都是领导用来卡人的。这种问题出在对安全、对章程缺乏正确的认识上。二是对安全问题谈起来重要,干起来次要,忙起来不要,在行为中根本不把安全条例等放在眼里。三是认为违章是必要的,不违章就干不成活。无所谓心理对安全的影响极大,因为他心里根本没有安全这根弦,因此在行为上常表现为频繁违章,有这种心理的人常是事故多发者。

10. 好奇心理

好奇心人皆有之。它是对人、对外界新异刺激的一种反应。有的人违章,就是好奇心所致。例如,新进厂的工人来到厂里,看到什么都新鲜,于是乱动乱摸,造成一些机器设备处于不安全状态,其结果或者直接危及本人,或者殃及他人。有的人好奇心很重,周围发生什么事都会引起他的注意,结果影响正常操作,造成违章甚至事故。

四、消除违章操作心理的对策

1. 加强员工安全教育,提高员工安全意识和安全素质

在企业生产过程中,要时刻加强员工的安全教育,牢固树立"安全第一,预防为主,综合治理"的思想,注意培养员工的安全防范意识,增加员工的安全知识,提高员工的安全技能。要学习其他单位的事故案例,从中深刻吸取经验和教训,在进行生产施工作业过程中,要结合本单位的实际情况,做好事故预案并经常开展演练,作业前要落实好各项安全措施,不能只相信经验,要相信分析结果和科学的施工方案,从而避免事故的发生。

2. 加强检查和监督

在日常生产作业过程中,有些员工往往会由于经常地从事某一项单调的工作而忽视必要的操作步骤和保护措施,产生一种惰性心理。因此有必要建立严格的工作纪律并进行严格的检查和监督,如规定员工必须按规定着装,必须按时巡检等,同时还可以运用先进的科学手段进行监控。如应用电子巡检仪就可以准确地查出操作人员在任何时间的巡检记录和巡检情况,使操

作人员在生产中形成一种习惯,自觉地进行巡检,避免和减少意外事故的发生等等。

3. 提高生产的自动化程度

在工程技术方面,要运用先进的科学技术改善操作环境和操作手段,提高自动化程度,采用先进的DCS集散控制系统、可燃气报警系统和自动联锁保护系统,从而大大降低员工的劳动强度,提高员工的操作效率,使其有更多的时间随时监控生产情况,处理异常情况,达到本质安全,减少事故的发生。

4. 加强员工的人员调整和必要的惩戒措施

在生产过程当中可能会有一些员工不适合自己当前的生产岗位,应使其在合适的岗位上充分发挥自己的主观能动性,搞好安全生产,对于一些纪律较差又屡教不改的员工应及时采取一定的惩戒措施,坚决消除违章行为。

上述几种类型的违章心理在生产中是常见的,而这些不良心理的激发因素又是多方面的。因此,企业的安全管理人员要及时掌握员工的心理状态和情绪,有的放矢地消除违章现象,从而促进化工安全生产。

[案例1-1]

天津市滨海新区天津港的瑞海国际物流有限公司 危险品仓库发生特别重大火灾爆炸事故

一、事故基本情况

(一)事故发生的时间和地点

2015年8月12日22时51分46秒,位于天津市滨海新区吉运二道95号的瑞海公司危险品仓库(北纬39°02′22.98″,东经117°44′11.64″)运抵区("待申报装船出口货物运抵区"的简称,属于海关监管场所,用金属栅栏与外界隔离。由经营企业申请设立,海关批准,主要用于出口集装箱货物的运抵和报关监管)最先起火,23时34分06秒发生第一次爆炸,23时34分37秒发生第二次更剧烈的爆炸。事故现场形成6处大火点及数十个小火点,8月14日16时40分,现场明火被扑灭。

8月18日,依据《安全生产法》《危险化学品安全管理条例》和《生产安全事故报告和调查处理条例》等有关法律法规,经国务院批准,成立国务院天津港"8·12"瑞海公司危险品仓库特别重大火灾爆炸事故调查组(以下简称事故调查组),事故调查组由杨焕宁同志任组长,公安部、国家安监总局、监察部、交通运输部、环境保护部、全国总工会和天津市人民政府为成员单位,全面负责事故调查工作。同时,邀请最高人民检察院派员参加,并聘请爆炸、消防、刑侦、化工、环保等方面的专家参与事故调查工作。

事故调查组坚决贯彻落实中央政治局常委会会议、国务院常务会议、国务院专题会议和习近平总书记、李克强总理等中央领导同志一系列重要指示批示精神,按照彻查深究、一查到底、给社会一个负责任的交代的要求,坚持"科学严谨、实事求是、依法依规、安全高质"的原则,深入开展各项调查工作。通过反复的现场勘验、检测鉴定、调查取证、模拟实验、专家论证,查明了事故经过、原因、人员伤亡和直接经济损失,认定了事故性质和责任,提出了对有关责任人员和责任单位的处理建议,分析了事故暴露出的突出问题和教训,提出了加强和改进工作的意见建议。

调查认定,天津港"8·12"瑞海公司危险品仓库火灾爆炸事故是一起特别重大生产安全责任事故。

（二）事故现场情况

事故现场按受损程度，分为事故中心区和爆炸冲击波波及区。事故中心区为此次事故中受损最严重区域，该区域东至跃进路、西至海滨高速、南至顺安仓储有限公司、北至吉运三道，面积约为54万平方米。两次爆炸分别形成一个直径15m、深1.1m的月牙形小爆坑和一个直径97m、深2.7m的圆形大爆坑。以大爆坑为爆炸中心，150m范围内的建筑被摧毁，东侧的瑞海公司综合楼和南侧的中联建通公司办公楼只剩下钢筋混凝土框架；堆场内大量普通集装箱和罐式集装箱被掀翻、解体、炸飞，形成由南至北的3座巨大堆垛，一个罐式集装箱被抛进中联建通公司办公楼4层房间内，多个集装箱被抛到该建筑楼顶；参与救援的消防车、警车和位于爆炸中心南侧的吉运一道和北侧吉运三道附近的顺安仓储有限公司、安邦国际贸易有限公司储存的7641辆商品汽车和现场灭火的30辆消防车在事故中全部损毁，邻近中心区的贵龙实业、新东物流、港湾物流等公司的4787辆汽车受损。

爆炸冲击波波及区分为严重受损区、中度受损区。严重受损区是指建筑结构、外墙、吊顶受损的区域，受损建筑部分主体承重构件（柱、梁、楼板）的钢筋外露，失去承重能力，不再满足安全使用条件。中度受损区是指建筑幕墙及门、窗受损的区域，受损建筑局部幕墙及部分门、窗变形、破裂。

重受损区在不同方向距爆炸中心最远距离为：东3km（亚实履带天津有限公司），西3.6km（联通公司办公楼），南2.5km（天津振华国际货运有限公司），北2.8km（天津丰田通商钢业公司）。中度受损区在不同方向距爆炸中心最远距离为：东3.42km（国际物流验放中心二场），西5.4km（中国检验检疫集团办公楼），南5km（天津港物流大厦），北5.4km（天津海运职业学院）。受地形地貌、建筑位置和结构等因素影响，同等距离范围内的建筑受损程度并不一致。

爆炸冲击波波及区以外的部分建筑，虽没有受到爆炸冲击波直接作用，但由于爆炸产生地面震动，造成建筑物接近地面部位的门、窗玻璃受损，东侧最远达8.5km（东疆港宾馆），西侧最远达8.3km（正德里居民楼），南侧最远达8km（和丽苑居民小区），北侧最远达13.3km（海滨大道永定新河收费站）。

（三）人员伤亡和财产损失情况

事故造成165人遇难（参与救援处置的公安现役消防人员24人、天津港消防人员75人、公安民警11人、事故企业、周边企业员工和周边居民55人），8人失踪（天津港消防人员5人、周边企业员工、天津港消防人员家属3人），798人受伤住院治疗（伤情重及较重的伤员58人、轻伤员740人）；304幢建筑物（其中办公楼宇、厂房及仓库等单位建筑73幢，居民1类住宅91幢、2类住宅129幢、居民公寓11幢）、12428辆商品汽车、7533个集装箱受损。

截至2015年12月10日，事故调查组依据《企业职工伤亡事故经济损失统计标准》(GB 6721)等标准和规定统计，已核定直接经济损失68.66亿元，其他损失尚需最终核定。

（四）环境污染情况

通过分析事发时瑞海公司储存的111种危险货物的化学组分，确定至少有129种化学物质发生爆炸燃烧或泄漏扩散。其中，氢氧化钠、硝酸钾、硝酸铵、氰化钠、金属镁和硫化钠这6种物质的质量占到总质量的50%。同时，爆炸还引燃了周边建筑物以及大量汽车、焦炭等普通货物。本次事故残留的化学品与产生的二次污染物逾百种，对局部区域的大气环境、水环境和土壤环境造成了不同程度的污染。

1. 大气环境污染情况

事故发生3h后，环保部门开始在事故中心区外距爆炸中心3～5km范围内开展大气环境监测。8月20日以后，在事故中心区外距爆炸中心0.25～3km范围内增设了流动监测点。经现场检测与专家研判确定，本次事故关注的大气环境特征污染物为氰化氢、硫化氢、氨气和三氯甲烷、甲苯等挥发性有机物。

监测分析表明，本次事故对事故中心区大气环境造成较严重的污染。事故发生后至9月12日之前，事故中心区检出的二氧化硫、氰化氢、硫化氢、氨气超过《工作场所有害因素职业接触限值 第1部分：化学有害因素》（GBZ 2.1—2007）中规定的标准值1～4倍；9月12日以后，检出的特征污染物达到相关标准要求。

事故中心区外检出的污染物主要包括氰化氢、硫化氢、氨气、三氯甲烷、苯、甲苯等，污染物浓度超过《大气污染物综合排放标准》（GB 16297—1996）和《天津市恶臭污染物排放标准》（DB 12/059—1995）等规定的标准值0.5～4倍，最远的污染物超标点出现在距爆炸中心5km处。8月25日以后，大气中的特征污染物稳定达标，9月4日以后达到事故发生前环境背景值水平。

采用大气扩散轨迹模型、气象场模型与烟团扩散数值模型叠加的空气质量模型模拟表明，事故发生后，在事故中心区上空约500m处形成污染烟团，烟团在爆炸动力与浮力抬升效应以及西南和正西主导风向的作用下向渤海方向漂移，13～18h后逐步消散。这一模拟结果与卫星云图显示的污染烟团在时间和空间上的变化吻合。对天津主城区和可能受事故污染烟团影响的地区（北京、河北唐山、辽宁葫芦岛、山东滨州等区域）事故发生后3天内6项大气常规污染物（二氧化硫、二氧化氮、一氧化碳、臭氧、PM_{10}、$PM_{2.5}$）的监测数据进行分析，并模拟了事故发生后18h内污染烟团扩散对上述区域近地面大气环境的影响，均显示污染烟团基本未对上述区域的大气环境造成影响。

本次事故事故中心区外近地面大气环境污染较快消散的主要原因是：事故发生地位于渤海湾天津市东疆港东岸线的西南侧，与海岸线直线距离仅6.1km；在事故发生后污染烟团扩散的24h内，91.2%的时间为西南和正西风向，在以后的9天内，71.3%的时间为西南和正西风向。事故发生地的地理位置和当时的气象条件有利于污染物快速飘散。

2. 水环境污染情况

本次事故主要对距爆炸中心周边约2.3km范围内的水体（东侧北段起吉运东路、中段起北港东三路、南段起北港路南段，西至海滨高速；南起京门大道、北港路、新港六号路一线，北至东排明渠北段）造成污染，主要污染物为氰化物。事故现场两个爆坑内的积水严重污染；散落的化学品和爆炸产生的二次污染物随消防用水、洗消水和雨水形成的地表径流汇至地表积水区，大部分进入周边地下管网，对相关水体形成污染；爆炸溅落的化学品造成部分明渠河段和毗邻小区内积水坑存水污染。8月17日对爆坑积水的检测结果表明，呈强碱性，氰化物浓度高达421mg/L。

天津市及有关部门对受污染水体采取了有效的控制和处置措施，经处理达标后通过天津港北港池排入渤海湾。截至10月31日，已排放处理达标污水76.6万吨，削减氰化物64.2～68.4t，折合121～129t氰化钠。目前，由于雨雪水和地下水的补给，爆坑内仍有少量污水，正在采用抽取外运及工程隔离措施开展处置。

由于海水容量大，事故处置过程中采取的措施得当，并从严执行排放标准，本次事故对天津渤海湾海洋环境基本未造成影响。在临近事故现场的天津港北港池海域、天津东疆港区外海、北塘口海域约30km范围内开展的海洋环境应急监测结果显示，海水中氰化物平均浓度为 0.00086421mg/L，远低于海水水质Ⅰ类标准值 0.005421mg/L。此外，与历史同期监测数据相比，挥发酚、有机碳、多环芳烃等污染物浓度未见异常，浮游生物的种类、密度与生物量未见变化。

事故发生后，在事故中心区外 5km 范围内新建了 27 口地下水监测井，监测结果显示：24 口监测井氰化物浓度满足地下水Ⅲ类水质标准；3 口监测井（2 口位于爆炸中心北侧 753m 处，1 口位于爆炸中心南侧 964m 处）氰化物超过地下水Ⅲ类水质标准，同时检出硫酸盐、三氯甲烷、苯等本次事故的相关污染物。近期超标地下水监测井的监测结果表明，污染浓度有逐步下降的趋势。初步分析，事故中心区外局部 30m 以上地下水受到污染，地表污染水体下渗、地下管网优势通道渗流是地下水受污染的主要原因。事故中心区及其附近地下水的污染范围与成因仍在进一步勘查确认中。

3. 土壤环境污染情况

本次事故对事故中心区土壤造成污染，部分点位氰化物和砷浓度分别超过《场地土壤环境风险评价筛选值》（DB11/T 811—2011）中公园与绿地筛选值的 0.01~31.0 倍和 0.05~23.5 倍，苯酚、多环芳烃、二甲基亚砜、氯甲基硫氰酸酯等有检出，目前仍在对事故中心区的土壤进行监测。事故对事故中心区外土壤环境影响较小，事故发生一周后，有部分点位检出氰化物。一个月后，未再检出氰化物和挥发性、半挥发性有机物，虽检出重金属，但未超过《场地土壤环境风险评价筛选值》中公园与绿地的筛选值；下风向东北区域检测结果表明，二噁英类毒性当量低于美国环保局推荐的居住用地二噁英类致癌风险筛选值，苯并[a]芘浓度低于《场地土壤环境风险评价筛选值》中公园与绿地的筛选值。

4. 特征污染物的环境影响

事故造成 320.6t 氰化钠未得到回收。经测算，约 39% 在水体中得到有效处置或降解，58% 在爆炸中分解或在大气、土壤环境中气化、氧化分解、降解。事故发生后，现场喷洒大量双氧水等氧化剂，极大地促进了氰化钠的快速氧化分解。但是，截至 10 月 31 日，事故中心区土壤中仍残留约 3% 不同形态的氰化钠，以及少量不易降解、具有生物蓄积性和慢性毒性的化学品与二次污染物。

5. 事故对人的健康影响

本次事故未见因环境污染导致的人员中毒与死亡的情况，住院病例中虽有 17 人出现因吸入粉尘和污染物引起的吸入性肺炎症状，但无实质损伤，预后良好；距爆炸中心周边约 3km 范围外的人群，短时间暴露于大气环境污染造成不可逆或严重健康影响的风险极低；未采取完善防护措施进入事故中心区的暴露人群健康可能会受到影响。

6. 需要开展中长期环境风险评估

由于事故残留的化学品与产生的污染物复杂多样，需要继续开展事故中心区环境调查与区域环境风险评估，制定、实施不同区域、不同环境介质的风险管控目标，以及相应的污染防控与环境修复方案和措施。同时，开展长期环境健康风险调查与研究，重点对事故中心区工作人员与住院人员开展健康体检和疾病筛查，监测、判断本次事故对人群健康的潜在风险与损害。

二、事故直接原因

(一) 最初起火部位认定

通过调查询问事发当晚现场作业员工、调取分析位于瑞海公司北侧的环发讯通公司的监控视频、提取对比现场痕迹物证、分析集装箱毁坏和位移特征，认定事故最初起火部位为瑞海公司危险品仓库运抵区南侧集装箱区的中部。

（二）起火原因分析认定

1. 排除人为破坏因素、雷击因素和来自集装箱外部引火源

公安部派员指导天津市公安机关对全市重点人员和各种矛盾的情况以及瑞海公司员工、外协单位人员情况进行了全面排查，对事发时在现场的所有人员逐人定时定位，结合事故现场勘查和相关视频资料分析等工作，可以排除恐怖犯罪、刑事犯罪等人为破坏因素。

现场勘验表明，起火部位无电气设备，电缆为直埋敷设且完好，附近的灯塔、视频监控设施在起火时还正常工作，可以排除电气线路及设备因素引发火灾的可能。同时，运抵区为物理隔离的封闭区域，起火当天气象资料显示无雷电天气，监控视频及证人证言证实起火时运抵区内无车辆作业，可以排除遗留火种、雷击、车辆起火等外部因素。

2. 筛查最初着火物质

事故调查组通过调取天津海关 H2010 通关管理系统数据等，查明事发当日瑞海公司危险品仓库运抵区储存的危险货物包括第 2～6、8 类及无危险性分类数据的物质，共 72 种。对上述物质采用理化性质分析、实验验证、视频比对、现场物证分析等方法，逐类逐种进行了筛查：第 2 类气体 2 种，均为不燃气体；第 3 类易燃液体 10 种，均无自燃或自热特性，且其中着火可能性最高的一甲基三氯硅烷燃烧时火焰较小，与监控视频中猛烈燃烧的特征不符；第 5 类氧化性物质 5 种，均无自燃或自热特性；第 6 类毒性物质 12 种、第 8 类腐蚀性物质 8 种、无危险性分类数据物质 27 种，均无自燃或自热特性；第 4 类易燃固体、易于自燃的物质、遇水放出易燃气体的物质 8 种，除硝化棉外，均不自燃或自热。实验表明，在硝化棉燃烧过程中伴有固体颗粒燃烧物飘落，同时产生大量气体，形成向上的热浮力。经与事故现场监控视频比对，事故最初的燃烧火焰特征与硝化棉的燃烧火焰特征相吻合。同时查明，事发当天运抵区内共有硝化棉及硝基漆片 32.97t。因此，认定最初着火物质为硝化棉。

3. 认定起火原因

硝化棉（$C_{12}H_{16}N_4O_{18}$）为白色或微黄色棉絮状物，易燃且具有爆炸性，化学稳定性较差，常温下能缓慢分解并放热，超过 40℃时会加速分解，放出的热量如不能及时散失，会造成硝化棉温升加剧，达到 180℃时能发生自燃。硝化棉通常加乙醇或水作湿润剂，一旦湿润剂散失，极易引发火灾。

实验表明，去除湿润剂的干硝化棉在 40℃时发生放热反应，达到 174℃时发生剧烈失控反应及质量损失，自燃并释放大量热量。如果在绝热条件下进行实验，去除湿润剂的硝化棉在 35℃时即发生放热反应，达到 150℃时即发生剧烈的分解燃烧。

经对向瑞海公司供应硝化棉的河北三木纤维素有限公司、衡水新东方化工有限公司调查，企业采取的工艺为：先制成硝化棉水棉（含水 30%）作为半成品库存，再根据客户的需要，将湿润剂改为乙醇，制成硝化棉酒棉，之后采用人工包装的方式，将硝化棉装入塑料袋内，塑料袋不采用热塑封口，用包装绳扎口后装入纸筒内。据瑞海公司员工反映，在装卸作业中存在野蛮操作问题，在硝化棉装箱过程中曾出现包装破损、硝化棉散落的情况。

对样品硝化棉酒棉湿润剂挥发性进行的分析测试表明：如果包装密封性不好，在一定温度下湿润剂会挥发散失，且随着温度升高而加快；如果包装破损，在 50℃下 2h 乙醇湿润剂会全部挥发散失。

事发当天最高气温达 36℃，实验证实，在气温为 35℃时集装箱内温度可达 65℃以上。以上几种因素耦合作用引起硝化棉湿润剂散失，出现局部干燥，在高温环境作用下，加速分解反应，产生大量热量，由于集装箱散热条件差，致使热量不断积聚，硝化棉温度持续升高，达到其自燃温度，发生自燃。

最终认定事故直接原因是：瑞海公司危险品仓库运抵区南侧集装箱内的硝化棉由于湿润剂散失出现局部干燥，在高温（天气）等因素的作用下加速分解放热，积热自燃，引起相邻集装箱内的硝化棉和其他危险化学品长时间大面积燃烧，导致堆放于运抵区的硝酸铵等危险化学品发生爆炸。

三、事故企业相关情况及主要问题

（一）瑞海公司危险品仓库存放危险货物情况

瑞海公司危险品仓库东至跃进路，西至中联建通物流公司，南至吉运一道，北至吉运二道，占地面积 $46226m^2$，其中运抵区面积 $5838m^2$，设在堆场的西北侧。

经调查，事故发生前，瑞海公司危险品仓库内共储存危险货物 7 大类 111 种，共计 11383.79t，包括硝酸铵 800t，氰化钠 680.5t，硝化棉、硝化棉溶液及硝基漆片 229.37t。其中，运抵区内共储存危险货物 72 种 4840.42t，包括硝酸铵 800t，氰化钠 360t，硝化棉、硝化棉溶液及硝基漆片 48.17t。

（二）存在的主要问题

瑞海公司违法违规经营和储存危险货物，安全管理极其混乱，未履行安全生产主体责任，致使大量安全隐患长期存在。

1. 严重违反天津市城市总体规划和滨海新区控制性详细规划，未批先建、边建边经营危险货物堆场

2013 年 3 月 16 日，瑞海公司违反《城乡规划法》第 9 条、第 40 条①，《安全生产法》第 25 条②，《港口法》第 15 条③，《环境影响评价法》第 25 条④，《消防法》第 11 条⑤，《建设工程质量管理条例》（国务院令第 279 号）第 11 条⑥，《国务院关于投资体制改革的决定》（国发〔2004〕20 号）第 2 条第 3 项⑦，《港口危险货物安全管理规定》（交通运输部令 2012 年第 9 号）第 5 条⑧等法律法规的有关规定，违反《天津市城市总体规划》和 2009 年 10 月《滨海新区西片区、北塘分区等区域控制性详细规划》（津滨管字〔2009〕115 号）和 2010 年 4 月《滨海新区北片区、核心区、南片区控制性详细规划》（津滨政函〔2010〕26 号）关于事发区域为现代物流和普通仓库区域的有关规定，在未取得立项备案、规划许可、消防设计审核、安全评价审批、环境影响评价审批、施工许可等必需的手续的情况下，在现代物流和普通仓储区域违法违规自行开工建设危险货物堆场改造项目，并于当年 8 月底完工。8 月中旬，当堆场改造项目即将完工时，瑞海公司才向有关部门申请立项备案、规划许可等手续。2013 年 8 月 13 日，天津市发改委才对这一堆场改造工程予以立项。而且，该公司自 2013 年 5 月 18 日起就开展了危险货物经营和作业，属于边建设边经营。

注释：

①《城乡规划法》第 9 条：任何单位和个人都应当遵守经依法批准并公布的城乡规划，服从规划管理……。第 40 条：在城市、镇规划区内进行建筑物、构筑物、道路、管线和其他工程建设的，建设单位或者个人应当向城市、县人民政府城乡规划主管部门或者省、自治区、直辖市人民政府确定的镇人民政府申请办理建设工程规划许可证。

②《安全生产法》第 25 条：矿山建设项目和用于生产、储存危险物品的建设项目，应当分别按照国家有关规定进行安全条件论证和安全评价。

③《港口法》第 15 条：建设港口工程项目，应当依法进行环境影响评价。

④《环境影响评价法》第 25 条：建设项目的环境影响评价文件未经法律规定的审批部门审查或者审查后未予批准的，该项目审批部门不得批准其建设，建设单位不得开工建设。

⑤《消防法》第 11 条：国务院公安部门规定的大型人员密集场所和其他特殊建设工程，

建设单位应当将消防设计文件报送公安机关消防机构审核。

⑥《建设工程质量管理条例》第11条：建设单位应当将施工图设计文件报县级以上人民政府建设行政主管部门或者其他有关部门审查。施工图设计文件审查的具体办法，由国务院建设行政主管部门会同国务院其他有关部门制定。施工图设计文件未经审查批准的，不得使用。

⑦《国务院关于投资体制改革的决定》第2条第3项：对于《政府核准的投资项目目录》以外的企业投资项目，实行备案制，除国家另有规定外，由企业按照属地原则向地方政府投资主管部门备案。

⑧《港口危险货物安全管理规定》第5条：新建、改建、扩建从事港口危险货物作业的建设项目由港口行政管理部门进行安全条件审查。未经安全条件审查通过，港口建设项目不得开工建设。

2. 无证违法经营

按照有关法律法规，在港区内从事危险货物仓储业务经营的企业，必须同时取得《港口经营许可证》和《港口危险货物作业附证》，但瑞海公司在2015年6月23日取得上述两证前实际从事危险货物仓储业务经营的两年多时间里，除2013年4月8日至2014年1月11日、2014年4月16日至10月16日期间依天津市交通运输和港口管理局的相关批复经营外，2014年1月12日至4月15日、2014年10月17日至2015年6月22日共11个月的时间里既没有批复，也没有许可证，违法从事港口危险货物仓储经营业务。

3. 以不正当手段获得经营危险货物批复

瑞海公司实际控制人于某在港口危险货物物流企业从业多年，很清楚在港口经营危险货物物流企业需要行政许可，但正规的行政许可程序需要经过多个部门审批，费时较长。为了达到让企业快速运营、尽快盈利的目的，于某通过送钱、送购物卡（券）和出资邀请打高尔夫、请客吃饭等不正当手段，拉拢原天津市交通运输和港口管理局副局长李某和天津市交通运输委员会港口管理处处长冯某，要求在行政审批过程中给瑞海公司提供便利。李某滥用职权，违规给瑞海公司先后五次出具相关批复，而这种批复除瑞海公司外从未对其他企业用过。同时，瑞海公司另一实际控制人董某也利用其父亲曾任天津港公安局局长的关系，在港口审批、监管方面打通关节，对瑞海公司得以无证违法经营也起了很大作用。

4. 违规存放硝酸铵

瑞海公司违反《集装箱港口装卸作业安全规程》（GB 11602—2007）第4.4条①和《危险货物集装箱港口作业安全规程》（JT 397—2007）第5.3.1条②的规定，在运抵区多次违规存放硝酸铵，事发当日在运抵区违规存放硝酸铵高达800t。

注释：

①《集装箱港口装卸作业安全规程》第4.4条：危险货物集装箱应按JT 397和其他有关危险货物运输、保管等规则进行装卸和储存。

②《危险货物集装箱港口作业安全规程》第5.3.1条：危险货物集装箱应在专门区域内存放。其中1.1、1.2项爆炸品和硝酸铵类物质的危险货物集装箱，应实行直装直取，不准在港内存放。

5. 严重超负荷经营、超量存储

瑞海公司2015年月周转货物约6万吨，是批准月周转量①的14倍多。多种危险货物严重超量储存，事发时硝酸钾存储量1342.8t，超设计最大存储量53.7倍；硫化钠存储量484t，超设计最大存储量19.4倍；氰化钠存储量680.5t，超设计最大储存量42.5倍。

注释：

① 天津市滨海新区行政审批局津滨审批批准〔2014〕753号批复：瑞海公司设计危险品年周转量5万吨左右。

6. 违规混存、超高堆码危险货物

瑞海公司违反《港口危险货物安全管理规定》（交通运输部令2012年第9号）第35条第2款[①]和《危险货物集装箱港口作业安全规程》（JT 397—2007）第5.3.4条[②]的规定以及《集装箱港口装卸作业安全规程》（GB 11602—2007）第8.3条[③]的规定，不仅将不同类别的危险货物混存，间距严重不足，而且违规超高堆码现象普遍，4层甚至5层的集装箱堆垛大量存在。

注释：

① 《港口危险货物安全管理规定》第35条第2款：危险货物的储存方式、方法以及储存数量应当符合国家标准或者国家有关规定。

② 《危险货物集装箱港口作业安全规程》第5.3.4条：易燃易爆危险货物集装箱，最高只许堆码两层，其他危险货物集装箱不超过三层，并根据不同性质的危险货物，做好有效隔离。

③ 《集装箱港口装卸作业安全规程》第8.3条：货场内应设置冷藏集装箱和危险货物集装箱用箱区。危险货物集装箱区应与其他箱区隔离，箱内货物性质与施救互抵的危险货物集装箱应分类和分隔堆放。

7. 违规开展拆箱、搬运、装卸等作业

瑞海公司违反《危险货物集装箱港口作业安全规程》（JT 397—2007）第6.1.4条[①]，在拆装易燃易爆危险货物集装箱时，没有安排专人现场监护，使用普通非防爆叉车；对委托外包的运输、装卸作业安全管理严重缺失，在硝化棉等易燃易爆危险货物的装箱、搬运过程中存在用叉车倾倒货桶、装卸工滚桶码放等野蛮装卸行为。

注释：

① 《危险货物集装箱港口作业安全规程》第6.1.4条：拆、装易燃易爆危险货物集装箱，应使用防爆型电器设备和不会摩擦产生火花的工具，并有专人负责现场监护。

8. 未按要求进行重大危险源登记备案

瑞海公司没有按照《危险化学品安全管理条例》（国务院令第591号）第25条第2款[①]，《港口危险货物安全管理规定》（交通运输部令2012年第9号）第36条第2款[②]、第38条[③]和《港口危险货物重大危险源监督管理办法（试行）》（交水发〔2013〕274号）第2条第1款、第11条第1款[④]等有关规定，对本单位的港口危险货物存储场所进行重大危险源辨识评估，也没有将重大危险源向天津市交通运输部门进行登记备案。

注释：

① 《危险化学品安全管理条例》第25条第2款：对剧毒化学品以及储存数量构成重大危险源的其他危险化学品，储存单位应当将其储存数量、储存地点以及管理人员的情况，报所在地县级人民政府安全监督管理部门（在港区储存的，报港口行政管理部门）和公安机关备案。

② 《港口危险货物安全管理规定》第36条第2款：对剧毒化学品以及储存数量构成重大危险源的其他危险货物，危险货物港口经营人应当将其储存数量、储存地点以及管理措施、管理人员等情况，报所在地港口行政管理部门备案。

③ 《港口危险货物安全管理规定》第38条：危险货物港口经营人应当根据有关规定，

进行重大危险源辨识，确定重大危险源级别，进行分级管理，对本单位的重大危险源登记建档，并报送所在地港口行政管理部门备案。对涉及船舶航行、作业安全的重大危险源信息，港口行政管理部门应当及时通报海事管理机构。

④《港口危险货物重大危险源监督管理办法（试行）》第 2 条第 1 款：港口危险货物重大危险源的辨识评估、登记建档、备案核销及其监督管理等，适用本办法。第 11 条第 1 款：港口经营人在对港口重大危险源进行辨识、分级，并完成港口重大危险源安全评估报告后，应将港口重大危险源备案申请表和第 10 条规定的档案材料（其中第五项规定的文字资料只需提供清单），向所在地港口行政管理部门备案。对涉及船舶航行、作业安全的重大危险源信息，港口行政管理部门应当及时通报海事管理机构。

9. 安全生产教育培训严重缺失

瑞海公司违反《危险化学品安全管理条例》（国务院令第 591 号）第 44 条①和《港口危险货物安全管理规定》（交通运输部令 2012 年第 9 号）第 17 条第 3 款②的有关规定，部分装卸管理人员没有取得港口相关部门颁发的从业资格证书，无证上岗。该公司部分叉车司机没有取得危险货物岸上作业资格证书，没有经过相关危险货物作业安全知识培训，对危险品防护知识的了解仅限于现场不准吸烟、车辆要带防火帽等，对各类危险物质的隔离要求、防静电要求、事故应急处置方法等均不了解。

注释：

①《危险化学品安全管理条例》第 44 条：危险化学品道路运输企业、水路运输企业的驾驶人员、船员、装卸管理人员、押运人员、申报人员、集装箱装箱现场检查员应当经交通运输主管部门考核合格，取得从业资格。具体办法由国务院交通运输主管部门制定。

②《港口危险货物安全管理规定》第 17 条第 3 款：从事港口危险货物作业的港口经营人，企业主要负责人，危险货物装卸管理人员、申报人员、集装箱装箱现场检查员以及其他从业人员应当按照相关法律法规的规定取得相应的从业资格证书。

10. 未按规定制定应急预案并组织演练

瑞海公司未按《机关、团体、企业、事业单位消防安全管理规定》（公安部令第 61 号）第 40 条①的规定，针对理化性质各异、处置方法不同的危险货物制定针对性的应急处置预案，组织员工进行应急演练；未履行与周边企业的安全告知书和安全互保协议。事故发生后，没有立即通知周边企业采取安全撤离等应对措施，使得周边企业的员工不能第一时间疏散，导致人员伤亡情况加重。

注释：

①《机关、团体、企业、事业单位消防安全管理规定》第 40 条：消防安全重点单位应当按照灭火和应急疏散预案，至少每半年进行一次演练，并结合实际，不断完善预案。

项目二
职业卫生与防护

职业卫生是保护社会生产力和劳动者权益，为企业安全生产和职工健康服务的重要工程，是企业顺利发展的前提和保证，是生产经营工作的必然需求，与生产唇齿相依。企业在从事生产过程中产生或形成了各种职业危害因素，直接危害劳动者的健康，因此必须加以预防。石化企业存在的有害因素种类较多，不仅有硫化氢、氨、氯、苯、甲苯、二甲苯、汽油、液化气、二硫化碳等有毒物质，而且存在粉尘、噪声、高温等物理性因素，长期接触这些有害因素，就会对人的健康造成损害，因此，必须引起足够的重视。

职业卫生防护措施包括职业病危害防护设施、个人使用的职业病防护用品以及职业病防治管理措施等。职业病危害防护设施是以预防、消除或者降低工作场所的职业病危害，减少职业病危害因素对劳动者健康的损害，保护劳动者健康为目的的设施、装置或用品。

任务 1　职业危害分析

职业危害因素是指在生产劳动场所存在的，可能对劳动者的健康及劳动能力产生不良影响或有害作用的因素。职业危害因素是生产劳动的伴生物。它们对人体的作用，如果超过人体的生理承受能力，就可以产生以下三种不良后果：

① 可能引起身体的外表变化，俗称"职业特征"，如皮肤色素沉着、胼胝等；
② 可能引起职业性疾患，如职业病及职业性多发病；
③ 可能降低身体对一般疾病的抵抗能力。

一、我国目前职业危害现状

截止到 2017 年底，我国累计报告职业病病例近百万人。无论接触职业危害人数、职业病患者人数、职业危害造成的死亡人数还是新发职业病人数，这些年都有显著增加。除了法定职业病之外，还存在许多与工作相关的疾病。

国家卫计委《关于 2016 年职业病防治工作情况的通报》显示，2016 年全国共报告职业病 31789 例。其中，职业性肺尘埃沉着病（旧称尘肺）及其他呼吸系统疾病 28088 例，职业性耳鼻喉口腔疾病 1276 例，职业性化学中毒 1212 例，其他各类职业病合计 1213 例。从行业分布看，报告职业病病例主要分布在煤炭开采和洗选业（13070 例）、有色金属矿采选业

(4110例)以及开采辅助活动行业(3829例),共占职业病报告总数的66.09%。

中华人民共和国国家卫生健康委员会发布的《2017年我国卫生健康事业发展统计公报》显示,2017年全国共报告各类职业病新病例26756例。职业性肺尘埃沉着病及其他呼吸系统疾病22790例,其中职业性肺尘埃沉着病22701例;职业性耳鼻喉口腔疾病1608例;职业性化学中毒1021例,其中急性、慢性职业中毒分别为295例和726例;职业性传染病673例;物理因素所致职业病399例;职业性肿瘤85例;职业性皮肤病83例;职业性眼病70例;职业性放射性疾病15例;其他职业病12例。

从以上相关数据中可以分析出我国职业危害的现状如下。

① 我国工业基础薄弱,生产工艺落后,卫生防护设施差,工业场所普遍存在职业危害因素。

② 我国职业病危害因素广泛,从传统工业到新兴产业,以及第三产业,接触的职业病危害因素人群数以亿计,职业病患者累积数量、死亡数量以及新发病人数量都居世界首位。

③ 我国职业病危害主要以粉尘为主,职业病人以肺尘埃沉着病为主,占全部职业病的71%,中毒占20%,两者占全部职业病的90%。肺尘埃沉着病又以煤工肺尘埃沉着病、硅沉着病(旧称硅肺、矽肺)最为严重,肺尘埃沉着病患者中有半数以上为煤工。

④ 根据有关部门的粗略估计,每年我国因职业病、工伤事故的直接经济损失达1000亿元,间接经济损失2000亿元。职业病造成的经济损失严重。

⑤ 职业性疾患是影响劳动者健康、造成劳动者过早失去劳动能力的主要因素,所产生的后果往往是导致恶劣的社会影响。

⑥ 对我国职业卫生投入调查表明,各级政府自1999年起职业卫生投入呈逐年增加的趋势。但由于基数低,人均职业卫生投入明显不足,与经济发展水平极不适应,造成职业卫生监督与技术服务等得不到保证。

⑦ 有数据表明,经过十余年的累积,"隐性"职业危害已经开始"显现"化。最近群体性的职业病案例大量出现,见诸各种媒体,在一些集中外出打工地区甚至出现了"尘肺村""中毒村"。

在实际生产劳动中,往往同一工作场所同时存在多种职业性危害因素,不同的工作场所存在同一种职业性危害因素,在识别、评价、预测和控制不良职业环境中有害因素对职业人群健康的影响时应加以考虑。

二、职业危害因素的分类

1. 按来源分类

(1) 生产工艺过程

随着生产技术、机器设备、使用材料和工艺流程变化不同而变化。如与生活过程有关的原材料、工业毒物、粉尘、噪声、震动、高温、辐射及传染性因素等因素有关。

(2) 劳动过程

主要是与生产工艺的劳动组织情况、生产设备布局、生产制度与作业人员体位和方式以及智能化的程度有关。

(3) 作业环境

主要是作业场所的环境,如室外不良气象条件,室内厂房狭小、车间位置不合理、照明不良与通风不畅等因素都会对作业人员产生影响。

2. 按性质分类

（1）环境因素

① 物理因素。是生产环境的主要构成要素。不良的物理因素或异常的气象条件如高温、低温、噪声、震动、高低气压、非电离辐射（可见光、紫外线、红外线、射频辐射、激光等）与电离辐射（如 X 射线、γ 射线）等。

② 化学因素。生产过程中使用和接触到的原料、中间产品、成品及这些物质在生产过程中产生的废气、废水和废渣等都会对人体产生危害，也称为工业毒物。毒物以粉尘、烟尘、雾气、蒸气或气体的形态遍布于生产作业场所的不同地点和空间，毒物可对人产生刺激或使人产生过敏反应，还可能引起中毒。

③ 生物因素。生产过程使用的原料、辅料及作业环境中都可能存在某些微生物和寄生虫，如炭疽杆菌、霉菌、布氏杆菌、森林脑炎病毒和真菌等。

（2）与职业有关的其他因素

劳动组织和作息制度的不合理，工作的紧张程度等；个人生活习惯的不良，如过度饮酒、缺乏锻炼等；劳动负荷过重，长时间的单调作业、夜班作业，动作和体位的不合理等都会对人产生影响。

（3）其他因素

社会经济因素，如国家的经济发展速度、国民的文化教育程度、生态环境、管理水平等因素都会对企业的安全、卫生投入和管理带来影响。另外，如职业卫生法制的健全、职业卫生服务和管理系统化，对控制职业危害的发生和减少作业人员的职业危害，也是十分重要的。

三、职业性危害因素的作用条件

（1）接触机会

如若作业环境恶劣，职业性危害严重，可是劳动者不到此环境中去工作，即无接触机会，也就不会产生职业病。

（2）作用强度

主要取决于接触量。接触量又与作业环境中有害物质的浓度（强度）和接触时间有关，浓度（强度）越高（强），接触时间越长，危害就越大。

（3）毒物的化学结构和理化性质

① 化学结构对毒性的影响。烃类化合物中的氢原子若被卤族原子取代，其毒性增大；芳香族烃类化合物，苯环上氢原子若被氯原子、甲基、乙基取代，其对全身的毒性减弱，而对黏膜的刺激性增强，苯环上氢原子若被氨基或硝基取代，其毒害作用发生改变，有明显的形成高铁血红蛋白的作用。

② 理化性质对毒性的影响。毒物的理化性质对毒害作用有影响，如：固态毒物被粉碎成分散度较大的粉尘或烟尘，易被吸入，较易中毒；熔点低、沸点低、蒸气压低的毒物浓度高，易中毒；在体内易溶解于血清的毒物易中毒等。

（4）个体因素

某一人群处在同一环境，从事同一种生产劳动，但每个人受到职业性损伤的程度差别较大，这主要与人的个体危害因素有关。

① 遗传因素。如患有某些遗传性疾病或过敏的人，则容易受到有毒物质的影响。

② 年龄和性别。青少年、老年人和妇女对某些职业性危害因素较为敏感，其中尤其要

重视妇女从事有职业性危害因素的生产劳动对胎儿、哺乳儿的影响。

③ 营养状况。营养缺乏的人，容易受到有毒物质的影响。

④ 其他疾病。身体有其他疾病或因某些精神因素，也会受到有毒物质的影响。

⑤ 文化水平和习惯因素。有一定文化和科学知识者，能自觉预防职业病；而生活上某种嗜好，如饮酒、吸烟、药物会增加职业性危害因素的作用。

四、职业危害因素与职业病

（一）职业病的概念及特点

1. 概念

职业病是指企业、事业单位和个体经济组织（用人单位）的劳动者在职业活动中，因接触粉尘、放射性物质和其他有毒、有害物质等因素而引起的疾病。职业病的诊断应当由省级以上人民政府卫生行政部门批准的医疗卫生机构承担。从广义上说，职业病危害因素与职业病是一对因果关系的术语。职业病危害因素是因，职业病是果。

2. 特点

病因明确，病因即职业性有害因素，发病需一定作用条件，在消除病因或阻断作用条件后，可消除发病；所接触的病因大多数是可检测的需达到一定的强度（浓度或剂量）才能致病，一般存在接触水平（剂量）-效应（反应）关系，降低和控制接触强度，可减少发病，但在某些职业性肿瘤（如接触石棉引起的胸膜间皮瘤）则不存在接触水平（剂量）-效应（反应）关系；在接触同一因素的人群中常有一定的发病率，很少只出现个别病例；如能得到早期诊断、处理，大多数职业病预后较好；但有些职业病如硅沉着病（原称矽肺），迄今为止所有治疗方法均无明显效果，只能对症综合处理，减缓进程，故发现越晚，疗效越差；除职业性传染病外，治疗个体无助于控制人群发病，必须有效"治疗"有害的工作环境。

（二）职业有害因素所致的职业病分析

1. 生产过程中接触的职业危害因素所造成的职业病

（1）化学因素

① 各种毒物引起的职业中毒、职业性皮肤病、职业肿瘤；

② 一些不溶或难溶的生产性粉尘引起的肺尘埃沉着病。

（2）物理因素

① 高温、低温引起中暑或冻伤；

② 高湿使两手等处发生皮肤糜烂，导致皮肤病的发生；

③ 高低气压，如潜水员及沉箱工的减压病，高山高原地区的高山病；

④ 噪声引起的难听或耳聋，并对心血管及中枢神经系统也有不良影响；

⑤ 震动，两上肢的局部震动引起血管痉挛、溶骨症及骨坏死，全身震动对神经系统、血管等也有不良影响；

⑥ 电离辐射如 X 射线、γ 射线等引起的放射病；

⑦ 非电离辐射中的微波与高频电磁场，场强过高可引起神经系统功能紊乱等；

⑧ 光线、紫外线引起电光性眼炎，红外线引起白内障，照明过强、过弱引起眼疲劳；

⑨ 机械刺激或击伤。

（3）生物因素

① 微生物。布氏杆菌、炭疽杆菌、森林脑炎病毒引起的职业性传染病；发霉的谷尘、

蔗尘中耐热性放线菌引起的农民肺、蔗尘肺和蘑菇肺，这三种疾病都属于与免疫有关的变态反应性肺泡炎。

② 昆虫和尾蚴引起谷痒症和稻田皮炎。

③ 水生动物的体液。如明虾及一些海鱼表层体液中含有能溶解皮肤角质层的特殊组分。

④ 植物。如黄山药可引起支气管哮喘。

⑤ 各种生物的蛋白质。如牲畜蛋白质及稻壳的细尘大量吸入后引起发热。

2. 作业环境中职业危害因素所造成的职业病

车间布置不合理，如把有毒和无毒工段安排在同一车间易造成中毒；厂房设计不合理，如厂房矮小、狭窄没有必要的通风、换气或照明等，作业人员易患肺尘埃沉着病、职业性近视，易发生职业中毒；异常的气候条件，如高温、高低气压，会造成中暑、高原病等。

3. 劳动过程中职业危害因素所造成的职业病

主要由于有关器官及肌群等长期紧张劳动过度疲劳或不适当的强迫性体位或工具引起的职业性肌肉骨骼损伤疾患，如局部肌肉疲劳和全身疲劳，反复紧张性损伤和腰背痛等。劳动精神过度紧张，多见于新工人或新装置投产运行，或生产不正常时。如重油加氢，高压、硫化氢浓度大、易发生燃烧爆炸和中毒，新工人紧张，老工人在试运行期间也紧张。

五、职业危害程度分级标准

1. 职业危害程度分级标准是一种定性定量的管理评价方法

目前我国已颁布职业危害分级标准8项，其中部颁标准1项。分级标准将职业危害分为5个等级，即0级危害（安全作业，可容许的风险）、Ⅰ级危害（轻度危害作业，可承受的风险：在加强个人防护的基础上，定期监测）、Ⅱ级危害（中度危害作业，中度风险）、Ⅲ级危害（高度危害作业，重大风险）、Ⅳ级危害（极度危害作业，不可承受风险）。针对不同的危害级别实行不同的监察管理办法。

2. 职业危害程度分级标准与卫生标准的区别

职业危害程度分级标准是为职业安全卫生监察工作提供对作业场所中存在的职业危害因素进行定性定量综合评价的一种宏观的管理标准，是职业安全工作深化改革的需要，为劳动保护、劳动保险、劳动工资制定政策提供科学数据。

卫生标准是一种理想的劳动条件标准，是为职业病诊断提供依据的。卫生标准只测定一项指标，即生产现场作业点有害物质浓度，不适用于职业安全卫生风险评价、现场监察宏观管理。

职业危害程度分级标准需要测定三项指标才能确定级别，既考虑了作业环境中有害物质浓度及有害物质本身的毒性，又考虑了作业强度、劳动时间，因此，用职业危害程度分级标准进行职业危害因素风险评价具有科学性、可靠性、合理性。

六、职业危害因素识别的方法应用

职业危害因素识别的方法很多，常用的有经验法、类比法、检查表法、资料复用法、工程分析法、实测法和理论推算法等。事实上不同的方法有不同的优缺点，不同的项目有各自的特点，应根据实际情况综合运用、扬长避短，方可取得较好的效果。

结合化工企业生产现状，主要学习工作危害分析（JHA）。

（一）什么是 JHA

工作危害分析（JHA）又称工作安全分析（JSA），是目前欧美企业在安全管理中使用最普遍的一种作业安全分析与控制的管理工具。是为了识别和控制操作危害的预防性工作流程，通过对工作过程的逐步分析，找出其多余的、有危险的工作步骤和工作设备/设施，进行控制和预防。

（二）主要用途和方法

JHA 主要用来进行设备设施安全隐患、作业场所安全隐患、员工不安全行为隐患等的有效识别。

从作业活动清单中选定一项作业活动，将作业活动分解为若干相连的工作步骤，识别每个工作步骤的潜在危害因素，然后通过风险评价，判定风险等级，制定控制措施。

（三）作业步骤的划分

作业步骤应按实际作业步骤划分，佩戴防护用品、办理作业票等不必作为作业步骤分析。可以将佩戴防护用品和办理作业票等活动列入控制措施。划分的作业步骤不能过粗，但过细也不胜烦琐，以能让别人明白这项作业是如何进行的，对操作人员能起到指导作用为宜。电器使用说明书中对电器使用方法的说明可供借鉴。

作业步骤简单地用几个字描述清楚即可，只需说明做什么，而不必描述如何做。作业步骤的划分应建立在对工作观察的基础上，并应与操作者一起讨论研究，运用自己对这一项工作的认识进行分析。

如果作业流程长，作业步骤多，可以按流程将作业活动分为几大块，每一块为一个大步骤，再将大步骤分为几个小步骤。

（四）危害辨识

对于每一步骤都要问可能发生什么事，给自己提出问题，比如：操作者会被什么东西打着、碰着？他会撞着、碰着什么东西？操作者会跌倒吗？有无危害暴露，如毒气、辐射、焊光、酸雾等？危害导致的事件发生后可能出现的结果及其严重性也应识别。然后识别现有安全控制措施，进行风险评估。如果这些控制措施不足以控制此项风险，应提出建议的控制措施。统观对这项作业所作的识别，规定标准的安全工作步骤。最终据此制定标准的安全操作程序。

1. 识别各步骤潜在危害时，可以按下述问题提示清单提问

① 身体某一部位是否可能卡在物体之间？
② 工具、机器或装备是否存在危害因素？
③ 从业人员是否可能接触有害物质？
④ 从业人员是否可能滑倒、绊倒或摔落？
⑤ 从业人员是否可能因推、举、拉、用力过度而扭伤？
⑥ 从业人员是否可能暴露于极热或极冷的环境中？
⑦ 是否存在过度的噪声或震动？
⑧ 是否存在物体坠落的危害因素？
⑨ 是否存在照明问题？
⑩ 天气状况是否可能对安全造成影响？
⑪ 存在产生有害辐射的可能吗？
⑫ 是否可能接触灼热物质、有毒物质或腐蚀物质？

⑬ 空气中是否存在粉尘、烟、雾、蒸汽？

以上仅为举例，在实际工作中问题远不止这些。

2. 还可以从能量和物质的角度做出提示

其中从能量的角度可以考虑机械能、电能、化学能、热能和辐射能等。机械能可造成物体打击、车辆伤害、机械伤害、起重伤害、高处坠落、坍塌、放炮、火药爆炸、瓦斯爆炸、锅炉爆炸、压力容器爆炸。热能可造成灼烫、火灾。电能可造成触电。化学能可导致中毒、火灾、爆炸、腐蚀。从物质的角度可以考虑压缩或液化气体、腐蚀性物质、可燃性物质、氧化性物质、毒性物质、放射性物质、病原体载体、粉尘和爆炸性物质等。

工作危害分析的主要目的是防止从事此项作业的人员受伤害，当然也不能使他人受到伤害，不能使设备和其他系统受到影响或受到损害。分析时不能仅分析作业人员工作不规范的危害，还要分析作业环境存在的潜在危害，即客观存在的危害更为重要。工作不规范产生的危害和工作本身面临的危害都应识别出来。我们在作业时常常强调"四不伤害"，即不伤害自己，不伤害他人，不被别人伤害，保护他人不受伤害。在识别危害时，应考虑造成这四种伤害的危害。

（五）控制措施的制定

对识别的危害制定控制与预防措施，一般从以下四个方面考虑：

① 工程控制（能量隔离）；

② 行政管理；

③ PPE（个人防护装备）；

④ 临时措施。

（六）工作危害分析之后

经过评审，应进一步确定正确的作业步骤，制定此项作业的标准操作规程。

（七）两个案例

[案例 2-1] 见表 2-1。

表 2-1 工作危害分析记录表（一）

工作岗位：_____　　工作任务：化学品罐内表面清洗　　分析人员：_____

分析日期：_____　　审核人：_____　　审核日期：_____

序号	工作步骤	危害	控制措施
1	确定罐内状况	爆炸性气体； 氧气浓度不足； 化学品暴露：刺激性、有毒气体、粉尘或蒸气； 刺激性、有毒、腐蚀性、高温液体；刺激性、腐蚀性固体； 转动的叶轮或设备	制定限制性空间进入程序(QSHA 标准 1910.146)；办理由安全、维修和领班签署的工作许可证；做空气分析试验，通风至氧气浓度为 19.5%～23.5%、可燃气体浓度小于爆炸下限的 10%（与国内标准不同，国内标准分为两类）；可能需要蒸煮储罐内表面，冲洗并排出废水，然后再如前所述通风；佩戴合适的呼吸装备——压缩空气呼吸器或长管呼吸器；穿戴个体防护服；携带吊带和救生索[参照：OSHA 标准 1910.106，1910.146，1926.100，1926.21（b）(6)；NIOSH Doc. # 80-406]；如有可能，应从罐外清洗储罐
2	选择培训操作人员	操作员有呼吸系统疾病或心脏病； 其他身体限制； 操作员未经培训，无法完成任务	由工业卫生医师检查是否适于工作；培训作业人员；演练（参照：NIOSH Doc. # 80-406）

续表

序号	工作步骤	危害	控制措施
3	装配设备	软管、绳索、设备——绊倒危险；电气——电压太高，导体裸露；马达——未闭锁，未挂警示牌	按序摆放软管、绳索、缆绳和设备，留出安全机动的空间；使用接地故障断路器；如果有搅拌马达，则闭锁并挂警示牌
4	在罐内架设梯子	梯子滑动	牢牢地绑到人孔顶端或刚性结构上
5	准备进罐	罐内有气体或液体	通过储罐原有管线倒空储罐；回顾应急程序；打开储罐；由工业卫生医师或安全专家查看工作现场；在接到储罐的法兰上加装盲板；检测罐中空气（用长探头检测器）
6	在储罐进口处架设设备	绊倒或跌倒	使用机械操纵的设备；在罐顶工作位置周围安装栏杆
7	进罐	梯子——绊倒危险；暴露于危险性环境	针对所发现的状况提供个体防护装备（参照：NIOSHDoc. #80-406；OSHA CFR1910.134）；派罐外监护人，指挥并引导操作员进罐，监护人应有能力在紧急状况下从罐中拉出操作员
8	清洗储罐	与化学品的反应，引起烟雾或是空气污染物释放出来	为所有作业人员和监护人提供防护服和防护装备；提供罐内照明（Ⅰ级，Ⅰ组）；提供供气通风，向罐内提供空气；经常检测罐内空气；替换操作员或提供休息时间；如需要，提供求助用通信手段；安排两人随时待命，以防不测
9	清理	操纵设备，导致受伤	演练；使用工具操纵的设备

以上案例由美国职业安全健康管理局编制，未做风险评价。可以从中了解到危害识别的思路。

[案例2-2] 见表2-2。

表2-2 工作危害分析记录表（二）

工作任务：更换撒气轮胎　　　　工作岗位：_____
分析人员：_____　　　　　日　　期：_____

序号	工作步骤	危害	控制措施
1	停车	过往车辆太近	将车开到远离交通的地方，打开应急闪光灯
		停车地面松软不平	选择牢固平整的地方
		可能向前或向后跑车	刹车、挂挡、在车轮前后斜对着撒气轮胎放垫块
2	搬备用轮胎和工具箱	因搬备用轮胎站位不当	将备用轮胎转入车轮凹槽正上位，两腿站立尽可能靠近轮胎，从车上举起备用轮胎并滚至漏气轮胎处
3	撬下轮毂帽、松开凸耳螺栓	轮毂帽可能崩出	撬轮毂帽平稳用力
		耳柄扳手可能滑动	耳柄扳手大小适合，缓慢平稳用力

由上述工作危害分析案例写成的标准操作规程如下。

1. 停车

① 即便轮胎瘪了,也要慢慢开车,离开道路,开到远离交通的地方。打开应急闪光灯提示过往司机,过往车辆就不会撞你。

② 选择坚实平整的地方,这样就可以用千斤顶将车顶起而不至于跑车。

③ 刹车、挂挡、在车轮的前后放置垫块,这些措施可以防止跑车。

2. 搬备用轮胎和工具箱

为避免腰背扭伤,朝上转动备用轮胎,转至轮槽的正上位。站位尽可能靠近备用轮胎主体,并滑动备用轮胎,使轮胎靠近身体,搬出并滚至撒气轮胎处。

3. 撬下轮毂帽、松开凸耳螺栓(螺母)

① 稳定用力,慢慢撬下轮毂帽,防止轮毂帽崩出伤人。

② 使用恰当的长柄扳手,稳定用力,慢慢卸下凸耳螺栓(螺母),这样扳手就不会滑动,伤不着你的关节了。

4. 如此往下编写……

(八)固化的 JHA 如何编制

仔细研究更换撒气轮胎的风险分析表和安全操作规程可以得出这样的结论:工作危害风险分析表和安全操作规程是用不同的方式叙述同一个问题。工作危害风险分析法是通过表格的形式对一个完整工作中的各要素做出明确的、具体化的描述;安全操作规程是根据风险分析结果,按照作业步骤对一个完整工序中的各要素,依据有机的逻辑关系做出的科学组合。

按照作业活动的每一步分段编写,集中各专业人员的知识,将每一步作业活动中的所有危险危害因素尽可能地写进规程中,让操作工在实际操作中按照操作规程进行操作,避免各种事故。

1. 选定 5~9 个人组成风险分析小组

选定人员应尽可能地从设备、工艺技术、操作、电气、安全、分析等几方面考虑,并不是一定要有这几种人员参加。有的专业也可能一个人都没有,有的专业也许需要 1~3 人参加,各单位视具体情况而定,但人数要保证 5 人以上,且所选人员应是有经验的或复合型人才。

2. 进行工作危害分析

把设计好的工作危害风险分析表分发给每个人员,给大家介绍表格每列要填写的内容及每列表格内容之间的逻辑关系。

进行工作危害分析,即先把整个作业活动划分成多个工作步骤,将每步作业活动中的危险危害因素找出来,判定其在现有安全控制措施条件下可能造成后果的严重性。若现有安全措施不能满足安全生产的需要,应制定新的安全控制措施以保证安全生产;危险性仍然较大时,还应将其列为重点监管对象加强管理,甚至为其制定应急救援预案加以防控。假设以上措施还不能防止事故的发生,应做停工、改变工艺等决定。

3. 详细讲解每列表格内容的具体填法

(1) 步骤划分

① 作业步骤应按实际作业程序划分,划分的步骤不可过粗,也不可过细,应经大家讨论后确定下来。作业步骤划分时,应注意避免将进行作业活动时所需采取的安全控制措施列入,如佩戴防护用品、办理作业票等。

② 作业步骤的描述，语言要简练，用几个字描述清楚即可，只需说明做什么，而不必描述如何做。描述作业步骤一般用动宾词组，如停车、启动泵、投料、包装、升温等；不能用动宾词组描述的，也可用含有动词的短句，如搬备用轮胎和工具箱、撬下轮毂帽、松开凸耳螺栓等。

(2) 识别危险、危害因素

下面以"一段输送易燃、有毒液体的压力管道与输送泵"为对象，研究"启动泵"这一作业活动的危险、危害因素识别。

识别人的危险、危害因素如下。

① 在未确认输送管线是否有断开、法兰垫片是否有泄漏的情况下开泵，易出现易燃、有毒液体泄漏；

② 在未确认输送管线上是否有盲板情况下开泵，易造成泵憋压，易燃、有毒液体从泵密封处泄漏；

③ 在未确认输送管线流程是否正确情况下开泵，易燃、有毒液体易进入其他设备内，造成其他设备物料溢出或发生剧烈的化学反应等；

④ 未按机泵操作规程进行盘车，泵轴受应力过大；

⑤ 开启泵后未及时打开泵出口阀，造成泵憋压，易燃、有毒液体从泵密封处泄漏；

⑥ 启动泵时有打手机现象，手机产生电火花等。

识别设备的危险、危害因素如下。

① 泵的电机外壳静电接地线及接地情况不符合标准要求；

② 泵轴防护罩未安装、安装不规范或防护罩本身太窄、承受压力小于1500N；

③ 机泵润滑油杯润滑油液位低于1/3；

④ 机泵冷却水阀门未打开、开度太小或结冰；

⑤ 泵密封点泄漏未及时进行维修；

⑥ 泵出口压力表指示不准确，易出现抽空、憋压等情况；

⑦ 泵出口取样阀未关闭；

⑧ 设备、管线有沙眼；

⑨ 采购的设备、管线、仪表等本身存在质量问题等。

识别环境的危险、危害因素如下。

① 泵周围存在可燃、有毒气体；

② 夜间作业环境光线不清；

③ 泵周围应急疏散通道不畅等。

识别危险、危害因素的过程，实际上是检验平时工作中对危险、危害因素的认识是否正确、全面的一个非常好的方法，同时也是全面提高员工对危险、危害因素的认识水平的一个非常好的过程和平台。因为，在平时的工作中，每个人的知识和经验都是有限的，无论一个人的知识和经验多么丰富，都有一定的局限性和片面性，那种对各种工艺、设备、电气、仪表都非常熟悉的人是几乎没有的，即使有这样的人，也不可能在较短的时间内将所有的危险、危害因素一一识别出来。因此，在每次识别某一方面的危险、危害因素时，要鼓励某工种或对该方面有经验的人首先发言，然后请其他人对此做出肯定、否定、补充完善的意见和建议。在确定某一具体危险、危害因素时，要避免口语化，要力求用词准确、句子工整，尽力避免使用简略语句。识别某一方面的危险、危害因素往往需要多人进行反复讨论和推敲才能确定下来。

确定某一危险危害因素应注意的事项,如前面例子中,在描述"人的危险、危害因素"的第一种情况时,是这样描述的:在未确认输送管线是否有断开、法兰垫片是否有泄漏的情况下开泵,易出现易燃、有毒液体泄漏。人们一看就明白,而用"液体泄漏""存在易燃、有毒液体"等来描述,操作工很难从你的分析中知道危险点存在于哪个地方。

(3) 主要危害后果

主要危害后果的描述比较简单,也应有一定的顺序。一般把最易发生的事故放在最前面,由最初发生事故引发的次生事故依次排列,其他不易发生的事故附在后面。如先发生火灾事件再发生中毒事件的事故,主要危害后果排序为"1. 火灾;2. 中毒";若在处理中毒事件时发生火灾事故,主要危害后果排序为"1. 中毒;2. 火灾",然后将触电、机械伤害、高空坠落等附在后面。

(4) 现有控制措施

风险分析是检验现有安全控制措施是否能消除、减弱现有危险、危害因素,控制现有危险、危害因素在相对安全范围内及预防新的危险、危害因素产生的有效方法,从一个单位的现有控制措施可判断其安全管理水平是否满足安全生产的要求。

按照危害—事件—控制措施的关系,针对每一种危害可能造成的事故,制定严格的控制措施。在制定控制措施时应有一定的顺序:先列出预防性措施,即防止危害导致事故发生的措施;再列出应急性措施,即事件一旦发生,防止发生造成人员、财产和环境方面事故的措施。为便于职工在工作中落实、采取现有控制措施,在排列预防性措施和应急性措施时,应注意都要从最简单、可行的措施开始,依次排列。

导致某一事故的危险、危害因素往往不止一个,每个危险、危害因素一般需要制定几条控制措施,同样,某一条控制措施也可能同时控制几个危险、危害因素,这样,就会出现同一条控制措施在一次风险分析过程中反复出现的现象。为了便于操作工在日常工作中进行学习和掌握,针对某作业步骤的各种危险、危害因素制定的控制措施,应按照危害—事件—控制措施的关系依次排列,重复出现的控制措施不应采取合并的方式。

制定控制措施时,应根据危险、危害因素来制定,语言描述要有针对性,内容要符合本单位实际,用词一定要准确,让人一看就知道应该怎么做,尽力避免使用简略语句或模糊词和模糊句子。如"未按机泵操作规程进行盘车,泵轴受应力过大"是造成某一事故的危险危害因素,相应制定的控制措施有:根据机泵操作规程,起动泵前,应先用手盘车,使泵轴转动 2 周以上,扣好防护罩后,再启动泵。避免使用"加强安全教育""严格执行安全操作规程"等不确定的句子。当然,有些控制措施不能用简单的句子表述清楚,但也应让其他人看后知道执行什么标准或制度、规定,并能很快找到这些标准、制度进行查阅或学习。

许多人在进行风险分析时,感到无从下手,只是简单地套用范本或在范本上直接改编,一天可以"编"出 30 多个风险分析表。这样编写的风险分析,恐怕连自己都搞不懂,怎么能让其他职工学习?更谈不上实现决策管理,预防、消减危害,控制风险的目的。

编制风险分析表,主要是让操作工或维修工在工作中采取安全措施,避免事故的发生,因此,风险分析表做好以后,一定要让职工认真学习并严格执行,否则,再好的风险分析都不可能避免事故的发生。

表 2-3~表 2-5 为几个典型生产岗位的工作危害分析表,可供参考。

表 2-3　工作危害分析（JHA）表（一）

工作任务：公司周边环境和厂内安全距离　　日期：　　　　分析人员：

序号	工作步骤	危害或潜在事件（作业环境/人/物/管理）	主要后果	偏差发生频率	以往发生频率及现有安全控制措施		员工胜任程度	安全设施	L	S	R	是否重大风险	建议改进措施
					管理措施								
1	公司围墙东	居住区、公共福利设施、村庄小于100m	火灾/爆炸中毒窒息	从未发生	甲、乙类工艺装置或设施标准建设,100m内无居住区,且通过安全验收				1	5	5	否	
2	公司围墙东	相邻工厂（围墙）小于50m	火灾/爆炸中毒窒息	从未发生	相邻工厂（围墙）50m内无其他工厂				1	5	5	否	
3	公司围墙南	居住区、公共福利设施、村庄小于100m	火灾/爆炸中毒窒息	从未发生	甲、乙类工艺装置或设施标准建设,100m内无居住区,且通过安全验收				1	5	5	否	
4	公司围墙南	相邻工厂（围墙）小于50m	火灾/爆炸中毒窒息	从未发生	相邻工厂（围墙）50m内无其他工厂				1	5	5	否	
5	公司围墙南	厂外公路路边小于20m	火灾/爆炸中毒窒息	从未发生	与厂外公路路边距离大于20m				1	5	5	否	
6	公司围墙北	居住区、公共福利设施、村庄小于100m	火灾/爆炸中毒窒息	从未发生	甲、乙类工艺装置或设施标准建设,100m内无居住区,且通过安全验收				1	5	5	否	
7	公司围墙北	相邻工厂（围墙）小于50m	火灾/爆炸中毒窒息	从未发生	相邻工厂（围墙）50m内无其他工厂				1	5	5	否	
8	公司围墙西	居住区、公共福利设施、村庄小于100m	火灾/爆炸中毒窒息	从未发生	甲、乙类工艺装置或设施标准建设,100m内无居住区,且通过安全验收				1	5	5	否	
9	公司围墙西	相邻工厂（围墙）小于50m	火灾/爆炸中毒窒息	从未发生	相邻工厂（围墙）50m内无其他工厂				1	5	5	否	
10	甲类车间和办公楼或其他厂房间距	生产车间和办公楼厂房间距小于25m	火灾/爆炸人员伤亡	从未发生	生产车间和办公楼厂房间实际距离大于25m				1	5	5	否	
11	生产区内各建筑物间距	生产区内各建筑物间距小于25m	火灾/爆炸人员伤亡	从未发生	生产区内各建筑物间距实际距离大于25m				1	5	5	否	
12	生产区内建筑物与道路间距	生产区内建筑物与道路间距小于5m	火灾/爆炸人员伤亡	从未发生	生产区内建筑物与道路间实际距离大于5m				1	5	5	否	
13	厂房与国家铁路线间距	厂房与国家铁路线间距小于55m	火灾/爆炸人员伤亡	从未发生	厂房与国家铁路线间距大于55m				1	5	5	否	
14	厂房与公路路边间距	厂房与公路路边间距小于20m	火灾/爆炸人员伤亡	从未发生	厂房与公路路边间距大于20m				1	5	5	否	
15	甲类仓库与其他建筑间距	甲类仓库与其他建筑间距小于20m	火灾/爆炸人员伤亡	从未发生	甲类仓库与其他建筑间距大于20m				1	5	5	否	

表 2-4 工作危害分析（JHA）表（二）

单位：质检科　　工作岗位：化验室　　工作任务：原材料、产品及工序检验　　分析日期：　　分析人：　　审核人：

序号	工作步骤	危害或潜在事件	主要后果	偏差发生频率	以往发生频率及发现有安全控制措施 管理措施	员工胜任程度	安全设施	L	S	R	建议改进措施
1	气相色谱分析使用高纯氢	检查不到位	跌落、泄漏可能引发爆炸	从未发生	用护栏固定高压气瓶并定时试漏	胜任					
2	操作带电仪器设备	未按规定操作、未定期检查	可能引发短路、触电、火灾	从未发生	定期巡回检查，禁止湿手或湿手拿湿布擦拭，接触带电设备	胜任					
3	分析中产生的有毒、有害、刺激、挥发性、未知气体	未按规定操作	损害皮肤、呼吸道、神经中枢，甚至引起中毒	偶尔发生	穿戴好劳保用品，在通风处中作业，戴防毒口罩，接触后用大量水冲洗，一旦中毒要及时就医	偶尔出错					严格按规程在通风橱内操作，劳保用品配备齐全
4	腐蚀药品使用	未按规定操作	腐蚀皮肤、灼伤	偶尔发生	操作时戴乳胶手套，接触后用大量水清洗，强酸灼伤冲洗后再用 5% 的碳酸氢钠涂抹伤处，强碱灼伤冲洗后再用 5% 的硼酸涂抹伤处，严重的就医	偶尔大意					劳保用品配备齐全，急救药品配备
5	高温炉内的物品的拿取，或高温炉放置在易燃物附近	未按规定操作	操作不当可能引起灼伤，易燃物放置附近可能引起火灾	从未发生	拿取时要用坩埚钳，严禁用手拿，放置时远离燃物 1m 以上，严禁易燃物放在高温加热室	胜任					
6	化学试剂的存放	未按规定存放	存放不当，可能进发火灾、爆炸	从未发生	严格按化学试剂存放标准进行存放，酸类、碱类不能混放，有毒品，易燃品按有关规定专人管理、标签清晰	高度胜任					根据需要尽量少领用
7	加热或配制溶液的操作	未按规定操作	操作不当造成溶液爆沸、喷溅引发烫伤、腐蚀、薄膜受损	偶尔发生	穿戴好劳保用品，严格按操作规程进行操作，多搅拌、接触后用大量水清洗	偶尔重视度不够					严格按规程操作
8	玻璃仪器使用	玻璃仪器材质差或未按规定操作	玻璃容易破碎，易割伤手指	偶尔发生	实验时轻拿轻放，操作精细，佩戴好劳保用品	胜任					了解玻璃仪器性能，严格按规程操作
9	氢气的使用	未按规定操作	易引发爆炸		检查气路不能漏气，严格按规程进行操作，分析完后立即关闭气源，氢气发生器严禁有人监护	胜任					严格按规程操作
10	罐车取样	登高时不够谨慎	可能造成滑落	从未发生	登高时穿工作鞋，并有专人监护	胜任					配备罐车取样梯

表 2-5 工作危害分析(JHA)表(三)

工作任务：涂料成品/半成品生产　　工作岗位：　　工艺参数偏差：　　分析人员：　　以往发生频率及现有安全控制措施　　日期：

序号	工作步骤	危害或潜在事件（作业环境/人/物/管理）	主要后果	偏差发生频率	管理措施	员工胜任程度	安全设施	L	S	R	是否重大风险	建议改进措施
1	温度	分散时间长,温度过高	火灾爆炸	从未发生	①严格遵守《作业指导书》和执行安全操作规程 ②作业人员巡回检查 ③配置应急救援器材 ④配置自动降温设施 ⑤加强通风,降低爆炸气体形成概率 ⑥依据生产需要进行间壁式加热	胜任		1	5	5	否	
		样板烘烤温度控制过高	火灾	从未发生				1	4	4	否	
		原料测定固含	火灾	从未发生				1	4	4	否	
		溶剂挥发快	中毒/火灾污染	从未发生				1	5	5	否	
2	湿度	温度低,分散困难	财产损失	曾经发生				2	1	2	否	
3	黏度	过高或过低,影响品质	财产损失	曾经发生	配置增干、湿设备	胜任		2	2	4	否	
		黏度高,喷涂困难,黏度低,客户抱怨	财产损失	曾经发生				2	2	4	否	
4	分散转速	转速过快,物料溅出	财产损失环境污染	从未发生	①严格遵守《作业指导书》和执行安全操作规程 ②作业人员巡回检查 ③操作人员进行安全、技能培训	胜任		2	2	4	否	
		转速过慢,物料分散不开,品质达不到要求	灼伤中毒	曾经发生				1	4	4	否	
5	分散时间	过长、温度高,挥发快	中毒火灾爆炸	曾经发生	①严格遵守《作业指导书》和执行安全操作规程 ②作业人员巡回检查 ③操作人员进行安全、技能培训 ④配备应急救援器材	胜任		2	2	4	否	
		过短、物料分散不开,品质达不到要求	财产损失	曾经发生				1	5	5	否	
6	数量	投料数量偏高,产品报废	财产损失	曾经发生		胜任		2	2	4	否	
		投料数量偏低,产品报废	财产损失	曾经发生		胜任		2	2	4	否	

任务 2　预防工业毒物的危害

在化工生产过程中，常接触到许多有毒物质。这些毒物的种类繁多，来源广泛，如原料、辅助材料、成品、半成品、副产品、废弃物等，并且当浓度达到一定值时，便可对人体产生毒害作用。因此，在化工生产中预防中毒是极为重要的。

一、工业毒物

在工业生产中使用和生产的某些物质侵入人体后，在一定条件下，与人体的机体组织发生生物化学作用或生物物理作用，破坏机体的正常功能，造成暂时性或永久性的器官或组织病理变化，甚至危及生命，这种物质称为工业毒物。

（一）工业毒物的形态

在实际生产过程中，工业毒物常以气体、蒸气、雾、烟尘或粉尘等形态污染生产环境中的空气，从而对人体产生毒害。

（1）气体

在常温常压下呈气态的物质。如氯、一氧化碳、二氧化硫等。

（2）蒸气

由液体蒸发或固体升华而形成。前者如苯蒸气，后者如碘蒸气。

（3）雾

混悬在空气中的液体微滴，多系蒸气冷凝或液体喷散所形成。如喷漆时形成的含苯漆雾，电镀铬和酸洗作业时形成的铬酸雾和硫酸雾。

（4）烟尘

悬浮于空气中直径小于 $0.1\mu m$ 的烟状固体微粒，系某些金属在高温下熔化时产生的蒸气逸散在空气中氧化凝聚而成。如炼铜时产生的氧化锌烟尘，熔铅时产生的氧化铅烟尘等。

（5）粉尘

悬浮于空气中直径大于 $0.1\mu m$ 的固体微粒，多为固体物质在机械粉碎、碾磨、打砂、钻孔时形成，或将粉状原料、半成品或成品进行混合、过筛、包装、运输时可有粉尘飞扬。如制造铬催化剂时的铬酐尘，包装塑料粉料中的塑料尘等。

（二）工业毒物的分类

工业毒物的分类方法很多，有的按毒物来源分，有的按进入人体的途径分，有的按毒物作用的靶器官分，目前最常用的是化学性质及用途相结合的分类方法。一般分为以下几种。

① 金属、类金属及其化合物，这是最多的一类，如铅、汞、锰、砷、磷等。

② 卤族及其无机化合物，如氟、氯、溴、碘等。

③ 强酸和碱性物质，如硫酸、硝酸、盐酸、氢氧化钠、氢氧化钾等。

④ 氧、氮、碳的无机化合物，如臭氧、氮氧化物、一氧化碳、光气等。

⑤ 窒息性惰性气体，如氦、氖、氩、氮等。

⑥ 有机毒物，按化学结构又分为脂肪烃类、芳香烃类、脂肪环烃类、卤代烃类、氨基及硝基烃化合物、醇类、醛类、酚类、醚类、酮类、酰类、酸类、腈类、杂环类、羰基化合物等。

⑦ 农药类，包括有机磷、有机氯、有机汞、有机硫等。

⑧ 染料及中间体、合成树脂、橡胶、纤维等。

还有一种分类方法是按毒物的作用性质分类，分为刺激性、腐蚀性、窒息性、麻醉性、溶血性、致敏性、致癌性、致畸性、致突变性毒物等，这种分类方法的优点是便于了解其毒性作用。

（三）工业毒物的毒性指标与分级

毒性是指毒物引起机体损害的强度。工业毒物的毒性大小，可用毒物的剂量与反应之间的关系来表示。评价毒性的指标最通用的是计算毒物引起实验动物死亡的剂量（或浓度），所需剂量（浓度）越小，则毒性越大。常用的指标有以下几种。

① 绝对致死剂量或浓度（LD_{100} 或 LC_{100}）。全组染毒动物全部死亡的最小剂量或浓度。

② 半数致死剂量或浓度（LD_{50} 或 LC_{50}）。染毒动物半数死亡的剂量和浓度。

③ 最小致死量或浓度（MLD 或 MLC）。染毒动物中个别动物死亡的剂量或浓度。

④ 最大耐受量或浓度（LD_0 或 LC_0）。染毒动物全部存活的最大剂量或浓度。

其中半数致死剂量常用来反映各种毒物毒性的大小。按照毒物的半数致死剂量大小，可将毒物的毒性分成剧毒、高毒、中等毒、低毒和微毒五级（见表 2-6）。

表 2-6　化学物质的急性毒性分级表

毒性成分	大鼠一次经口 LD_{50}/(mg/kg)	6只大鼠吸入 4h 死亡 2~4 只的浓度/(μL/L)	兔涂皮肤 LD_{50}/(mg/kg)	对人可能致死量	
				g/kg	总量(以 60kg 体重计)/g
剧毒	<1	<10	<5	<0.05	0.1
高毒	1~50	10~100	5~44	0.05~0.5	3
中等毒	50~500	100~1000	44~350	0.5~5.0	30
低毒	500~5000	1000~10000	350~2180	5.0~15.0	250
微毒	>5000	>10000	>2180	>15.0	>1000

（四）工业毒物侵入人体的途径

毒物可通过呼吸道、皮肤和消化道侵入人体。在石油化工生产过程中，最主要的是经呼吸道进入，其次是皮肤，而经消化道进入的较少。

1. 呼吸道

在生产环境中，毒物常以气体、蒸气、雾、烟尘及粉尘等形态存在于空气中，因此，呼吸道是工业毒物侵入人体最主要的途径。由于肺是人体主要的呼吸器官，肺泡面积大，肺泡壁极薄，其表面又为碳酸的液体所湿润，并有丰富的毛细血管，所以肺泡对毒物的吸收极其迅速，如人体吸进大量的氰化氢、一氧化碳或苯等，在数分钟内就可以中毒昏倒。另外，由呼吸道进入的毒物被肺泡吸收后不经肝脏，直接进入血液循环而分布到全身，肝脏无法起到解毒作用，所以有更大的危险性。

2. 皮肤

工业毒物经皮肤吸收而致中毒者也较常见。它是穿过表皮屏障或通过毛囊和皮脂腺而进入人体的。经皮肤侵入的毒物也不经肝脏而直接随血液循环分布于全身。

能够经皮肤侵入的毒物主要有脂溶性毒物，如芳香族氨基或硝基化合物、有机金属类（如四乙基铅、有机锡）、有机磷化合物、氯代烃类等。

3. 消化道

工业毒物由消化道进入人体的机会很少，主要是食用受毒物污染的食物或毒物溅入口腔造成的。由消化道吸收的毒物，大多随粪便排出，其中一部分在小肠内吸收，经肝脏解毒转化后排出，只有一小部分进入血液循环系统。

（五）职业接触限值（occupational exposure limits，OELs）

劳动者在职业活动过程中长期反复接触有害物质，对绝大多数接触者的健康不引起有害作用的容许接触水平，是职业性有害因素的接触限制量值。化学有害因素的职业接触限值包括时间加权平均容许浓度、短时间接触容许浓度和最高容许浓度三类，物理因素职业接触限值包括时间加权平均容许限值和最高容许限值。

《工业企业设计卫生标准》（GBZ 1—2010）规定：优先采用先进的生产工艺、技术和无毒（害）或低毒（害）的原材料，消除或减少尘、毒职业性有害因素；对于工艺、技术和原材料达不到要求的，应根据生产工艺和粉尘、毒物特性，参照 GBZ/T 194 的规定设计相应的防尘、防毒通风控制措施，使劳动者活动的工作场所有害物质浓度符合 GBZ 2.1 要求；预期劳动者接触浓度不符合要求的，应根据实限接触情况，参照 GBZ/T 195、GB/T 19664 的要求同时设计有效的个人防护措施。

我国《工作场所有害因素职业接触限值 第1部分：化学有害因素》（GBZ 2.1—2007）中，规定了工作场所空气中有害物质容许浓度（见表 2-7～表 2-9）。

表 2-7 工作场所空气中化学物质容许浓度（节选）

序号	中文名	英文名	化学文摘号（CAS No.）	OELs/(mg/m³)			备注
				MAC	PC-TWA	PC-STEL	
1	安妥	antu	86-88-4		0.3	—	
2	氨	ammonia	7664-41-7	—	20	30	—
3	2-氨基吡啶	2-aminopyridine	504-29-0		2	—	皮④
4	氨基磺酸铵	ammonium sulfamate	7773-06-0		6	—	
5	氨基氰	cyanamide	420-04-2		2	—	
6	奥克托今	octogen	2691-41-0		2	4	
7	巴豆醛	crotonaldehyde	4170-30-3	12	—	—	
8	百草枯	paraquat	4685-14-7		0.5	—	
9	百菌清	chlorothalonile	1897-45-6	1			G2B③
10	钡及其可溶性化合物（按 Ba 计）	barium and soluble compounds, as Ba	7440-39-3(Ba)	—	0.5	1.5	—
11	倍硫磷	fenthion	55-38-9		0.2	0.3	皮
12	苯	benzene	71-43-2		6	10	皮，G1①
13	苯胺	aniline	62-53-3		3	—	皮
14	苯基醚（二苯醚）	phenyl ether	101-84-8		7	14	—
15	苯硫磷	EPN	2104-64-5		0.5	—	皮
16	苯乙烯	styrene	100-42-5	—	50	100	皮，G2B
17	吡啶	pyridine	110-86-1		4	—	
18	苄基氯	benzyl chloride	100-44-7	5	—	—	G2A②
19	丙醇	propyl alcohol	71-23-8		200	300	
20	丙酸	propionic acid	79-09-4		30	—	
21	丙酮	acetone	67-64-1		300	450	
22	丙酮氰醇（按 CN 计）	acetone cyanohydrin, as CN	75-86-5	3	—	—	皮

续表

序号	中文名	英文名	化学文摘号 (CAS No.)	OELs/(mg/m³)			备注
				MAC	PC-TWA	PC-STEL	
23	丙烯醇	allyl alcohol	107-18-6	—	2	3	皮
24	丙烯腈	acrylonitrile	107-13-1	—	1	2	皮,G2B
25	丙烯醛	acrolein	107-02-8	0.3	—	—	皮
26	丙烯酸	acrylic acid	79-10-7	—	6	—	皮
27	丙烯酸甲酯	methyl acrylate	96-33-3	—	20	—	皮,敏[5]
28	丙烯酸正丁酯	n-butyl acrylate	141-32-2	—	25	—	敏
29	丙烯酰胺	acrylamide	79-06-1	—	0.3	—	皮,G2A
30	草酸	oxalic acid	144-62-7	—	1	2	—
320	乙酰水杨酸(阿司匹林)	acetylsalicylic acid (aspirin)	50-78-2	—	5	—	—
321	2-乙氧基乙醇	2-ethoxyethanol	110-80-5	—	18	36	皮
322	2-乙氧基乙基乙酸酯	2-ethoxyethyl acetate	111-15-9	—	30	—	皮
323	钇及其化合物(按Y计)	yttrium and compounds (as Y)	7440-65-5	—	1	—	—
324	异丙胺	isopropylamine	75-31-0	—	12	24	—
325	异丙醇	isopropyl alcohol(IPA)	67-63-0	—	350	700	—
326	N-异丙基苯胺	N-isopropylaniline	768-52-5	—	10	—	皮
327	异稻瘟净	kitazin o-p	26087-47-8	—	2	5	皮
328	异佛尔酮	isophorone	78-59-1	30	—	—	—
329	异佛尔酮二异氰酸酯	isophorone diisocyanate (IPDI)	4098-71-9	—	0.05	0.1	—
330	异氰酸甲酯	methyl isocyanate	624-83-9	—	0.05	0.08	皮
331	异亚丙基丙酮	mesityl oxide	141-79-7	—	60	100	—
332	铟及其化合物(按In计)	indium and compounds, as In	7440-74-6(In)	—	0.1	0.3	—
333	茚	indene	95-13-6	—	50	—	—
334	正丁胺	n-butylamine	109-73-9	15	—	—	皮
335	正丁基硫醇	n-butyl mercaptan	109-79-5	—	2	—	—
336	正丁基缩水甘油醚	n-butyl glycidyl ether	2426-08-6	—	60	—	—
337	正庚烷	n-heptane	142-82-5	—	500	1000	—
338	正己烷	n-hexane	110-54-3	—	100	180	皮
339	重氮甲烷	diazomethane	334-88-3	—	0.35	0.7	—

①~③化学物质的致癌性标识按国际癌症组织(IARC)分级，作为参考性资料：
G1：确认人类致癌物(carcinogenic to humans)；
G2A：可能人类致癌物(probably carcinogenic to humans)；
G2B：可疑人类致癌物(possibly carcinogenic to humans)。
④表示可经完整的皮肤吸收。
⑤表示为致敏物。

表 2-8 工作场所空气中粉尘容许浓度

序号	中文名	英文名	化学文摘号 (CAS No.)	PC-TWA /(mg/m^3) 总尘	PC-TWA /(mg/m^3) 呼尘	备注
1	白云石粉尘	dolomite dust		8	4	—
2	玻璃钢粉尘	fiberglass reinforced plastic dust		3	—	—
3	茶尘	tea dust		2	—	—
4	沉淀 SiO_2(白炭黑)	precipitated silica dust	112926-00-8	5	—	—
5	大理石粉尘	marble dust	1317-65-3	8	4	—
6	电焊烟尘	welding fume		4	—	G2B
7	二氧化钛粉尘	titanium dioxide dust	13463-67-7	8	—	—
8	沸石粉尘	zeolite dust		5	—	—
9	酚醛树脂粉尘	phenolic aldehyde resin dust		6	—	—
10	谷物粉尘(游离 SiO_2 含量<10%)	grain dust(free SiO_2<10%)		4	—	—
11	硅灰石粉尘	wollastonite dust	13983-17-0	5	—	—
12	硅藻土粉尘(游离 SiO_2 含量<10%)	diatomite dust (free SiO_2<10%)	61790-53-2	6	—	—
13	滑石粉尘(游离 SiO_2 含量<10%)	talc dust (free SiO_2<10%)	14807-96-6	3	1	—
14	活性炭粉尘	active carbon dust	64365-11-3	5	—	—
15	聚丙烯粉尘	polypropylene dust		5	—	—
16	聚丙烯腈纤维粉尘	polyacrylonitrile fiber dust		2	—	—
17	聚氯乙烯粉尘	polyvinyl chloride(PVC)dust	9002-86-2	5	—	—
18	聚乙烯粉尘	polyethylene dust	9002-88-4	5	—	—
19	铝尘 铝金属、铝合金粉尘 氧化铝粉尘	aluminum dust: metal & alloys dust aluminium oxide dust	7429-90-5	3 4	— —	— —
20	麻尘 (游离 SiO_2 含量<10%) 亚麻 黄麻 苎麻	flax,jute and ramie dusts (free SiO_2<10%) flax jute ramie		1.5 2 3	— — —	— — —
21	煤尘(游离 SiO_2 含量<10%)	coal dust(free SiO_2<10%)		4	2.5	—
22	棉尘	cotton dust		1	—	—
23	木粉尘	wood dust		3	—	—
24	凝聚 SiO_2 粉尘	condensed silica dust		1.5	0.5	—
25	膨润土粉尘	bentonite dust	1302-78-9	6	—	—
26	皮毛粉尘	fur dust		8	—	—
27	人造玻璃质纤维 玻璃棉粉尘 矿渣棉粉尘 岩棉粉尘	man-made vitreous fiber fibrous glass dust slag wool dust rock wool dust		3 3 3	— — —	— — —
28	桑蚕丝尘	mulberry silk dust		8	—	—

续表

序号	中文名	英文名	化学文摘号(CAS No.)	PC-TWA /(mg/m³) 总尘	PC-TWA /(mg/m³) 呼尘	备注
29	砂轮磨尘	grinding wheel dust		8	—	—
30	石膏粉尘	gypsum dust	10101-41-4	8	4	—
31	石灰石粉尘	limestone dust	1317-65-3	8	4	—
32	石棉(石棉含量>10%) 粉尘 纤维	asbestos(asbestos>10%) dust asbestos fiber	1332-21-4	0.8 0.8f/mL	— 	G1
33	石墨粉尘	graphite dust	7782-42-5	4	2	—
34	水泥粉尘(游离SiO_2含量<10%)	cement dust(free SiO_2<10%)		4	1.5	—
35	炭黑粉尘	carbon black dust	1333-86-4	4	—	G2B
36	碳化硅粉尘	silicon carbide dust	409-21-2	8	4	—
37	碳纤维粉尘	carbon fiber dust		3	—	—
38	硅尘 10%≤游离SiO_2含量≤50% 50%<游离SiO_2含量≤80% 游离SiO_2含量>80%	silica dust 10%≤free SiO_2≤50% 50%<free SiO_2≤80% free SiO_2>80%	14808-60-7	1 0.7 0.5	0.7 0.3 0.2	G1(结晶型)
39	稀土粉尘(游离SiO_2含量<10%)	rare-earth dust(free SiO_2<10%)		2.5	—	—
40	洗衣粉混合尘	detergent mixed dust		1	—	—
41	烟草尘	tobacco dust		2	—	—
42	萤石混合性粉尘	fluorspar mixed dust		1	0.7	—
43	云母粉尘	mica dust	12001-26-2	2	1.5	—
44	珍珠岩粉尘	perlite dust	93763-70-3	8	4	—
45	蛭石粉尘	vermiculite dust		3	—	—
46	重晶石粉尘	barite dust	7727-43-7	5	—	—
47	其他粉尘①	particles not otherwise regulated		8	—	—

① 指游离SiO_2低于10%,不含石棉和有毒物质,而尚未制定容许浓度的粉尘。表中列出的各种粉尘(石棉纤维尘除外),凡游离SiO_2高于10%者,均按硅尘容许浓度对待。

注:致癌性标识见表2-7注。

表2-9 工作场所空气中生物因素容许浓度

序号	中文名	外文名	化学文摘号(CAS No.)	OELs MAC	OELs PC-TWA	OELs PC-STEL	备注
1	白僵蚕孢子	*Beauveria bassiana*		$6×10^7$(孢子数/m)	—	—	—
2	枯草杆菌蛋白酶	subtilisins	1395-21-7; 9014-01-1	—	15ng/m³	30ng/m³	敏

对未制定 PC-STEL 的化学物质和粉尘,采用超限倍数控制其短时间接触水平的过高波动。在符合 PC-TWA 的前提下,粉尘的超限倍数是 PC-TWA 的2倍;化学物质的超限倍数

（视 PC-TWA 限值大小）是 PC-TWA 的 1.5～3 倍（见表 2-10）。

表 2-10　化学物质超限倍数与 PC-TWA 的关系

PC-TWA/(mg/m³)	最大超限倍数
<1	3
1～10	2.5
10～100	2.0
≥100	1.5

二、职业中毒

（一）急性中毒和慢性中毒

工人在生产劳动过程中，由于接触工业毒物引起的中毒病变叫职业中毒。通常，职业中毒分为急性中毒和慢性中毒。

1. 急性中毒

在短时间内接触高浓度毒物所引起的中毒。一般发病很急，病情比较严重，病情变化也很快。如急性一氧化碳中毒、急性氯气中毒、急性氨中毒等。

引起急性中毒的常见毒物有刺激性气体、窒息性气体、金属蒸气、有机化合物如苯类及苯的氨基、硝基物等。

2. 慢性中毒

在长时期内不断接触低浓度毒物所引起的中毒。慢性中毒发病慢，病程进展也较慢，初期病情较轻。导致慢性中毒的原因主要是作业环境中的毒物浓度常常超过国家规定的卫生标准，毒物在人体内能存留（蓄积）或毒物蓄积后引起人体的器官和功能的变化。

引起慢性中毒的毒物有金属、有机化合物等，如铅、汞、锰、苯等。

（二）中毒原因

1. 急性中毒原因

引起急性中毒的原因很多，根据化工系统近几年来的统计，大多数急性中毒事故的原因是违章操作，占全部事故的 60%～70%。如超压运行、操作温度过高或过低、物料多加或少加、开错阀门、忘记关阀门等使大量毒物泄漏，造成急性中毒。例如某树脂厂环氧树脂车间在水洗树脂时，操作工未按规程要求降温即加苯，引起容器爆炸，大量苯外溢，造成多人急性中毒。

2. 慢性中毒原因

引起慢性中毒的主要原因如下。

① 设备陈旧、工艺流程不合理、物料腐蚀等，造成毒物的跑、冒、滴、漏，使作业环境中毒物浓度超过国家规定的最高容许浓度。

② 安全防护设施差，作业岗位缺少通风排毒装置或使用效果不好，或搁置不用，或维护不善，均可造成作业环境毒物超标。

③ 防毒知识缺乏和个人卫生不良，如在有毒岗位进食、吸烟，不注意个人防护和不按要求使用防护用具，下班不洗澡、更衣等。

（三）中毒症状

不同的毒物引起中毒后出现的症状是不一样的。刺激性气体中毒后主要出现呼吸系统的症状，有机溶剂中毒后普遍出现神经系统症状，还有的毒物中毒后出现多系统的症状，如有机磷农药中毒可出现神经系统和循环系统的症状。

1. 刺激性气体中毒

在化工生产中最常见的刺激性气体有氯气、光气、氮氧化物、氨气、氯化氢、二氧化硫、硫酸二甲酯、甲醛等。

刺激性气体中毒后的表现主要为呼吸道黏膜和眼结膜的刺激现象。但是，由于毒物的种类不同、溶解度不同、接触毒物的时间不同、浓度和量不同，常出现轻重不同的影响。

一些易溶于水的刺激性气体，如氯气、氨气、氯化氢、二氧化硫等，接触或吸入会在湿润的眼结膜和上呼吸道黏膜上附着，成为酸或碱，可产生强烈的刺激作用。另外一些刺激性气体如氮氧化物、光气等不易溶于水，很少在上呼吸道溶解，因此对上呼吸道的刺激小些。这类气体被吸入后可直达呼吸道的终点——肺泡，并在那里停留，逐渐被液体吸收成为酸或碱，经一定时间后对肺产生作用，引起肺炎或肺水肿。

刺激性气体吸入后，当时立即出现呛咳不止、憋气、气急、流泪、怕光、咽痛等症状。吸入高浓度的刺激性气体，还可出现口唇、指甲青紫等缺氧现象，甚至出现肺炎或肺水肿。皮肤污染处，局部有红肿，有的可造成水疱或糜烂。

刺激性气体中毒后所致肺水肿，是严重中毒的表现。它就像被水淹溺的人一样，肺泡内充满了水，与淹溺不同的是，其液体是受刺激的肺泡本身渗出的。当肺泡中充满了液体，不能进行正常的气体交换时，就会出现很多严重症状，如憋气、呼吸困难、咯血痰等。刺激性气体中毒所致的肺水肿有明显的四个时期，即刺激期、潜伏期、肺水肿期、恢复期。在刺激期有严重咳嗽、胸闷、头晕等；而进入潜伏期后症状减轻，极易被患者和医生所忽略；待进入肺水肿期后，病状凶险，若不及时医治，会出现严重后果。因此，吸入刺激性气体后，一定要很好地休息，观察 12~24h。

2. 窒息性气体中毒

窒息就是呼吸过程的某一环节发生障碍，引起缺氧的表现。所谓窒息性气体就是指能妨碍氧气的供给和人体对氧气的摄取、运输、利用，从而造成人体缺氧的一些气体。

(1) 窒息性气体种类

窒息性气体一般分为三大类，每类有几种至几十种。

① 单纯窒息性气体。这类气体本身毒性很小或无毒，属惰性气体，但当它们在空气中的含量增大时，会使空气中氧含量相应降低，造成供氧不足而发生窒息。当氧含量低于16%时，即可发生呼吸困难。属这类气体的常见的有氮气、氢气、氖气、甲烷、乙烷等。

② 血液窒息性气体。这类气体主要通过影响血液中红细胞运输氧的功能，从而妨碍组织细胞的氧供给，造成人体窒息。属这类气体的常见的有一氧化碳等。

③ 细胞窒息性气体。这类气体进入人体后，主要作用于细胞内的呼吸酶，从而使组织细胞不能利用氧，造成人体的窒息。属这类气体的常见的有氰化氢和硫化氢。

(2) 中毒表现

三类窒息性气体的中毒机理不同，故中毒表现也有不同。下面以氮气、一氧化碳、氰化氢三种有代表性的窒息性气体分别做介绍。

① 氮气窒息。氮气无色、无臭，是空气的正常组分之一。它本身为惰性气体，对人体并无明显的毒性，但当空气中氮气浓度过高，使氧含量低于16%时，人体吸入后即可出现缺氧症状。最初感到胸闷、气短、疲软无力，继而烦躁不安，极度兴奋。病人可无目的地跑动、叫喊，步态不稳，神情模糊，称为"氮醉"，并可进入昏睡或昏迷状态。当

吸入气中氧含量低于6%时，病人可迅速出现昏迷，甚至呼吸、心跳停止而死亡，称为"氮窒息"。

② 急性一氧化碳中毒。一氧化碳是无色、无味的气体，它在作业环境中存在时，很难被人发现。人体吸入的一氧化碳通过肺泡进入血液后，与红细胞内的血红蛋白结合成碳氧血红蛋白，从而使血红蛋白失去了运氧能力。运输氧的环节发生障碍，使组织细胞的氧供给发生困难，造成人体缺氧。

中毒后主要表现为头痛、头晕、头沉重感，恶心、呕吐，全身疲乏。病情加重时，面部和口唇呈樱桃红色，呼吸困难，心跳加速，甚至大小便失禁。重症病人出现昏迷，全身肌肉抽搐和痉挛，并可有多种并发症，如脑水肿、休克、心力衰竭等。

③ 急性氰化氢中毒。氰化氢是有苦杏仁味的剧毒气体。氰化氢被吸入人体后，它能与组织细胞内的氧化酶、含硫基酶结合，使酶失去活性，组织细胞不能利用氧而发生内窒息。

中毒后表现为流泪、流涎，口内有苦杏仁味，常有胸闷、心烦、头痛、恶心、呕吐等症状。随后出现呼吸短促，呼吸困难，有恐惧感。接着出现意识丧失，阵发性强直性痉挛，皮肤、黏膜呈鲜红色，大小便失禁等，甚至呼吸、心跳停止而死亡。

3. 有机化合物中毒

有机化合物是指烃类化合物及其衍生物，其种类繁多，在石油化工生产中经常接触的有脂肪烃、芳香烃、卤烃类等。许多有机化合物有脂溶性，多数经呼吸道或皮肤吸收而中毒。

有的有机化合物对皮肤和黏膜有刺激或致敏作用，长期接触可发生皮炎、毛囊炎等。

有的有机化合物进入人体后，侵犯神经系统。急性中毒表现为头痛、头晕、恶心、呕吐。病情加重时可有步态不稳，神志模糊，昏迷，甚至阵发性痉挛或抽搐，血压下降，呼吸浅表，严重者可呼吸、心跳停止而死亡。慢性中毒以神经衰弱综合征和周围神经病变为主，表现为感觉障碍、不全麻痹和运动失调等。

有的有机化合物进入人体后，主要损害造血系统。如苯对造血系统的毒害最明显，苯中毒后导致白细胞减少、血小板减少、贫血等。苯的氨基化合物、硝基化合物进入人体后，引起高铁血红蛋白血症和溶血，使血液失去输氧能力，造成人体缺氧表现，如口唇青紫、呼吸困难等。

还有的有机化合物进入人体后，主要损害肝脏。卤烃类和硝基化合物损害肝脏最明显，四氯化碳中毒可发生肝细胞坏死、急性黄色肝萎缩。

致癌作用：联苯胺可致膀胱癌，苯可引起白血病，氯乙烯可致肝血管肉瘤，氯甲醚可引发肺癌等。

4. 金属类中毒

金属种类繁多，迄今为止发现化学元素107种，其中有83种是金属。绝大多数金属、类金属能与氧、氯、酸等反应，生成金属化合物或盐，所以金属及其化合物有成千上万种。在化工生产中，对工人危害较严重的金属有汞、铅、锰、铬等。

汞和汞化合物在化工生产中应用甚广，危害也较严重。职业性汞中毒多为慢性。早期表现为头痛、头昏，失眠、多梦，记忆力减退，全身无力等；继而出现性情急躁，容易激动，好生气，心情不稳定；进一步出现胆小、害羞、做事容易失去信心，工作效率下降，注意力不集中，甚至出现幻觉、幻听、幻视，哭笑无常等。严重时出现心跳过快、手足多汗，血压忽高忽低，并有性欲减退、阳痿、月经不调等；口内异味，齿龈肿胀、疼痛，口渴，流涎，牙齿松动、易脱落；恶心、不思饮食或腹泻等消化系统表现。手指、眼睑颤动，严重时手颤抖而拿不住筷子，书写不整，说话不清，四肢感觉减退、麻木等。

（四）急性中毒的现场急救

对急性中毒患者在现场若能及时、正确地进行急救或做一些简易的急救措施，常常能使死者复生，使重危患者减轻受害程度，争取时间，为到医院进一步抢救创造条件。不进行现场急救或错误的现场处理，不但延误病情，甚至会造成不必要的牺牲，因此，现场急救非常重要。

1. 基本原则

（1）个人防护切勿忘记

尽快把中毒者从毒气弥漫的现场抢运出来，使其脱离中毒环境，是非常重要的。但是进入现场的抢救者必须十分注意个人防护，否则，在毫无防护的情况下进入现场，就等于自投罗网，不但抢救不了中毒者，抢救者也可能中毒。以前曾发生过这样一起事故，某农药厂清理污水沉淀池，一工人下到池底除污泥时，发生急性硫化氢中毒而昏倒，为了抢救这个工人，又有5个人在没有防护的情况下陆续下到池底，不仅原中毒者原地未动，又有5人倒在池内。后来找来了氧气瓶向池内通氧，并找来了氧气呼吸器，抢救者戴好氧气呼吸器，才把中毒者一个个从池内救出来。

（2）搬运中毒者要轻且注意清洗解毒

应迅速将中毒者从中毒现场移至空气新鲜处，松解衣扣和腰带，摘掉假牙和清除口腔内异物，维持呼吸道通畅，注意保暖。搬运中要沉着、冷静，不要强拖硬拉。患者若有骨折或外伤，一定要先包扎和固定，哪怕临时用衫衣布条、木条或木板固定也可。

患者被污染的衣服、鞋袜要脱掉，皮肤有污染时，先用干净纸、布擦掉毒物后再用清水冲洗15min以上（或用温水和肥皂水冲洗）。酸、碱溅入眼内要彻底冲洗。

有条件时，在现场要及时使用解毒剂，如氰化物车间一般备有解毒剂，一旦发生氰化氢中毒，应及时吸入亚硝酸异戊酯进行解毒。

（3）细心检查抓重点

把中毒患者从现场抢救出来后，应立即有重点地进行检查。检查顺序是神志清醒与否，脉搏、心跳、呼吸是否停止，有无出血或骨折。发现心跳或呼吸停止，立即进行胸外心脏挤压术和人工呼吸。患者呼吸困难或面色青紫时要给予氧气吸入。

2. 复苏急救的方法（见图2-1）

（1）心脏复苏术

患者心跳停止的抢救方法称为复苏术。在现场抢救中，首先采用心前区叩击术，即用拳头叩击患者的心前区，可连续叩击3～5次，观察心脏是否起搏，心脏跳动，则表示成功。心脏不跳，应做胸外心脏挤压术。方法是患者仰卧于硬板或地上，术者在患者一侧或骑跨在患者身上，用一手掌根部置于患者的胸骨下段，另一手掌置于手背上，双手冲击式、有节律地向背脊方向垂直下压，压下3～5cm，不要用力过猛，防止肋骨骨折。在进行胸外心脏挤压术的同时，必须密切配合进行口对口人工呼吸。

（2）呼吸复苏术

患者若呼吸停止，则应立即进行呼吸复苏术。常用的方法有口对口人工呼吸和人工加压呼吸两种。比较确切、有效的是口对口人工呼吸。使患者仰卧，头部后仰，用一手捏住患者的鼻子，用另一手将患者下巴稍下扒，使口张开，术者向患者口中吹气，吹毕松开捏鼻的手，使胸廓及肺部自行回缩。如此有节律地、均匀地反复进行，保持每分钟16～20次，直至胸廓开始自主活动。

  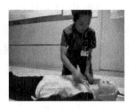 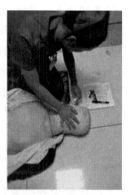

(a) 判断意识　　　　(b) 判断自主呼吸、心跳　　　(c) 解开衣领、腰带　　　(d) 清除口鼻咽腔异物、分泌物，去除义齿

(e) 畅通气道　　　　(f) 口对口人工呼吸　　　　(g) 胸外心脏按压　　　　(h) 判断复苏是否成功

图 2-1　复苏急救术图解

任务 3　预防生产性粉尘的危害

粉尘是指能够较长时间悬浮于空气中的固体微粒。在生产过程中产生的粉尘叫作生产性粉尘。如果对生产性粉尘不加以控制，它将破坏作业环境，危害工人身体健康，损坏机器设备，还会污染大气环境。可燃性粉尘在空气中的浓度达到爆炸极限时会引发爆炸事故，造成人员伤亡和财产损失。本部分只探讨粉尘对人体的危害及对策。

一、粉尘的产生及对人体的危害

在我国，能够产生粉尘的行业很多，如金属矿与非金属矿的采掘和采石业，基础建设方面的筑路、开掘隧道和地质勘探作业，玻璃制造业，耐火及建筑材料加工业等。而在化工行业尤其是无机化工基础材料生产行业中，由于大量使用各种矿石作原料，其破碎、磨粉、传输等环节中产生的粉尘以及生产过程中产生的尾气烟尘等成为化工企业生产性粉尘的主要来源。

粉尘对人体的危害程度取决于人体吸入的粉尘量、粉尘侵入途径、粉尘沉着部位和粉尘的物理、化学性质等因素。在众多粉尘中，以石棉尘和含游离二氧化硅粉尘对人体危害最为严重。石棉尘不仅引起石棉沉着病（旧称石棉肺），且具有致癌性；含游离二氧化硅的粉尘可引起硅肺病，含游离二氧化硅 70% 以上的粉尘对人体危害更大。粉尘的粒径不同，对人体的危害也不同，2~10μm 的粉尘对人体的危害最大。此外，荷电粉尘、溶解度小的粉尘、硬度大的粉尘、不规则形状的粉尘，对人体危害较大。

粉尘侵入人体的途径主要有呼吸系统、眼睛、皮肤等，其中以呼吸系统为主要途径。粉尘对人体各系统的危害表现如下：粉尘侵入呼吸系统后，会引发肺尘埃沉着病，有机粉尘导致肺部病变、呼吸系统肿瘤和局部刺激作用等病症；如果粉尘侵入眼睛，可引起结膜炎、角膜混浊、眼睑水肿和急性角膜炎等病症；粉尘侵入皮肤后，可堵塞皮脂腺、汗腺，造成皮肤干燥，易受感染，引起毛囊炎、粉刺、皮炎等。

二、生产性粉尘的性质

生产性粉尘种类繁多。不同种类的粉尘，根据其理化性质、进入人体的量和作用部位，可引起不同的危害。

1. 生产性粉尘的分类（按粉尘性质分类）

（1）无机粉尘

① 矿物性粉尘：如石英、石棉、滑石、煤等粉尘；

② 金属性粉尘：如铁、铝、锰等金属及其化合物粉尘；

③ 人工无机粉尘：如金刚砂、水泥、玻璃等粉尘。

（2）有机粉尘

① 动物性粉尘：如毛、丝、骨质、角质等粉尘；

② 植物性粉尘：如棉、亚麻、枯草、谷物、茶、木等粉尘；

③ 人工有机粉尘：如农药、有机染料、合成树脂、合成橡胶、合成纤维等。

（3）混合性粉尘

上述各类粉尘混合存在。如：煤矿开采时，有岩尘与煤尘；金属制品加工研磨时，有金属和磨料粉尘；棉纺厂准备工序，有棉尘和土尘等。对混合性粉尘，要查明其中所含成分，尤其是矿物性物质所占比例，对进一步确定其对人体危害有重要意义。

2. 生产性粉尘主要理化性质

（1）化学组成

粉尘中游离二氧化硅的含量越高，对人体的危害越大。如石英粉尘游离二氧化硅含量一般都在70%以上，因此对人体的危害最大，国家卫生标准为 $1.0~1.5mg/m^3$。煤粉尘游离二氧化硅含量一般都在10%以上下，因此对人体的危害相对小一些，国家卫生标准为 $6mg/m^3$。

（2）粉尘浓度

粉尘浓度一般可分为质量浓度和数量浓度。空气中粉尘浓度越高，对人体危害就越大。

（3）分散度

分散度是指物质被粉碎的程度，用来表示粉尘粒子大小的百分构成，空气中粉尘由较小的微粒组成时，则分散度高；反之，则分散度低。粉尘粒子大小一般用直径（μm）表示。粉尘被吸入机体的机会及其在空气中的稳定程度与分散度有直接关系。分散度越高的粉尘，沉降速度较慢，被机体吸入的机会也就越多，对人体的危害就越大。

（4）溶解度

粉尘溶解度的大小，与其对人体的危害有一定关系，但首先由粉尘的化学性质决定其危害性。如某些毒物粉尘，随着溶解度的增加，对人体的危害也增加。一些矿物粉尘如石英，虽然在体内溶解度较小，但对人体危害却较严重。有些粉尘如面粉、糖等，在体内容易溶解、吸收、排出，对人体的危害反而小。

三、预防粉尘危害的对策

按照超标倍数，粉尘作业场所危害程度分为三个等级：0 级（$B\leqslant0$，达标），Ⅰ级（$0<B\leqslant3$，超标），Ⅱ级（$B>3$，严重超标）。超标倍数（excess multiple）是指作业场所粉尘时间加权平均浓度超过粉尘职业卫生标准的倍数。

目前，粉尘对人造成的危害，特别是肺尘埃沉着病尚无特异性治疗，因此预防粉尘危害，加强对粉尘作业的劳动防护管理十分重要。下面针对化工企业生产性粉尘的防护管理谈几点对策措施。

1. 工艺和物料

选用不产生或少产生粉尘的工艺，采用无危害或危害性较小的物料，是消除、减弱粉尘危害的根本途径。

例如：在工艺要求许可的条件下，尽可能采用湿法作业；用密闭风选代替机械筛分，尽可能采用不含游离二氧化硅或含游离二氧化硅低的材料代替含游离二氧化硅高的材料；不使用产生呼吸性粉尘或减少产生呼吸性粉尘（5μm 以下的粉尘）的工艺措施等。

2. 限制、抑制扬尘和粉尘扩散

① 采用密闭管道输送、密闭自动（机械）称量、密闭设备加工，防止粉尘外逸，不能完全密闭的尘源，在不妨碍操作条件下，尽可能采用半封闭罩、隔离室等设施来隔绝、减少粉尘与工作场所空气的接触，将粉尘限制在局部范围内，减弱粉尘的扩散。

利用条缝吹风口吹出的空气扁射流形成的空气屏幕，能将气幕两侧的空气环境隔离，防止有害物质由一侧向另一侧扩散。

② 通过降低物料落差、适当降低溜槽倾斜度、隔绝气流、减少诱导空气量和设置空间（通道）等方法，抑制由于正压产生的扬尘。

③ 对亲水性、弱黏性的物料和粉尘应尽量采用增湿、喷雾、喷水蒸气等措施，可有效地减少物料在装卸、运转、破碎、筛分、混合和清扫等过程中粉尘的产生和扩散；厂房喷雾有助于室内漂尘的凝聚、降落。

④ 为消除二次尘源、防止二次扬尘，应在设计中合理布置、尽量减少积尘平面，地面、墙壁应平整光滑、墙角呈圆角，便于清扫；使用负压清扫装置来清除逸散、沉积在地面、墙壁、构件和设备上的粉尘；对炭黑等污染大的粉尘作业及大量散发沉积粉尘的工作场所，则应采用防水地面、墙壁、顶棚、构件，并用水冲洗的方法清理积尘，严禁用吹扫方式清扫积尘。

3. 通风除尘

建筑设计时要考虑工艺特点和除尘的需要，利用风压、热压差合理组织气流（如进风口、天窗、挡风板的设置等），充分利用自然通风改善作业环境。当自然通风不能满足要求时，应设置全面或局部机械通风。

（1）全面机械通风

对整个厂房进行通风换气，把清洁的新鲜空气不断地送入车间，将车间空气中粉尘浓度稀释并将污染的空气排出室外，使室内空气中粉尘浓度达到标准规定的最高容许浓度以下。

（2）局部机械通风

一般应使清洁新鲜的空气先经过工作地带，再流向有害物质产生的部位，最后通过排风口排出；含有害物质的气流不应经过作业人员的呼吸带。

局部通风、除尘系统的吸尘罩、风管、除尘器、风机的设计和选用，应科学、经济、合理和使工作环境中的粉尘浓度达到标准规定的要求。

除尘器收集的粉尘，应根据工艺条件、粉尘性质、利用价值及粉尘量，采用就地回收、集中回收、湿法处理等方式，将粉尘回收利用或综合处理，并防止二次扬尘。

4. 其他措施

由于工艺、技术的原因，通风和除尘设施无法达到卫生标准的有尘作业场所，操作人员必须佩戴防尘口罩（工作服、头盔、呼吸器、眼镜）等个体防护用品。

同时，根据三级防护原则，生产企业必须对作业环境的粉尘浓度实施定期检测，确保工作环境中的粉尘浓度达到标准规定的要求；定期对从事粉尘作业的职工进行健康检查，发现不宜从事接尘工作的职工，要及时调离；对已确诊为肺尘埃沉着病的职工，应及时调离原工作岗位，安排合理的治疗和疗养。

任务 4　预防物理性危害

物理性危害是指由物理因素引起的职业危害，如放射性辐射、电磁辐射、噪声、光等。物理性危害程度是由声、光、热、电等在环境中的量决定的。

一、噪声及噪声聋

（一）生产性噪声的特性、种类及来源

在生产过程中，由机器转动、气体排放、工件撞击与摩擦所产生的噪声，称为生产性噪声或工业噪声。可归纳以下三类。

1. 空气动力噪声

由气体压力变化引起气体扰动，气体与其他物体相互作用所致。例如，各种风机、空气压缩机、风动工具、喷气发动机、汽轮机等噪声，是由压力脉冲和气体释放发出的。

2. 机械性噪声

在机械撞击、摩擦或质量不平衡旋转等机械力作用下引起固体部件振动所产生的噪声。例如，各种车床、电锯、电刨、球磨机、砂轮机、织布机等发出的噪声。

3. 电磁性噪声

由磁场脉冲、磁致伸缩引起电气部件振动所致。如电磁式振动台和振荡器、大型电动机、发电机和变压器等产生的噪声。

（二）生产性噪声引起的职业病——噪声聋

由长时间接触噪声导致的听阈升高、不能恢复到原有水平的称为永久性听力阈移，临床上称噪声聋。

（三）预防措施

1. 严格执行噪声卫生标准《工业企业设计卫生标准》规定

操作人员每天连续接触噪声 8h，噪声声级卫生限值为 85dB（A）；若每天接触噪声时间达不到 8h，可根据实际接触时间，按接触时间减半，允许增加 3dB（A），但是，噪声接触强度最大不得超过 115dB（A）。

2. 噪声控制

① 消除或降低噪声、振动源，如铆接改为焊接、锤击成型改为液压成型等。为防止振

动使用隔绝物质，如用橡皮、软木和砂石等隔绝噪声。

② 消除或减少噪声、振动的传播，如吸声、隔声、隔振、阻尼。

3. 正确使用和选择个人防护用品

在强噪声环境中工作的人员，要合理选择和利用个人防护器材。

4. 医学监护

认真做好就业前健康体检，严格控制职业禁忌。对已经从业的人员要定期健康体检，对发现有明显听力影响者，要及时调离噪声作业环境。

二、振动及振动病

（一）振动来源

生产过程中的生产设备、工具产生的振动称为生产性振动；产生振动的机械有锻造机、冲压机、压缩机、振动机、振动筛、送风机，振动传送带、打夯机、收割机等，在生产中手臂振动所造成的危害，较为明显和严重，国家已将手臂振动的局部振动病列为职业病。存在手臂振动的生产作业主要有以下几类。

1. 锤打工具

以压缩空气为动力，如凿岩机、选煤机、混凝土搅拌机、倾卸机、空气锤、筛选机、风铲、捣固机、铆钉机、铆打机等。

2. 手持转动工具

如电钻、风钻、手摇钻、油锯、喷砂机、金刚砂抛光机、钻孔机等。

3. 固定轮转工具

如砂轮机、抛光机、球磨机、电锯等。

4. 交通运输与农业机械

如汽车、火车、收割机、脱粒机等驾驶员，下手臂长时间操作，亦存在手臂振动。

（二）振动对人体健康的影响

1. 局部振动

长期接触局部振动的人，可有头昏、失眠、心悸、乏力等不适，还有手麻、手痛、手凉、手掌多汗、遇冷后手指发白等症状，甚至工具拿不稳、吃饭掉筷子。

2. 全身振动

长期全身振动，可出现脸色苍白、出汗、唾液多、恶心、呕吐、头痛、头晕、食欲不振等不适，还可有体温、血压降低等。

（三）振动对人体健康影响的因素

1. 振动参数

（1）加速度

加速度越大，冲力越大，对人体产生的危害也越大。

（2）频率

高频率振动主要使指、趾感觉功能减退，低频率振动主要影响肌肉和关节部分。

2. 振动设备的噪声和气温

噪声和低气温能加重振动对人体健康的影响。

3. 接振时间长短

接振时间越长，振动形成的危害越严重。

4. 机体状态

体质好坏、营养状况、吸烟、饮酒习惯、心理状态、作业年龄、工作体位、加工部件的硬度都会改变振动对人体健康的影响。

（四）振动的控制措施

① 控制振动源。应在设计、制造生产工具和机械时采用减振措施，使振动降低到对人体无害水平。

② 改革工艺，采用减振和隔振等措施。如：采用焊接等新工艺代替铆接工艺；采用水力清砂代替风铲清砂；工具的金属部件采用塑料或橡胶材料，减少撞击振动。

③ 限制作业时间和振动强度。

④ 改善作业环境，加强个体防护及健康监护。

三、电磁辐射及其所致职业病

在作业场所中可能接触以下几种电磁辐射。

（一）非电离辐射

（1）高频作业、微波作业等

① 高频感应加热。金属的热处理、表面淬火、金属熔炼、热轧及高频焊接等，工人作业地带高频电磁场主要来自高频设备的辐射源，无屏蔽的高频输出变压器是工人操作场所的主要辐射源。射频辐射对人体的影响不会导致组织器官的器质性损伤，主要引起功能性改变，并具有可逆性特征，往往在停止接触数周或数月后可恢复。

② 微波作业。微波加热广泛用于食品、木材、皮革、茶叶等加工，以及医药、纺织印染等行业。微波对机体的影响主要表现在神经系统、分泌系统和心血管系统。

（2）红外线

在生产环境中，加热金属、熔融玻璃、强发光体等可成为红外线辐射源，炼钢工、铸造工、轧钢工、锻钢工、玻璃熔吹工、烧瓷工、焊接工等可受到红外线辐射。

红外线引起的白内障是长期受到炉火或加热红外线辐射而引起的，为红外线所致晶状体损伤，职业性白内障已列入职业病名单。

（3）紫外线

在生产环境中，物体温度达1200℃以上时，热辐射的电磁波谱中可出现紫外线。随着物体温度的升高，辐射的紫外线频率增高。常见的辐射源有冶炼炉（高炉、平炉、电炉）、电焊、氧乙炔焊、氩弧焊、等离子焊接等。

紫外线对皮肤作用能引起红斑反应。强烈的紫外线辐射可引起皮炎，皮肤接触沥青后再经紫外线照射，能发生严重的光感性皮炎，并伴有头痛、恶心、体温升高等症状。长期受紫外线作用，可发生湿疹、毛囊炎、皮肤萎缩、色素沉着，甚至可发生皮肤癌。

在作业场所比较多见的是紫外线对眼睛的损伤，即由电弧光照射所引起的职业病——电光性眼炎。此外在雪地作业、航空航海作业时，受到大量太阳光中紫外线照射，可引起类似电光性眼炎的角膜、结膜损伤，称为太阳光眼炎或雪盲症。

（4）激光

激光也是电磁波，属于非电离辐射，广泛应用于工业、农业、国防、医疗和科研等领域。在工业生产中主要利用激光辐射能量集中的特点，用于焊接、打孔、切割、热处理等。

激光对健康的影响主要是由它的热效应和光化学效应造成的。可引起机体内某些酶、氨基酸、蛋白质、核酸等活性降低或失活。眼部受激光照射后，可突然出现眩光感、视力模糊等。激光意外伤害，除个别发生永久性视力丧失外，多数经治疗均有不同程度的恢复。激光也会对皮肤有损伤。

（5）防护措施

高频电磁场：对高频产生源进行屏蔽；

微波辐射：直接减少辐射源，屏蔽辐射源，个体防护；

红外辐射：保护眼睛，如作业中戴绿色防护镜；

紫外辐射：佩戴专用的防护用品；

激光：使用吸光材料，个体防护。

（二）电离辐射

1. 电离辐射概述

凡能引起物质电离的各种辐射均称为电离辐射。如各种天然放射性核素和人工放射性核素、X射线机等。

随着原子能事业的发展，核工业、核设施也迅速发展，放射性核素和射线装置在工业、农业、医药卫生和科学研究中已经广泛应用，接触电离辐射的劳动者也日益增多。

在农业上，利用射线的生物学效应进行辐射育种、辐射菌种、辐射蚕茧，都可获得新品种。射线照射肉类、蔬菜，可以杀菌、保鲜、延长储存时间。在医学上，用射线照射肿瘤，杀伤癌瘤细胞用于治疗。从事上述各种辐照作业的工作人员，主要受到射线的外照射。工业生产上还利用射线照相原理进行管道焊缝、铸件砂眼的探伤等。放射性仪器仪表多使用封闭源，造成工作人员的外照射。

2. 电离辐射引起的职业病——放射病

放射病是人体受各种电离辐射照射而发生的各种类型和不同程度损伤（或疾病）的总称。它包括：

① 全身性放射性疾病，如急性、慢性放射病；

② 局部放射性疾病，如急性、慢性放射性皮炎，放射性白内障；

③ 放射所致远期损伤，如放射所致白血病。

放射性疾病，除由战时核武器爆炸引起之外，常见于核能和放射装置应用中的意外事故，或由防护条件不佳所致职业性损伤。列为国家法定职业病者，包括急性、慢性外照射放射病，外照射皮肤放射损伤和内照射放射病四种。

3. 防护措施

① 缩短被照射时间。

② 距离防护。

③ 屏蔽防护。

④ 健康监护。放射作业人员，就业前必须进行健康体检，严格控制职业禁忌症。对就业后的人员，要根据实际情况、接触射线水平，制定出定期健康体检的间隔时间。对已经出现职业病危害的人员，要早诊断、早治疗、早期调离放射作业。放射工作人员要注意加强营养，多供给高蛋白、高维生素饮食，并要注意休息。每年应安排放射工作人员有一定时间的休息或疗养，提高放射工作人员的健康水平。

四、异常气象条件及有关的职业病

1. 作业场所气象条件

气象条件主要是指空气的温度、湿度、气流与气压，在作业场所由这四要素组成的微小气候和劳动者的健康关系甚大。作业场所的微小气候既受自然条件影响，也受生产条件影响。

(1) 空气温度

生产环境的气温，受大气和太阳辐射的影响，在纬度较低的地区夏季容易形成高温作业环境。生产场所的热源，如各种熔炉、锅炉、化学反应釜，以及机械摩擦和转动的产热，都可以通过传导和对流使空气升温。在人员密集的作业场所，人体散热也会对工作场所的气温产生一定影响，例如25℃的气温下从事轻体力劳动，其总散热量为523kJ/h，在35℃以下从事重体力劳动总散热量为1046kJ/h。

(2) 空气湿度

对空气湿度的影响主要来自各种敞开液面的水分蒸发或蒸汽放散，如造纸、印染、缫丝、电镀、屠宰等，可以使生产环境湿度增加。潮湿的矿井、隧道以及潜涵、捕鱼等作业也可能遇到相对湿度大于80%的高气湿的作业环境。在高温作业车间也可能遇到相对湿度小于30%的低空气湿度。

(3) 风速

生产环境的气流除受自然风力的影响外，也与生产场所的热源分布和通风设备有关，热源使室内空气升温，产生对流气流，通风设备可以改变气流的速度和方向。矿井或高温车间的空气淋浴，生产环境的气流方向和速度要人工控制。

(4) 辐射热

热辐射是指能产生热效应的辐射线，主要是指红外线及一部分可见光。太阳辐射以及生产场所的各种熔炉、开放的火焰、熔化的金属等均能向外散发热辐射，既可以作用于人体，也可以使周围物体升温成为二次热源，扩大热辐射面积，加剧热辐射强度。

(5) 气压

一般情况下，工作环境的气压与大气压相同，虽然在不同的时间和地点可以略有变化，但变动范围很小，对机体无不良影响。某些特殊作业，如潜水作业、航空飞行等，在异常气压下工作，气压与正常气压相差很远。

2. 作业场所异常气象条件的类型

(1) 高温强热辐射作业

工作地点气温30℃以上、相对湿度80%以上的作业，或工作地点气温高于夏季室外气温2℃以上，均属高温、强热辐射作业。如冶金工业的炼钢、炼铁、轧钢车间，机械制造工业的铸造、锻造、热处理车间，建材工业的陶瓷、玻璃、搪瓷、砖瓦等窑炉车间，火力电厂和轮船的锅炉间等。这些作业环境的特点是气温高、热辐射强度大，相对湿度低，易形成干热环境。

(2) 高温高湿作业

气象条件特点是气温气湿高，热辐射强度不大，或不存在热辐射源。如在印染、缫丝、造纸等工业中，需液体加热或蒸煮，车间气温可达35℃以上，相对湿度达90%以上。煤矿深井井下气温可达30℃，相对湿度达95%以上。

(3) 夏季露天作业

夏季从事农田、野外、建筑、搬运等露天作业，以及军事训练等，受太阳的辐射作用和地面及周围物体的热辐射。

(4) 低温作业

接触低温环境主要见于冬天在寒冷地区或极区从事野外作业。如建筑、装卸、农业、渔业、地质勘探、科学考察、在寒冷天气中进行战争或军事训练。室内因条件限制或其他原因无采暖设备亦可形成低温作业环境。在冷库或地窖等人工低温环境中工作，人工冷却剂的储存或运输过程中发生意外，亦可使接触者受低温侵袭。

(5) 高气压作业

高气压作业主要有潜水作业和潜涵作业。潜水作业常见于水下施工、海洋资料及海洋生物研究、沉船打捞等。潜涵作业主要见于修筑地下隧道或桥墩，工人在地下水位以下的深处或沉降于水下的潜涵内工作，为排出涵内的水，需通较高压力的高压气。

(6) 低气压作业

高空、高山、高原均属低气压环境，在这类环境中进行运输、勘探、筑路、采矿等生产劳动，属低气压作业。

3. 异常气象条件对人体的影响

(1) 高温作业对机体的影响

高温作业对机体的影响主要是体温调节和人体水盐代谢的紊乱。机体内多余的热不能及时散发掉，产生蓄热现象，使体温升高。在高温作业条件下大量出汗使体内水分和盐大量丢失。一般生活条件下人出汗量为每日6L以下，高温作业工人日出汗量可达8～10L，甚至更多，汗液中的盐主要是氯化钠，引起体内水盐代谢紊乱，对循环系统、消化系统、泌尿系统都可造成一些不良影响。

(2) 低温作业对机体的影响

在低温环境中，皮肤血管收缩以减少散热，内脏和骨骼肌血流增加，代谢加强，骨骼肌收缩产热，以保持正常体温。如时间过长，超过了人体耐受能力，体温将逐渐降低。由于全身过冷，使机体免疫力和抵抗力降低，易患感冒、肺炎、肾炎、肌痛、神经痛、关节炎等。

(3) 高低气压作业对人体的影响

高气压对机体的影响，在不同阶段表现不同。在加压过程中，可引起充塞感、耳鸣、头晕等，甚至造成鼓膜破裂。在高气压作业条件下，欲恢复到常压状态时，有个减压过程，在减压过程中，如果减压过速，则引起减压病。低压作业对人体的影响是由低压性缺氧而引起的损害。

4. 异常气象条件引起的职业病

(1) 中暑

中暑是高温作业环境下发生的一类疾病的总称，是机体散热机制发生障碍的结果。按病情轻重可分为先兆中暑、轻症中暑、重症中暑。

重症中暑症状有昏倒或痉挛，皮肤干燥无汗，体温在40℃以上。

可采取防暑降温的措施，主要是隔热、通风和个体防护，暑季供应清凉饮料。

(2) 减压病

急性减压病主要发生在潜水作业后，减压病的症状主要表现为皮肤奇痒、灼热感、紫绀、大理石样斑纹，肌肉、关节和骨骼酸痛或针刺样剧烈疼痛，头痛、眩晕、失明、听力减退等。

(3) 高原病

高原病是发生于高原低氧环境下的一种特发性疾病。急性高原病分为三类：急性高原反应，主要症状为头痛、头晕、心悸、气短、恶心、腹胀、胸闷、紫绀等；高原肺水肿，是在急性高原反应基础上发生呼吸困难，X射线显示双肺里有片状阴影；高原脑水肿，出现剧烈头痛、呕吐等症状，发病急，多在夜间发病。

5. 低温作业、冷水作业的防护措施

① 实现自动化、机械化作业，避免或减少低温作业和冷水作业。控制低温作业、冷水作业的时间。

② 佩戴防寒服（手套、鞋）等个人防护用品。

③ 配置采暖操作室、休息室、待工室等。

④ 冷库等低温封闭场所应设置通信、报警装置，防止误将人员关锁。

任务 5 个人防护用品的使用

个人使用的职业病防护用品是指劳动者在职业活动中个人随身穿（佩）戴的特殊用品，这些用品能消除或减轻职业病危害因素对劳动者健康的影响，如防护帽、防护服、防护手套、防护眼镜、护耳器、呼吸保护器和皮肤防用品等。劳动者要注意检查这些个人防护用品有没有生产许可证、安全鉴定证和产品合格证，具有三证的用品才能放心使用。

一、个人防护用品与分类

个人防护用品：是劳动者在劳动中为防御物理、化学、生物等外界因素伤害人体而穿戴和配备的各种物品的总称。

1. 按照用途分类

(1) 以防止伤亡事故为目的的主要安全防护品

① 防坠落用品，如安全带、安全网等；

② 防冲击用品，如安全帽、防冲击护目镜等；

③ 防触电用品，如绝缘服、绝缘鞋、等电位工作服等；

④ 防机械外伤用品，如防刺、割、绞碾、磨损用的防护服、鞋、手套等；

⑤ 防酸碱用品，如耐酸碱手套、防护服和靴等；

⑥ 耐油用品，如耐油防护服、鞋和靴等。

(2) 以预防职业病为目的的主要劳动卫生防护品

① 防尘用品，如防尘口罩、防尘服等；

② 防毒用品，如防毒面具、防毒服等；

③ 防放射性用品，如防放射性服、铅玻璃眼镜等；

④ 防热辐射用品，如隔热防火服、防辐射隔热面罩、电焊手套、有机防护眼镜等；

⑤ 防噪声用品，如耳塞、耳罩、耳帽等。

2. 以人体防护部位分类

(1) 头部防护类

包括用各种材料制作的安全帽、一般防护帽、防尘帽、防水帽、防寒帽、防静电帽、防高温帽、防电磁辐射帽、防昆虫帽等。

(2) 呼吸器官防护类

包括过滤式防毒面具、滤毒罐（盒）简易式防尘口罩（不包括纱布口罩）、复式防尘口罩、过滤式防微粒口罩、长管面具。

(3) 眼、面部防护类

包括电焊面罩、焊接镜片及护目镜、炉窑面具及目镜、防冲击眼护具。

（4）听觉器官防护类

包括用各种材料制作的防噪声护具，主要有耳塞、耳罩和防噪声头盔。

（5）防护服装类

包括防静电工作服、防酸碱工作服（除丝、毛面料外，材质必须经过特殊处理）、涉水工作服、防水工作服、阻燃防护服。

（6）手足防护类

包括绝缘、耐油或耐酸手套，绝缘、耐油或耐酸靴，盐滩靴，水产靴，用各种材料制作的低电压绝缘鞋，耐油鞋，防静电、导电鞋，安全鞋（靴）和各种劳动防护专用护肤用品。

（7）防坠落类防护用品

包括安全带（含速差式自控器与缓冲器）、安全网、安全绳。

二、安全帽

安全帽（图2-2）的防护作用：防止物体打击伤害，防止高处坠落伤害头部，防止机械性损伤，防止污染毛发伤害。它可以在以下几种情况下保护人的头部不受伤害或降低头部受伤害的程度。

图2-2 安全帽

① 飞来或坠落下来的物体击向头部时；

② 当作业人员从2m及以上的高处坠落下来时；

③ 当头部有可能触电时；

④ 在低矮的部位行走或作业，头部有可能碰撞到尖锐、坚硬的物体时。

安全帽的佩戴要符合标准，使用要符合规定。如果佩戴和使用不正确，就起不到充分的防护作用。

安全帽使用注意事项如下。

① 戴安全帽前应将帽后调整带按自己头型调整到适合的位置，然后将帽内弹性带系牢。缓冲衬垫的松紧由带子调节，人的头顶和帽体内顶部的空间垂直距离一般在25～50mm之间，以不小于32mm为好。这样才能保证当遭受到冲击时，帽体有足够的空间可供缓冲，平时也有利于头和帽体间的通风。

② 不要把安全帽歪戴，也不要把帽檐戴在脑后方。否则，会降低安全帽对冲击的防护作用。

③ 安全帽的下颌带必须扣在颌下，并系牢，松紧要适度。这样不至于被大风吹掉，或者被其他障碍物碰掉，或者由于头的前后摆动，使安全帽脱落。

④ 安全帽体顶部除了在帽体内部安装了帽衬外，有的还开了小孔通风。但在使用时不要为了透气而随便再行开孔。因为这样做将会使帽体的强度降低。

⑤ 由于安全帽使用过程中会逐渐损坏，所以要定期检查。检查有没有龟裂、下凹、裂痕和磨损等情况，发现异常现象要立即更换，不准再继续使用。任何受过重击、有裂痕的安全帽，不论有无损坏现象，均应报废。

⑥ 严禁使用只有下颌带与帽壳连接的安全帽，也就是帽内无缓冲层的安全帽。

⑦ 维修、操作人员在现场作业中，不得将安全帽脱下，搁置一旁，或当坐垫使用。

⑧ 由于安全帽大部分是使用高密度低压聚乙烯塑料制成的，具有硬化和变脆的性质。所以不宜长时间地在阳光下暴晒。

⑨ 新领的安全帽，首先检查是否有劳动部门允许生产的证明及产品合格证，再看是否破损、薄厚不均，缓冲层及调整带和弹性带是否齐全有效。不符合规定要求的立即调换。

⑩ 在现场室内作业也要戴安全帽，特别是在室内带电作业时，更要认真戴好安全帽，因为安全帽不但可以防碰撞，而且还能起到绝缘作用。

⑪ 平时使用安全帽时应保持整洁，不能接触火源，不要任意涂刷油漆，不准当凳子坐，防止丢失。如果丢失或损坏，必须立即补领或更换。无安全帽一律不准进入工作现场。

图 2-3　安全帽的不正确使用

安全帽的不正确使用见图 2-3。

三、安全带

安全带是防止高处作业人员发生坠落或发生坠落时将作业人员安全悬挂的个体防护装备。安全带的正确使用见图 2-4，安全带的不正确使用见图 2-5。

为了防止作业者在某个高度和位置上可能出现的坠落，作业者在登高和高处作业时，必须系挂好安全带。安全带的使用和维护有以下几点要求。

① 思想上必须重视安全带的作用。无数事例证明，安全带是"救命带"。可是有少数人觉得系安全带麻烦，上下行走不方便，特别是干一些小活、临时活时，认为"有扎安全带的

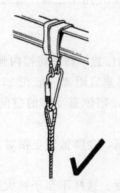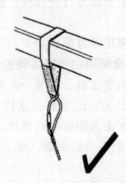

图 2-4　正确使用安全带

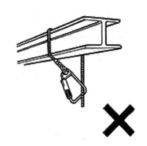

图 2-5　不正确使用安全带

时间活都干完了"。殊不知，事故发生就在一瞬间，所以高处作业必须按规定要求系好安全带。

② 使用前要检查各部位是否完好无损。

③ 高处作业如无固定挂处，应采用适当强度的钢丝绳或采取其他方法悬挂。禁止挂在移动、带尖锐棱角或不牢固的物件上。

④ 高挂低用。将安全带挂在高处，人在下面工作就叫高挂低用。它可以使坠落发生时的实际冲击距离减小。与之相反的是低挂高用。因为当坠落发生时，实际冲击的距离会加大，人和绳都要受到较大的冲击负荷。所以安全带必须高挂低用，杜绝低挂高用。

⑤ 安全带要拴挂在牢固的构件或物体上，要防止摆动或碰撞，绳子不能打结使用，钩子要挂在连接环上。

⑥ 安全带绳保护套要保持完好，以防绳被磨损。若发现保护套损坏或脱落，必须加上新套后再使用。

⑦ 安全带严禁擅自接长使用。如果使用 3m 及以上的长绳时必须要加缓冲器，各部件不得任意拆除。

⑧ 安全带在使用后，要注意维护和保管。要经常检查安全带缝制部分和挂钩部分，必须详细检查捻线是否发生断裂和残损等。

⑨ 安全带不使用时要妥善保管，不可接触高温、明火、强酸、强碱或尖锐物体，不要存放在潮湿的仓库中。

⑩ 安全带在使用两年后应抽验一次，频繁使用应经常进行外观检查，发现异常必须立即更换。定期或抽样试验用过的安全带，不准再继续使用。

四、防护眼镜和面罩

（一）防护眼镜和面罩的作用

防止异物进入眼睛；防止化学性物品的伤害；防止强光、紫外线和红外线的伤害；防止微波、激光和电离辐射的伤害；防止物质的颗粒和碎屑、火花和热流、耀眼的光线和烟雾等对眼睛造成伤害。这样，在工作时就必须根据防护对象的不同选择和使用防护眼镜和面罩。

防护眼镜和面罩使用注意事项：护目镜要选用经产品检验机构检验合格的产品；护目镜的宽窄和大小要适合使用者的脸型；当镜片磨损粗糙、镜架损坏时，会影响操作人员的视力，应及时调换；护目镜要专人使用，防止传染眼病；焊接护目镜的滤光片和保护片要按规定及作业需要选用和更换；防止重摔重压，防止坚硬的物体摩擦镜片和面罩。

（二）防尘防毒用品的作用

防止生产性粉尘的危害。由于固体物质的粉碎、筛选等作业会产生粉尘，这些粉尘进入肺组织可引起肺组织的纤维化病变，也就是肺尘埃沉着病。使用防尘防毒用品将会防止、减少肺尘埃沉着病的发生。

1. 自吸过滤式防尘口罩使用注意事项

① 选用产品其材质不应对人体有害，不应对皮肤产生刺激和过敏影响。

② 佩戴方便，与脸部要吻合。

③ 使用前必须弄清作业环境中的毒物性质、浓度和空气中氧含量，在未弄清楚作业环境条件以前，绝对禁止使用。当毒气浓度大于规定使用范围或空气中氧含量低于18%时，不能使用自吸过滤式防毒面具（或防毒口罩）。直接式防毒面具规定，耐受毒气体积浓度大于0.5%时，应改用导管式。

④ 使用前应检查部件和结合部的气密性，若发生漏气应查明原因。例如，面罩选择不合适或佩戴不正确，橡胶主体有破损，滤毒罐（盒）破裂，面罩的部件连接松动，等等。面具保持良好的气密状态才能使用。

⑤ 应根据劳动强度和作业环境空气中有害物浓度选用不同类型的防毒面具。如低浓度的作业环境可选用小型滤毒罐的防毒面具。

⑥ 防毒呼吸用品应专人使用和保管，使用后应清洗，消毒。在清洗和消毒时，应注意温度，不可使橡胶等部件因温度影响而发生质变受损。

值得注意的是，过滤式呼吸保护器的作用仅仅是过滤空气中的有害物质，没空气主动输送。因此，对缺氧空气环境提供不了任何保护作用，不适用于空气中污染物浓度高或氧气浓度低等密闭空间环境。

2. 供气式呼吸保护器

供气式呼吸器主要有长管洁净空气呼吸器、压缩空气呼吸器和自备气源呼吸器三种。适用于空气中污染物浓度高或氧气浓度低等密闭空间环境。

3. 选择防尘口罩的三大原则

（1）口罩的阻尘效率要合适

阻尘效率越高，进入肺部的呼吸性粉尘就越少。

（2）口罩与人脸形状的密合程度要好

因为空气就像水流一样，哪里阻力小就向哪里流动。当口罩形状与人脸不密合时，空气中的粉尘就会从不密合处呼吸进去，进入人的呼吸道。那么，即便选用滤料再好的口罩，也无法保障健康。

（3）佩戴舒适

合格的防尘口罩呼吸阻力要小，质量要轻，佩戴卫生，保养方便，这样劳动者才会乐意在工作场所坚持佩戴。

正确佩戴口罩方法见图2-6，戴好后须双手轻轻按压口罩，然后刻意呼吸，空气应不会从边缘进入。

五、防护手套

1. 防护手套的作用

对手的安全防护主要靠手套。使用防护手套前，必须对工件、设备及作业情况分析之后，选择适当材料制作的、操作方便的手套，方能起到保护作用。但是对于需要精细调节的作业，戴用防护手套就不便于操作，尤其对于使用钻床、铣床和传送机旁具有夹挤危险部位的操作人员，若使用手套，则有被机械缠住或夹住的危险。所以从事这些作业的人员，严格

图 2-6　正确佩戴口罩方法

禁止使用防护手套。

2. 工作现场常用的防护手套

工作现场常用的防护手套有下列几种（见图 2-7）。

图 2-7　防护手套

（1）劳动保护手套

具有保护手和手臂的功能，作业人员工作时一般都使用这类手套。

（2）带电作业用绝缘手套

要根据电压选择适当的手套，检查表面有无裂痕、发黏、发脆等缺陷，如有异常禁止使用。

（3）耐酸、耐碱手套

主要用于接触酸和碱时戴的手套。

(4) 橡胶耐油手套

主要用于接触矿物油、植物油及脂肪簇的各种溶剂作业时戴的手套。

(5) 焊工手套

电焊、火焊工作业时戴的防护手套，应检查皮革或帆布表面有无僵硬、薄档、洞眼等残缺现象，如有缺陷，不准使用。手套要有足够的长度，手腕部不能裸露在外边。

六、防护鞋

1. 防护鞋

防护鞋的种类比较多，如皮安全鞋、防静电胶底鞋、胶面防砸安全鞋、绝缘皮鞋、低压绝缘胶鞋、耐酸碱皮鞋、耐酸碱胶靴、耐酸碱塑料模压靴、高温防护鞋、防刺穿鞋、焊接防护鞋等。应根据作业场所和内容的不同选择使用。电力建设施工现场常用的有绝缘靴（鞋）、焊接防护鞋、耐酸碱橡胶靴及皮安全鞋等。

防护鞋的功能主要针对工作环境和条件而设定，一般都具有防滑、防刺穿、防挤压的功能，另外就是具有特定功能，比如防导电、防腐蚀等。

2. 对绝缘鞋的要求

① 必须在规定的电压范围内使用；

② 绝缘鞋（靴）胶料部分无破损，且每半年做一次预防性试验；

③ 在浸水、油、酸、碱等条件上不得作为辅助安全用具使用。

七、护耳器

1. 噪声

作业环境在采取噪声防护措施后，工作场所噪声仍不能达到标准要求时，劳动者应佩戴适宜的个人防护用品，如耳塞、耳罩、防声棉等，否则可能会导致噪声性耳聋。棉花的隔声量为5~10dB，柱形耳塞的隔声量为20~30dB，在工作场所噪声超标量不是很大的情况下，可以采用这些护耳器。

几种常见护耳器隔声量见表2-11。

表2-11 常见护耳器隔声量

序号	类型	隔声量/dB
1	棉花	5~10
2	棉花涂蜡	10~20
3	伞形耳塞	15~30
4	柱形耳塞	20~30
5	耳罩	20~40
6	防声头盔	30~50

2. 选择护耳器应注意的事项

① 选择前，应先委托有检测资质的职业病防治机构进行工作场所噪声评估，以确定噪声水平及噪声的频率特性。

② 了解用品的减噪能力，选择合适的护耳器。NRR是反映减噪能力的指标，假设某工作场所的噪声水平为100dB，而某护耳器的NRR值为20dB，则表示在正确佩戴该护耳器后，佩戴者的噪声暴露水平估计可降到80dB。

③ 不应盲目选择减噪能力最大的护耳器，过大的减噪能力可能会带来负面影响，例如

妨碍佩戴者收听警告信号或与其他人谈话沟通，增加不必要的成本。

④ 单凭NRR值未必能协助使用者选取最合适的护耳器，应同时考虑该护耳器在不同声频的减噪能力。

⑤ 如劳动者须经常在听觉保护区出入，可选择附有绳带的耳塞，方便佩戴者戴上或取下。

⑥ 一般而言，耳罩的减噪能力较耳塞的减噪能力强。但佩戴眼镜会令某些耳罩不能紧贴而有空隙，影响效果。此外，耳罩如果夹得太紧，会令佩戴者感觉不适而不愿使用。因此，有时候耳塞也是很好的选择。

⑦ 在必须佩戴耳罩才能有效隔声的情况下，由于耳罩可能会妨碍其他个人防护用品如安全帽的使用，可选择整合式的安全帽式耳罩。

⑧ 在粉尘工作环境中，应选择一次性的耳塞或可更换软垫的耳罩。

3. 护耳器的正确使用

护耳器分耳罩、耳塞两种，它们的使用方法分别如下所述。

（1）耳罩

① 使用耳罩时，应先检查罩壳有无裂纹和漏气现象，佩戴时应注意罩壳的方位，顺着耳廓的形状戴好。

② 将耳罩调校至适当位置（刚好完全盖上耳廓）。

③ 调校头带张力至适当松紧度。

④ 定期或按需要清洁软垫，以保持卫生。

⑤ 用完后存放在干爽位置。

⑥ 耳罩软垫也会老化，影响减噪功效，因此，应做定期检查并更换。

（2）耳塞

① 由于人的外耳道是弯曲的，佩戴耳塞时，应用一只手绕过头后，将耳廓往后上拉（将外耳道拉直），然后用另一手将耳塞推进去（如图2-8所示），尽可能地使耳塞体与耳道相贴合。但不要用劲过猛过急或插得太深，以自我感觉舒适为宜。

图2-8　佩戴耳罩与耳塞

② 发泡棉式的耳塞应先搓压至细长条状，慢慢塞入外耳道待它膨胀封住耳道。

③ 佩戴硅橡胶成形的耳塞，应分清左右塞，不能弄错；插入外耳道时，要稍作转动放正位置，使之紧贴耳道内。

④ 耳塞分多次使用式及一次性两种，前者应定期或按需要清洁，保持卫生，后者只能使用一次。

⑤ 戴后感到隔声不良时，可将耳塞缓慢转动，调整到效果最佳位置为止。如经反复试

用效果仍然不佳，应考虑改用其他型号、规格的耳塞。

⑥ 多次使用的耳塞会慢慢硬化失去弹性，影响减噪功效，因此，应做定期检查并更换。

无论戴耳塞还是耳罩，均应在进入有噪声工作场所前戴好，工作中不得随意摘下，以免伤害鼓膜。休息时或离开工作场所后，到安静处再摘掉耳塞或耳罩，让听觉逐渐恢复。

八、防护用品必须正确选择和使用

尽管用人单位对作业场所的职业病危害因素采取了有效的职业病防护措施，但鉴于当前的经济、技术等问题，某些工作场所仍然可能存在着危害劳动者身体健康的职业病因素。因此，用人单位仍然应当为这些工作场所的劳动者提供个人使用的职业病防护用品，而且这些个人使用的职业病防护用品必须符合预防职业病的要求。不符合要求的，不得使用。

例如用"天拿水"清洗五金件，尽管清洗槽装设了局部抽风排毒设施，但"天拿水"的有毒成分仍可能对劳动者的健康造成影响，用人单位必须为操作者提供适合防护"天拿水"毒性的防毒口罩，不能随便给劳动者配置没有任何防毒效果的纱布口罩。即使配备了防毒口罩，口罩的防毒滤料还必须定期更换，以确保口罩能有效防毒。如果防毒滤料长时间不予更换，将失去其滤毒功能，口罩也就没有防毒效果，这种情况同样不符合预防职业病的要求。

任务 6　化工企业职业危害原因分析与控制

结合前面的学习，下面进行化工企业职业危害的原因分析与控制。

一、化工企业职业危害原因分析

职业卫生设施"三同时"、建设项目"三同时"制度，即新建、改建、扩建的基本项目（工程）、技术改造项目（工程）、引进的建设项目，其职业安全卫生设施必须符合国家规定的标准，必须与主体工程同时设计、同时施工、同时投入生产和使用。职业病危害的产生，往往是由于建设单位缺乏职业病防护意识，在项目的设计和施工阶段忽视职业卫生的要求，没有配备应有的职业病危害防护设施，如通风、排毒、除尘等设施，从而导致项目建成后，存在严重的先天设计性职业病危害隐患。

因此，在项目的建设阶段做好职业病危害预防工作，是一件事半功倍的大事，是职业病防治工作最有效的措施，是职业病防治工作的首要环节，能提高设备、设施的本质安全化程度。在项目建设阶段，预防控制可能产生的职业病危害不仅能够从源头上控制职业病的发生，而且能够产生显著的经济效益。据调查分析，由职业病造成的经济损失与预防职业病的资金投入之间的比例为 7∶4∶1，即：如果企业发生职业病和职业性损害所造成的经济损失是"7"，那么，在发生这些损害之前就对生产中的职业病危害进行治理，所需投资只需"4"；如果企业在新建时就将预防职业病危害的措施与主体工程同时考虑，其投资仅为"1"。比如治疗肺尘埃沉着病的医疗费用是预防肺尘埃沉着病的 4 倍。

1. 作业环境的职业危害因素原因分析

（1）高温、低温环境

① 高温环境是由于太阳的辐射和气温的升高以及各种热源散发热量而形成的。通常把 35℃以上的生活环境和 32℃以上的劳动环境作为高温环境。实际上，气温高仅是热车间的主要现象之一，在热车间里除高温外还同时存在着强热辐射和高湿度。不论是高温还是强辐射，都会对机体产生热作用，影响机体的热平衡。当工作环境气温很高、热辐射很强或湿度

很大，超过人体体温调节功能的适应限度时，机体就会出现不同程度的中暑现状。夏季室外温度很高时，在热车间操作的人特别容易中暑。

[案例 2-3]

一天，小周随检查团进行露天安全检查，当天太阳很大，小周由于走得急，忘记带遮阳用具。刚开始小周还感觉良好，但过了一段时间就感觉到头痛、头晕、眼花、恶心、呕吐，最后竟晕倒在地。

出现这种状况的原因是当天环境温度较高，小周有长时间露天工作。长期的高温作业就有可能导致职业病的发生。

② 低温作业是指劳动者在生产劳动过程中，其工作地点平均气温等于或低于5℃的作业。从事低温作业将会对人体有很大的损耗。在低温环境下长时间工作，超过人体适应能力，体温调节功能将发生障碍，从而影响机体功能。

(2) 尘、毒环境

① 粉尘。为有机或无机物质在加工、粉碎、研磨、撞击、爆破和爆裂时所产生的颗粒。

② 烟尘。为悬浮在空气中的固体颗粒，直径小于 $0.1\mu m$，多为某些金属熔化时产生的蒸气在空气中凝聚而成，常伴有氧化反应的发生。

③ 雾。为悬浮于空气中的微小液滴。多为空气冷凝或通过雾化、溅落、鼓泡等使液体分散而产生的。

④ 蒸气。为液体蒸发或固体物料升华而成。如苯蒸气、熔磷时的磷蒸气等。

⑤ 气体。在生产场所的温度、压力条件下散发于空气中的气态物质。如常温常压下的氯气、二氧化硫、一氧化碳等。

[案例 2-4]

某乡镇企业从事化工管道及锅炉除锈工作的喷砂工，长期在狭小、简陋的作业空间采用含石英的黄沙除锈，由于常蹲在锅炉内喷砂，致使作业空间内粉尘浓度极高。工人在喷砂作业时除戴纱布口罩外，无任何通风、防尘措施。该工种作业时粉尘浓度高，对工人身体危害严重，防尘效果差。

原因分析：经检测粉尘采样器采样粉尘平均浓度 $220mg/m^3$，呼吸个体粉尘采样为 $101mg/m^3$，该作业环境粉尘浓度高，对工人危害严重。

(3) 噪声、振动环境

① 机械性噪声。由机械的撞击、摩擦、固体的振动和转动而产生的噪声。

② 空气动力噪声。由空气振动而产生的噪声。如空气压缩机、泵、锅炉的排气放空等。

③ 电磁性噪声。由电机中交变力相互作用产生的噪声。如发电机、变压器产生的噪声。

④ 生产过程中的生产设备、工具产生的振动对手臂的危害较为明显和严重。如锤打工具、手持转动工具、固定轮转工具等。

(4) 辐射环境

辐射按其生物学作用可分为电离辐射和非电离辐射。电离辐射包括 X 射线、α 射线、β 射线、γ 射线和中子五种。非电离辐射包括紫外线、可见光、红外线、激光和射频辐射。例如：高频感应加热设备，如高频淬火、高频焊接和高频熔炼设备等；高频介质加热设备，如塑料热合机、高频干燥处理机和介质加热联动机等。超短波理疗设备、无线电广播通信、微波加热与发射设备等都会产生辐射。人体受到一定剂量的辐射后，可产生各种对健康有害的生物效应，造成不同类型的辐射损伤。

(5) 采光、色彩环境

① 照明设计任何时候都要符合人机工程学原则，采光时最大限度地利用自然光。自然光明亮柔和，光谱中的紫外线对人体生理机能还有良好的影响。自然光受昼夜、季节和工作条件的限制，而化工生产又是连续性生产就更需要人工光源做补充。选择人工光源时应使其尽可能接近自然光。如荧光灯，具有光线柔和、亮度分布均匀及热辐射量小的优点。不宜选择有色光源，有色光源会使视力降低。

② 选择适当的色彩构成良好的色彩环境，可以增加明亮程度、提高照明效果，标示明确，识别迅速，便于管理；注意力集中，减少差错和事故；环境整洁，层次分明，明朗美观；提高工作质量，舒适愉快，减少疲劳。操作装置的配色要突出，减少误操作。显示装置要与背景有一定对比，以引人注意，有利于视觉认读。安全标志和安全色的运用，提醒人们注意，防止事故发生。

2. 设施、设备状况分析

(1) 卫生防护设施、设备

① 职业病防护设施是消除或者降低工作场所的职业病危害因素浓度或强度，减少职业病危害因素对职工健康的损害或影响，达到保护职工健康目的的装置。包括通风、除尘、排毒、屏蔽、防护等设施。配备什么设施，要根据工作场所的职业病危害情况而定，可以单独配备，也可以综合配备。如工业场所职业危害因素浓度较低，工人密度低，则可采用自然通风设施；如工作场所可能产生较高浓度的粉尘，则应采取系统的机械通风和除尘设施；如工作场所存在强度较高的放射线，则应采取防护屏蔽和隔离措施。总之这些设施应当能够有效地消除或者降低工作场所的职业危害因素的浓度或强度，使之符合国家标准。

② 配套的洗衣室、更衣室、孕妇休息室等卫生设施。有毒、有害的作业人员在工作一段时间可能会经皮肤吸入有毒物质，洗衣室、更衣室可以避免或降低职工在非工作场所继续接触职业病危害因素的危险，也可以减少职业病危害因素对生活环境的影响。因此，企业应根据职工数量，配备相应数量的洗衣室、更衣室。另外，企业还应根据职工人数，生活、生理需求，配置相应数量的孕妇休息室、哺乳室、食堂、饮水室等卫生设施。

③ 对于职业病防护设备、应急救援设备和个人使用的防护用品要进行维护、检修、检测。若没有进行检测，由于防护不当也会造成事故。个人防护用品必须具备充分的防护功能，并且防护性能必须适当。

[案例 2-5]

1996 年，河南某化工厂安排清洗 600m³ 硝基苯大罐，工段长从车间借了三个防毒面罩、两套长导管防毒面具，经泵工使用后有一个防毒面罩不符合要求（出气阀粘死），随手放在值班室。大罐清洗完毕，人员收拾工具后下班。大约 17 时，一名工人发现原料车间苯库原料泵房 QB-9 蒸气往复泵 6 号泵上盖石棉垫冲开一道约 4cm 缝隙，苯从缝隙喷出，工人慌乱中戴着一个不符合要求的防毒面具进入泵房，关闭蒸气阀时，因出气阀老化粘死，工人吸入大量苯蒸气，呼吸不畅窒息而死。

这起中毒事故出于个人防护用品失效，没有进行及时的维护修理，是防护用品的防护性能下降造成的。

(2) 生产设备状况分析

由于化工企业都是连续性生产、设备设施大型化，要求人和机器成为一个统一整体。机器、设备和工具要适合人的解剖学、生理学和心理学的特点。

① 机器设备的设计必须适合劳动者的生理特点，如适当的操作高度、作业难度、劳动强度等，使职工能在较为舒适的体位、姿势下作业，减少局部和全身疲劳，避免肌肉、骨骼和各器官的损伤。同时劳动条件、劳动组织和作业环境还应适合职工的生理特点，应为职工创造身心愉快的作业环境。

② 生产设备由于生产工艺的需要，主要有泵、空压机等动力设备以及管道中高速液流等振动而产生的噪声。化工企业作业场所中的噪声频谱分布以中高频为主。操作人员长期处在此作业环境下会对听觉系统产生伤害，严重的会导致职业性耳聋。如氮肥生产车间属于高温车间，存在煤尘危害。变换工段的变换气体压缩机与合成工段的气体压缩机有强烈的噪声。

③ 设备、设施的老化或设备的密封性能较差造成管道的泄漏，跑、冒、滴、漏会导致中毒事故。

④ 设施、设备维修、清洗、年检、定期检查等，要彻底置换管道、设备的有毒气体，为工人佩戴个人防护用品，由专人监护。设备维修时会因有毒有害气体未经清洗置换、分析合格，可能造成职业中毒。若容器通风不好也能够造成窒息死亡。

3. 从业人员意识原因分析

（1）用人单位

部分用人单位领导对职业卫生工作不够重视没有采取有效的职业病预防措施；部分"三资"企业投资者的思想观念中存在短期意识行为，他们忽视职业卫生问题；有些私营企业甚至搭起吃、住、生产"三合一"的工厂，而且没有任何职业病危害防护设施，职业事故隐患严重。乡镇企业和私营企业中相当部分企业不接受职业卫生工作的监督、监测及职业健康体检，未建立《企业职业卫生档案》和《劳动者职业健康监护档案》，不发放个人防护用品，不安排职业病患者医治；有些企业对可能产生职业病危害的新、扩、改建建设项目未经评价、审核和验收就投产和使用，是导致投产后职业病危害无法得到控制的最重要原因之一。

[案例 2-6]

2004 年 3 月 2 日，常熟市卫生局接到常熟市疾病预防控制中心"关于王某某等人职业病诊断的报告"，常熟市某公司王某某等 5 名职工被诊断为苯中毒，另有 4 名职工为观察对象，市卫生局组织调查组对该公司进行了调查处理。对于接触职业病危害因素的职工，该公司未按规定为其配备符合职业病防护要求的个人防护用品，仅提供了普通的纱布口罩。常熟市疾控中心于 2003 年 3 月对该公司车间空气中职业危害因素进行了检测，该公司生产车间空气中苯、甲苯等物质的浓度不符合国家职业卫生标准。该公司于 2003 年 8 月及 2004 年 3 月对全厂职工进行了两次在岗期间的职业健康检查，但是未安排接触职业病危害因素的职工进行上岗前体检。

原因分析：该公司对职业病防治工作重视不够，职业卫生管理组织、制度不完善，未按规定配备专职、兼职专业人员，公司管理人员及工人均不了解所使用胶水的毒性。未采取有效措施确保车间内职业病危害因素浓度符合国家职业卫生标准，未按规定为生产工人配备有效的个人防护用品。在健康监护方面，该公司未按规定对工人进行职业卫生知识培训和职业健康检查，未建立职业卫生健康监护档案，虽然组织了职工进行在岗期间的职业健康检查，但新职工未进行上岗前体检，存在职业健康隐患。

（2）操作人员

① 操作人员职业卫生意识淡薄。长时间在有毒、有害作业环境下工作，其防护意识会

下降，不佩戴或者不正确佩戴劳动防护用品就进入车间进行操作都会引起职业病。文化水平和习惯因素：有一定文化和科学知识者，能自觉预防职业病；生活上某种嗜好，如饮酒、吸烟、药物会增加职业性危害因素的作用；而农民工、临时工等文化水平低的工人则没有防护意识。现在农民工在没有任何防护的情况下从事职业危害的工作的现象十分普遍。农民工是不可忽视的职业危害人群。很多职业中毒事故和职业病的发生是由当事人缺乏职业卫生防护知识，忽视个人防护造成的。为救一个中毒者，连搭几条命的现象接连不断地出现，不带防尘口罩就上粉尘岗位作业已经司空见惯。

② 操作人员违规操作。

[案例 2-7]

1982年7月8日，某氮肥厂甲醇车间在进行粗醇槽上部进料管改造时，为了使槽与动火的管线隔离，须在两者之间的法兰处装上盲板，操作工就随意找了一块石棉板随手撕开后，于法兰上方插入，且留下了5mm的缝隙，导致漏出的甲醇在动火时引燃爆炸，造成一人死亡、一人重伤。

这起事故就是由操作人员违规操作造成的。

4. 其他因素分析

(1) 化工生产自身特点分析

① 化工生产物料多数为易燃易爆、有毒有害和有腐蚀性的危险化学品。随着化学工业的发展，涉及的化学物质种类和数量越来越多，很多化工物料具有易燃易爆、腐蚀性、反应性和毒性。如操作不当或设备发生故障外泄，或者空气（或氧气）混入系统时容易发生燃烧爆炸事故，造成操作人员伤亡，生产中所涉及的原料、燃料、中间产品和成品多是不同毒性的化学物质。

据我国有关部门统计，因一氧化碳、硫化氢、氮气、氮氧化物、氨气、苯、二氧化碳、二氧化硫、光气、氯化钡、氯气、甲烷、氯乙烯、磷、苯酚、砷化物16种化学物质造成中毒、窒息的死亡人数占窒息和死亡总人数的87.6%。而这些物质在一般化工厂中是常见的。

② 化工生产工艺过程复杂，工艺条件苛刻。很多反应是在高温、高压下进行的，而有些反应则是在低温、高真空条件下进行的，稍有不慎就会因未满足条件而发生事故。如在硫酸生产中主要问题是存在高温、有害气体及粉尘。焙烧炉在正常操作条件下，炉温控制在850~950℃，由炉壁、炉口、烟道散发的热量很大。特别是采用沸腾焙烧炉时，炉内温度也很高。从炉内刚清出来的炉渣温度约为500℃，如处理得当也可成为车间内的热源。炉气中的有害气体也会造成职业中毒，矿石粉碎、传送、筛分和焙烧炉投料、出料及除尘器周围都有大量的粉尘飞扬，易造成肺尘埃沉着病。

③ 化工生产规模大型化、生产过程连续性强。采用大型装置可以明显降低单位产品的建设投资和生产技术，提高劳动生产力，减少耗能。但是，装置的规模也并非越大越好。装置越大，装置的危险程度越高。与此同时，化工装置的大型化造成储存危险物料的量增多，并且物料处于工艺过程中，增加了外泄的危险性。如果管线破裂或设备损坏，会有大量易燃液体或气体瞬间释放，迅速蒸发形成蒸气云团，与空气混合达到爆炸下限。云团随风飘移，飞至居民区遇到明火爆炸，会造成难以想象的灾难。据估计50t的易燃液体泄漏、蒸发将会形成直径为700m的云团，在其覆盖下的居民，将会被爆炸火球或火焰灼伤，火球和火焰的辐射强度将远远超过居民的承受程度，同时还会因为缺乏氧气而窒息死亡。此外，在生产的过程当中，产生的空气动力噪声、机械噪声、电磁性噪声对作业人员的听觉器官造成损害，

在长时间噪声作用下,听觉器官的敏感性下降,导致职业性耳聋。同时对神经系统、心血管系统及全身其他器官功能也能造成不同程度的损害。

④ 化工生产过程的自动化程度高。近年来随着计算机技术的发展,在化工生产中普遍采用了DCS集散型控制系统,对生产过程中的各种参数及开停车实行监视、控制、管理,从而有效地提高了控制的可靠性。与此同时,如果对控制系统和仪表维护不好,致使其性能下降,就可能因检测或控制失效而发生事故。

⑤ 事故应急救援大。由于大量的易燃易爆物品、复杂的管线布置增加了事故的应急救援难度,一些管线、反应装置直接阻挡了最佳的扑救路线,扑救必须迂回进行,施救难度大。

⑥ "三废"多,污染重。许多化工私营企业为了节省开支,产生的"三废"未经处理或处理不当就排出工厂对周围居民造成影响。

(2) 危险化学品固有特性分析

① 扩散性。比空气轻的可燃气体逸散在空气中可以无限制地扩散并能够顺风飘荡迅速蔓延和扩展。比空气重的可燃气体泄漏时,往往飘浮于地表、沟渠、隧道、厂房、死角等,易形成爆炸混合物,这些有毒气体长时间飘浮于空间内,极易造成中毒事件。

② 腐蚀性、毒害性和窒息性。这里所说的腐蚀性是指一些含有氢、硫元素的气体具有的腐蚀性除腐蚀设备外,还能造成化学灼伤。压缩气体和液化气体中除氧气和压缩空气外,大都具有一定的毒害性。毒性最大的是氰化氢,当在空气中含量达到$300mg/m^3$时能够使人立即死亡。一般压缩气体和液化气体的易燃易爆性和毒害性易引起人们的注意,而其窒息性往往被忽视尤其是无毒气体。二氧化碳及氦、氖、氩等惰性气体虽然无毒不燃,但必须盛在压力容器内,这些气体一旦泄漏均会使现场人员窒息死亡。

③ 人身伤害性。有机过氧化物的人身伤害性主要表现为容易伤害眼睛,如过氧化环己酮、叔丁基过氧化氢、过氧化二乙酰等,都对眼睛有伤害作用,而且即使与眼睛短暂的接触,也会对角膜造成严重的伤害。

④ 放射性。放射性物品能自发不断地放出人们感觉器官不能觉察的射线,放出的射线有 α 射线、β 射线、γ 射线和中子流。如果这些射线从人体外部照射或进入人体内,并达到一定剂量时,对人体危害极大,易使人患放射病甚至死亡。

二、化工企业职业危害防治对策

1. 技术措施

理想的职业危害因素的控制措施,应与建厂的设计和施工同时进行,在设计生产过程时,就应对可能产生职业危害因素的各个环节,依次排列、逐个提出控制方案和具体措施,从而保证劳动过程和作业场所中的危害因素符合劳动卫生标准的要求。

预防职业病是保护劳动者健康,控制、减少职业病产生的先决条件,是职业卫生、劳动保障和安全生产监察工作的重要内容之一。国际劳工组织《工伤事故和职业病津贴公约》(第121号)提出,每个成员国必须制定工业安全与职业病预防条例,要求实施工伤保险的国家必须实行工伤预防措施。我国规定"工伤保险要与事故预防、职业病防治相结合"。

企业和职工必须贯彻"安全第一、预防为主、综合治理"的方针,遵守劳动安全卫生法规制度,严格执行国家劳动安全卫生规程和标准,防止劳动过程中的事故,减少职业危害。

做好职业病的预防,必须按"职业病三级预防"的要求开展工作。

第一级预防:通过采用有效的控制措施如改革工艺、改进生产过程、配置完善的防护设施，消除职业性有害因素或将其减少到最低限度，使生产过程达到安全、卫生标准。在一级预防中，做好职业性有害因素的监测至关重要。

第二级预防：开展健康监护，早期发现健康损害，及时处理，防止进一步发展。

第三级预防：对已患职业病者及时诊断治疗，促进康复或防止病情发展。

第一级预防是最主动最理想的预防，应积极促其实现；但由于难度高，常达不到完全安全、卫生的标准。第二级预防也是较主动的预防，容易实现，可弥补第一级预防的不足。第三级预防虽属被动，但对促进已患职业病者恢复健康有其现实意义。

(1) 职业危害因素的控制措施

① 生产工艺、生产材料的革新。从生产工艺流程中消除有毒物质，用无毒物质代替有毒物质，以无职业性危害物质产生的新工艺、新材料代替有职业性危害物质产生的工艺过程和原材料是最根本的预防措施，也是职业卫生技术在实践中加以应用的发展方向。

② 对于散发有害物质的生产过程，从革新工艺流程、采用新原料角度无法解决时，应尽可能将生产设备加以密闭。也就是说，要尽量采用先进技术和工艺过程，以减轻劳动强度，避免开放式生产，消除毒物逸散的条件。有可能时，采用遥控或程控，最大限度地减少工人接触毒物的机会。采用新技术、新方法亦可从根本上控制毒物的逸散。

例如：生产水银温度计时，用真空表法代替热装法；在蓄电池生产中，将灌注铅粉的工艺改为灌注铅膏，从而消除了铅粉飞扬，还可采用静电喷漆、水性漆涂漆等。

③ 尽可能地提高生产过程的自动化程度。以机械化生产代替手工或半机械化生产，可以有效地控制有害物质对人体的危害，采用隔离操作（将有害物质和操作者分离）、仪表控制（自动化控制）对于受生产条件限制，有害物质强度无法降低到国家卫生标准以下的作业场所，是很好的措施。

④ 通风排毒。用通风的方法将逸散的毒物排出，因此加强通风是控制作业场所内污染源传播、扩散的有效手段。经常采用的通风方式有局部排风、全面通风换气。

局部排风是在不能密封的害物质发生源近旁设置吸风罩、排毒柜，槽边吸风将有害物质从发生源处直接抽走，以保持作业场所的清洁。局部排风装置的结构及样式依毒物发生源及生产设备的不同而异，但以尽量接近毒物逸出处，最大限度地阻止毒物扩散，而又不妨碍生产操作，便于检修为原则。

全面通风换气是利用新鲜空气置换作业场所内含有害物质的空气，以保持作业场所空气中有害物质浓度低于国家卫生标准的一种方法。采取正确的通风措施，可以大大减少有害物质的散发面积，减少受害人员数量。

⑤ 革新生产设备，采用湿式作业。可采用风力运输、负压吸砂、吸风风选等消除粉尘飞扬，用无硅物质代替石英从根本上杜绝硅尘危害。湿式作业是一种经济易行的防止粉尘飞扬的有效措施。水对绝大多数粉尘（如石英、长石、白泥等）具有良好的抑制扩散性能，粉尘被湿润后就不易向空气中飞扬。如石英磨粉或耐火材料碾磨，玻璃、搪瓷行业的配料和拌料过程采用湿式作业，矿山凿岩采用水心风钻辅以喷雾以及车间场地和井下巷道洒水保持湿润，基本上可达到防尘要求。

⑥ 做好密闭、吸风、除尘。对不能采用湿式作业的应采用密闭吸风除尘办法。凡能产生粉尘的设备均应尽可能密闭，并和局部抽出式机械通风相结合，使密闭系统内保持一定的负压，防止粉尘外逸。抽出的含尘空气应经除尘处理再排入大气中。

⑦ 建筑布局卫生。不同生产工序的布局，不仅要满足生产上的需要，而且要考虑卫生上的要求。有毒物逸散的作业，应设在单独房间内以避免相互影响。可能发生剧毒物质泄漏

的生产设备应隔离。使用容易积存或吸附于墙壁、地面等处的毒物（如汞）或能发生有毒粉尘飞扬的工房，其内部装饰应符合卫生要求。

⑧ 隔绝热源。采用隔热材料或水隔热等方法将热源密封，可防止高温、热辐射对人体的不良伤害。通过合理组织自然通风气流，设置全面、局部送风装置或空调降低工作环境的温度。同时要限制持续接触热时间。

⑨ 屏蔽辐射源。使用吸收电磁辐射的材料屏蔽隔射源，减少辐射源的直接辐射作用，是放射性防护的基本方法。同时还应尽量减少作业人员接触时间。

⑩ 隔声、消声、吸声。对于噪声污染严重的作业场所，采取措施将噪声源与操作者隔离，用吸声材料将产生噪声设备密闭、减少产生噪声设备的振动等，可以大大减弱噪声污染。噪声较大的设备应尽量将噪声源与操作人员隔开。

⑪ 从工艺和技术上消除或减少振动源是预防振动危害最根本的措施。用油压机或水压机代替气锤、汽锤，以电焊代替铆焊等。在振动源控制的基础上对厂房的设计和设备的布局须采取减振措施，如采取安装减振支架、减振垫层等工程措施。产生强烈振动的车间应修筑隔振沟。

⑫ 及时维修管道、设备。杜绝跑、冒、滴、漏。

(2) 卫生保健防护措施

① 一是个人防护和个人卫生。

a. 防护服。除普通工作服外，对某些作业工人尚需供应特殊质地或式样的防护服。例如：接触强酸、强碱作业者应供应耐酸、耐碱工作服；接触有毒粉尘者给予防尘工作服；接触局部作用强或经皮中毒危险性大的物质，要供给相应质地的防护手套；对毒物溅入眼内有灼伤危险的作业，应给予防护眼镜等。对于振动大的工种应戴防振手套、穿防振鞋等。

b. 防护面具。包括防毒（尘）口罩与防毒面具。按其作用原理可分为机械过滤式与化学过滤式两种，有些防毒面具兼有机械过滤与化学过滤两种作用。有毒物质呈粉尘、烟、雾形态时，可使用机械过滤式防毒口罩；如呈气体、蒸气形态，则必须使用化学过滤式防毒口罩或防毒面具；在毒物浓度过高或空气中氧含量过低的特殊作业情况下，则要采用隔离式防护面具，使工人吸入作业环境以外的清洁空气。

c. 个人卫生设施。应设置盥洗设备、淋浴及存衣室，配备个人专用更衣箱。接触经皮吸收及局部作用危害性大的毒物，要有皮肤洗消和冲洗眼的设施。

d. 注意个人卫生。开展体育锻炼、注意营养、增强体质、提高抵抗力具有一定意义。此外应勤换工作服、勤洗澡，以保持皮肤清洁。

② 二是合理膳食。从事有毒有害作业的员工，应加强营养、合理膳食。在保证平衡膳食的基础上，选择特殊需要的营养成分加以补充。其目的是通过合理营养需要的满足，提高机体对外界有害因素的抵抗力。

③ 三是对职业中毒和肺尘埃沉着病患者，应视病情轻重，给予调离原作业、安排一般工作或从事轻工作等。

④ 四是增强体质。从事有毒有害作业的员工，应因地制宜地开展体育锻炼，注意安排夜班员工的休息睡眠，组织青年进行有益身心健康的活动，做好季节性多发病的预防。

2. 管理措施

(1) 就业检查、定期健康检查及职业病普查

① 一是就业检查。就业检查是指对将要从事某种作业的人员进行的健康检查，是一种上岗前健康检查。其目的在于：

a. 评价被检查者是否存在职业禁忌症，其体质、健康状况是否适合将要从事的工种，是否有危及他人健康、妨碍工作的疾病（如传染病、精神病等）；

b. 取得连续观察的基础健康状况资料；

c. 对不适合从事该工种的被检查者，做出指导与建议，安排其从事其他适合的工作。

就业检查不仅仅是指对新进厂员工的健康检查，变更新工种、将要从事某些特殊的作业（如季节性施农药、潜水作业前等）、长期病休后复员、工伤后复工等的健康检查，也属于就业健康检查。

就业健康检查的基本项目有身高、体重、视力、血压、内科、五官科、肝功能、血常规、尿常规、血型、胸部X射线透视。这一基本检查项目并非一成不变，对于将要从事的具体工种，就其存在的职业有害因素的种类，检查项目应做到相应的调整，做到有的放矢。如粉尘作业就业健康检查拍X射线胸片，作为日后检查对比资料；同一单位内更换工种的健康检查，可不必检查身高、血型等。

② 二是定期健康检查。是根据作业中职业危害因素的种类及危害程度，按一定的间隔进行的专项健康检查。其目的在于：

a. 早期发现职业有害因素对健康的影响，如亚临床中毒；

b. 对职业病早期诊断和处理，对可疑患者进行重点观察，防止疾病进一步发展、恶化；

c. 筛选高危人群、检出职业禁忌症者，并对他们进行重点监护及调换适合工种；

d. 评价作业环境的劳动卫生防护设施的效果。

定期健康检查的基本项目有：血压、内科、五官科、肝功能、血常规、尿常规、胸部X射线透视。与就业健康检查一样，定期健康检查项目更强调与所从事作业中存在的毒害因素的相关性。

③ 三是职业病普查。职业病普查是对接触某种职业有害因素的人群普遍进行的健康检查，以便检出与该职业有害因素有关的疾病、亚临床症状等。有时为了摸清各种职业病及职业有关疾病的分布情况，也可以在一定的范围内进行普查，如全科医生对其服务的社区职业人群所进行的普遍性健康检查，以了解该社区的职业病和职业有关疾病的分布情况、评价该社区的职业危害程度，这类健康检查也属职业病普查。

(2) 教育管理措施

① 一是增强法制观念，提高对职业病防治工作的认识。

各级政府应将职业病预防工作，纳入国民经济和社会发展规划。用人单位要认真贯彻执行职业卫生和职业病防治的法规、标准，企业要有主要领导分管职业卫生工作，并列入议事日程，作为一项重要工作来抓。在计划、布置、检查、总结、评比生产工作的同时，要将职业卫生工作作为重要内容加以考虑。主要领导要及时听取职业卫生管理人员有关职业性有害因素的预防、管理等方面的调查、汇报和建议，要制定规划和预防职业病的各种措施，有计划地改善职工的生产工作环境和条件。特别强调的是要合理规划厂区及车间，企业领导在企业进行改建、扩建、新建工程时，要严格执行"三同时"，车间内部正件、机器的布置要合乎人机工程学的要求，应尽量减少劳动强度，保证工人在最佳体位下操作。

用人单位要依法参加工伤保险，并采取措施保障劳动者获得职业卫生保护，国家应保障其合法权益不受侵害。

② 二是合理照明。合理照明是创造良好作业环境的重要措施。如果照明安排不合理或照度不够，可造成操作者视力减退、产品质量下降、职业中毒和工伤事故增多的严重后果。

③ 三是国家对存在放射性及高毒、致畸、致癌、致突变等因素的工作场所实行特殊管

理。任何单位和个人不得将产生职业危害的作业转移给没有职业卫生防护条件的用人单位和个人。

④ 四是生产、经营、进口可能产生职业危害因素的设备，必须提供中文说明书。

说明书应当载明设备性能、可能产生的职业危害、安全操作和维护注意事项、卫生防护和应急措施等内容。生产、经营、进口化学品、放射性同位素等原材料的除提供中文说明外，产品包装应当有警示标志和中文警示说明。新原材料应当附有由取得相应资格的技术机构出具的毒性鉴定报告书。

⑤ 五是用人单位必须建立职业危害档案和职业卫生管理制度，制定职业卫生操作规程、职业危害事故应急救援措施。

对从事接触职业危害作业的劳动者，必须建立健康监护制度，记录其职业病接触史和职业性健康检查结果。要严格禁止有职业禁忌症者从事所禁忌的工作。同时职工上岗前必须进行职业性健康检查，调离接触职业危害作业岗位也要进行离岗前职业健康检查。

⑥ 六是用人单位应当建立职业卫生宣传、培训教育制度，对劳动者进行上岗前的职业卫生培训、健康教育，普及职业卫生知识，督促劳动者遵守职业病防治法律、规章制度、操作规程，指导劳动者正确使用职业卫生防护设备、个人职业卫生防护用品。

⑦ 七是劳动者应当学习和掌握相关的职业卫生知识，了解职业性有毒物质的产生、发散特点，对人体的危害及紧急情况的急救措施。要遵守职业病防治法律、法规、规章和操作规程，正确使用、维护职业卫生防护设备和个人职业卫生防护用品，发现职业危害事故隐患及时报告。

⑧ 八是环境监测、生物材料监测。要定期监测作业场所空气中毒物浓度，将其控制在最高容许浓度以下。定期对生物材料的使用和产生毒性情况进行监测。对存在职业性有害因素的作业场所要定期进行检测，发现问题及时解决。

⑨ 九是安全卫生管理。生产设备的维修和管理，特别是化工生产中防止跑、冒、滴、漏对预防职业中毒具有重要意义。各种防毒措施必须辅以必要的规章制度才能取得应有效果。

例如，生产工艺操作规程，生产岗位责任制，安全卫生交接班制，生产设备定期检修制，通风防毒设备定期检修制，危险作业安全规程，新原材料、新产品的检验分析及毒性鉴定制度等。特殊有毒作业应考虑调整劳动制度与劳动组织。

⑩ 十是危险化学品生产企业应当有相应的职业危害防护设施并制定从业人员的安全教育、培训、劳动防护用品（具）、保健品、安全设施、设备，作业场所防火、防毒、防爆和职业卫生，安全检查、隐患整改、事故调查处理、安全生产奖惩等规章制度。

⑪ 十一是建立、健全职业病危害事故应急救援预案。

职业病危害事故应急救援是企业发生职业病危害事故时组织应急处理、病人救治、财产保护的程序、方法和措施，有利于及时控制事态，减少事故造成的伤亡和损失。应急救援预案应当包括救援组织、人员撤离路线和疏散方法、财产保护对策、事故报告途径和方式、预警设施、应急防护用品及使用指南、医疗救护等内容。

[案例 2-8]

2001年8月下旬，某企业接订单生产1万双皮鞋，为此，工人加班加点制造。10月19日19:00起，有28名女工加班刷胶至22:00左右，突然有4~5名工人出现头痛、头晕、胸闷、恶心、呕吐、四肢无力等症状，被急送附近医院就诊，至10月20日上午共有16例出现类似症状，其中12例住院观察。

该企业为镇办企业，生产车间面积约为300m²，制作皮鞋过程中用某皮革研究所生产的FN-氯丁胶黏合剂，有大量苯挥发，而此车间内无任何机械通风设施，仅靠窗户自然通风。工人操作时均为手工刷胶，无任何个体防护措施。作业工人实行计件工资制，劳动时间长，每天平均工作12h，最长达16h。10月20日对作业现场4个刷胶作业点空气中苯浓度进行现场测定，结果分别为364.6mg/m³、485.4mg/m³、572.6mg/m³、716.2mg/m³，分别为原国家标准（40mg/m³）的9.12倍、12.14倍、14.32倍、17.91倍。

[案件分析] 苯蒸气主要通过呼吸道进入人体，少量可经皮肤吸收。本次中毒的主要原因是车间缺乏有效的通风排毒设施，导致空气中苯浓度严重超标；其次是无任何个体防护措施，徒手作业增加皮肤吸收；第三是严重超时加班，接触苯的时间增加。

本次中毒的根本原因是企业管理者缺乏安全生产卫生知识，作业工人缺乏职业卫生防护知识。此外，本次中毒患者为青年女工，12例住院者平均年龄23岁，一般认为青年女性对苯的敏感性高，容易发生中毒。

结合本次事故，要预防苯中毒必须采取以下综合措施：

① 以无毒或低毒胶（如水溶性聚乙烯醇缩甲醛-聚醋酸乙烯乳液-天然乳胶混合黏合剂）代替有毒胶，从根本上消除或降低苯危害；

② 加强企业安全生产卫生知识、从业人员防护知识教育；

③ 加强从业人员的健康监护；

④ 加强预防性和经常性职业卫生监督力度，杜绝类似中毒事故发生。

[案例2-9]

某鞋业有限公司正己烷中毒事故

（一）企业职业卫生基本情况

某公司位于我国南方某市××镇的工业区，成立于1992年11月20日，为独资经营企业，主要生产运动鞋、雪鞋、鞋底、皮鞋、凉鞋、便鞋。全厂占地面积4.5万平方米，厂房建筑面积4万平方米。原有车间3个，1998年扩建车间2个（裁断2车间和针车2车间），现有生产车间5个，员工2107人，其中男工282人，女工1825人，生产工人约占全部员工的90%，该厂创建以来生产基本正常，年产各类鞋400万～500万双。

生产流程为：备料＋裁断＋针车＋成型＋包装；主要生产原料有：皮革、塑料、橡胶、油墨、黏合剂（生胶、PU胶、药水胶、氯丁胶、白乳胶）、鞋材处理剂（TPR处理剂、橡胶处理剂、EVA处理剂、PU与PVC处理剂、照射处理剂）、硬化剂、甲苯、去渍油、快干水等。每年使用黏合剂约80000kg。所使用的黏合剂、硬化剂、去渍油、快干水等均未标明主要有毒物质成分。该企业所在地的省职业卫生检测中心于2002年7月1日对该厂使用最多的AD103生胶和AD82胶水采样检测显示，其挥发气体中主要含有甲苯、丁酮、甲基环戊烷、甲基己烷、甲基丁烷、正戊烷、二甲基丁烷、二甲基戊烷、二氯甲烷、甲基丙烯酸甲酯。生产工人接触的职业病危害因素还有高温、噪声等。

该公司建厂时没有执行建设项目"三同时"的规定，有毒有害车间与其他作业点没分开，车间内通风设备安装不合理，影响排毒效果。接触噪声的工人配备有耳塞。接触有机溶剂的工人配有裹有活性炭的薄棉纱口罩和涂胶棉纱手套。

该厂没有设立医务室，没有建立职业卫生管理制度和工人健康档案，没有对接触职业病危害的作业工人进行职业卫生知识培训，没有进行工人的进厂前、离岗时和每年定期的职业性健康体检。所在地的市级卫生防疫站对该厂车间空气中苯、甲苯、三氯乙烯和正己烷的检测结果显示，2000年6个采样点中有2个采样点的甲苯不符合国家卫生标准，2001年6个采样点全部符合国家卫生标准，但针车2车间泡绵（刷胶）组未设置检测点。

（二）职业病危害事故过程及处理

据公司负责人介绍，自投产以来，每年新招和离厂的工人均有1200多人，离厂工人中有一部分是因病辞工，疾病多为"中暑""感冒""关节炎""风湿病"等。本次调查发现的3名疑是正己烷中毒者，在当地医院均被诊断为"风湿病"。

2002年5月10日，该厂针车2车间泡绵（刷胶）组刷胶女工王××的丈夫致信该厂负人，称其妻2002年1月进厂工作，接触毒物。从2002年1月开始，自觉手指麻木，双腿乏力，怀疑中毒，要求公司赔偿医疗、生活费2万元。公司安排时间让王××自行前往当地医院就诊，被诊断为"风湿病"。公司认为"风湿病"与职业无关，故拒绝了王××的求。2002年6月13日，王××的丈夫向省妇联致信求助，省妇联即向省职业病防治院做通报。

2002年6月26日，市卫生监督所接到省职业病防治院关于该事件的通报后，对该厂进职业卫生监督检查。根据该厂有毒作业的职业病防护措施及个人职业卫生防护设施不足的违法行为，向该厂发出责令改正通知书，令该厂必须设置有效的职业病防护设施，确保其处于正常状态，并为劳动者提供个人防护用品。

2002年6月27日，省卫生监督所派员随省卫生厅、省妇联、省劳动厅、省总工会和省职业病防治院，会同市卫生监督所，在镇人民政府、镇医院等的陪同下，对该公司进行职业病害情况调查。

调查发现，王××所在的工作车间职业病危害隐患严重。该车间面积约50m²，高5m。大量使用胶黏剂，胶黏剂容器敞开，车间通风排毒设备安装不合理。在该车间工作的数名工人中，有6名不戴口罩和手套。其他车间使用胶黏剂的工人也缺乏足够的通风排毒设备、个人防护用品。卫生防疫站27日对该厂进行车间空气检测，发现王××所在工段的2个检点正己烷浓度严重超标。省职业病防治院现场随机抽取9名工人进行体检，该工段的2名工人肌力减低，其他工段的7名工人未发现异常。

2002年6月28日，该公司将8名疑是正己烷中毒工人送省职业病防治院检查，并通过函、报纸及与有关地方政府、妇联联系等方式，通知近10年来因病辞工的工人（共40名）回我省接受医学检查，最后确诊8例正己烷中毒者。

现已查明，该公司没有建立职业卫生管理制度。车间通风排毒设施不符合要求，车间空气中正己烷浓度超标。工人对胶黏剂的毒性不了解，缺乏防护知识，缺乏个人防护措施。工人生产过程中长期吸入车间空气中过高浓度的正己烷以及皮肤直接接触含有正己烷的胶黏剂，是造成本次慢性正己烷中毒事故的原因。

（三）处罚

根据现场调查情况，参加调查的有关部门对该公司违反职业病防治法律、法规的行为进行了严肃的批评，责令该厂认真落实卫生行政部门的整改意见，迅速将疑是正己烷中毒的工人送医疗机构进行医学观察和职业病诊断，并通知已离厂的疑是正己烷中毒工人迅速返回接受医学观察和职业病诊断。

根据整个事故的调查情况，按照《职业病防治法》的第二十条、第六十五条及《职业病害事故调查处理办法》第二十条，市卫生执法行政部门对此次职业病危害事故作出如下处理：

① 对该公司罚款 15 万元；
② 责令继续将疑是正己烷中毒工人招回省职业病防治院进行医学检查；
③ 2 天内对所有接触有毒物质的工人进行职业性健康体检；
④ 加快职业卫生防治设施的整改，建立完善的职业卫生管理制度，同时要求市卫生监督所对该公司整改情况跟踪监督。

项目三
危险化学品安全管理

危险化学品是指化学品中具有易燃、易爆、有毒、有害及有放射性、腐蚀性，会对人员、设备、环境造成伤害或损伤的化学品。这些危险化学品在其生产、经营、存储、运输、使用和废弃的过程中，若处理不当、疏于管理，会对人类和环境造成危害。随着化学工业的发展，涉及的化学品的种类和数量也显著增加，很多危险化学品的易燃易爆性、反应性和毒性本就决定了事故的多发性和严重性。

现代化学工业的生产呈设备多样化、复杂化及过程连接管道化的特点。危险化学品由于设备密封不严，人员操作失误或处理不当等因素，容易发生危险化学品泄漏事故，会导致人员急性或慢性中毒甚至死亡，生态环境也会受到严重污染。正是危险化学品的固有危险性使我们在利用其益处的同时，也有可能受到伤害。因此，必须切实加强危险化学品的安全管理，避免其带来的对生命、财产、健康及环境的伤害和损失。

任务1 危险化学品的分类和特性

危险化学品的定义：化学品中具有易燃、易爆、毒害、腐蚀等危险特性，在生产、储存、运输、使用等过程中容易造成人身伤亡、财产毁损、环境污染大的属于危险化学品。

危险化学品的分类及其特性：危险化学品目前有数千种，其性质各不相同，每一种危险化学品往往具有多种危险性，但是在多种危险性中，必有一种主要的对人类危害最大的危险性。因此，危险化学品主要是根据其物化特性、危险性进行分类的。分类依据主要是以下我国目前已经公布的法规、标准：

《化学品分类和危险性公示 通则》GB 13690—2009；

《危险货物分类和品名编号》GB 6944—2012；

《危险化学品名录》（2015年版）；

《危险货物品名表》GB 12268—2012；

《化学品安全技术说明书 内容和项目顺序》GB/T 16483—2008；

《基于GHS的化学品标签规范》GB/T 22234—2008；

《化学品分类和标签规范》系列国家标准 GB 30000.2—2013～GB 30000.29—2013，

见表3-1。

表3-1 《化学品分类和标签规范》系列国家标准

序号	标准编号	标准名称
1	GB 30000.2—2013	化学品分类和标签规范 第2部分:爆炸物
2	GB 30000.3—2013	化学品分类和标签规范 第3部分:易燃气体
3	GB 30000.4—2013	化学品分类和标签规范 第4部分:气溶胶
4	GB 30000.5—2013	化学品分类和标签规范 第5部分:氧化性气体
5	GB 30000.6—2013	化学品分类和标签规范 第6部分:加压气体
6	GB 30000.7—2013	化学品分类和标签规范 第7部分:易燃液体
7	GB 30000.8—2013	化学品分类和标签规范 第8部分:易燃固体
8	GB 30000.9—2013	化学品分类和标签规范 第9部分:自反应物质和混合物
9	GB 30000.10—2013	化学品分类和标签规范 第10部分:自燃液体
10	GB 30000.11—2013	化学品分类和标签规范 第11部分:自燃固体
11	GB 30000.12—2013	化学品分类和标签规范 第12部分:自热物质和混合物
12	GB 30000.13—2013	化学品分类和标签规范 第13部分:遇水放出易燃气体的物质和混合物
13	GB 30000.14—2013	化学品分类和标签规范 第14部分:氧化性液体
14	GB 30000.15—2013	化学品分类和标签规范 第15部分:氧化性固体
15	GB 30000.16—2013	化学品分类和标签规范 第16部分:有机过氧化物
16	GB 30000.17—2013	化学品分类和标签规范 第17部分:金属腐蚀物
17	GB 30000.18—2013	化学品分类和标签规范 第18部分:急性毒性
18	GB 30000.19—2013	化学品分类和标签规范 第19部分:皮肤腐蚀/刺激
19	GB 30000.20—2013	化学品分类和标签规范 第20部分:严重眼损伤/眼刺激
20	GB 30000.21—2013	化学品分类和标签规范 第21部分:呼吸道或皮肤致敏
21	GB 30000.22—2013	化学品分类和标签规范 第22部分:生殖细胞致突变性
22	GB 30000.23—2013	化学品分类和标签规范 第23部分:致癌性
23	GB 30000.24—2013	化学品分类和标签规范 第24部分:生殖毒性
24	GB 30000.25—2013	化学品分类和标签规范 第25部分:特异性靶器官毒性 一次接触
25	GB 30000.26—2013	化学品分类和标签规范 第26部分:特异性靶器官毒性 反复接触
26	GB 30000.27—2013	化学品分类和标签规范 第27部分:吸入危害
27	GB 30000.28—2013	化学品分类和标签规范 第28部分:对水生环境的危害
28	GB 30000.29—2013	化学品分类和标签规范 第29部分:对臭氧层的危害

联合国的GHS制度,是在各国政府为降低化学品产生的危害,保障人民的生命和财产安全而纷纷推出各种管理制度的情况下应运而生的,是各国按全球统一的观点科学地处置化学品的指导性文本。作为一项旨在保护人类健康与生态环境的全球统一制度,全球化学品统一分类和标签制度(简称GHS)已被用于指导各国制定化学品管理战略。

一、《化学品分类和危险性公示 通则》

依据GB 13690—2009《化学品分类和危险性公示 通则》,按物理、健康或环境危险的性质共分3大类,理化危险16类、健康危险10类、环境危险2类。

（一）理化危险

1. 爆炸物

爆炸物质（或混合物）是这样一种固态或液态物质（或物质的混合物），其本身能够通过化学反应产生气体，而产生气体的温度、压力和速度能对周围环境造成破坏。其中也包括发火物质，即便它们不放出气体。

发火物质（或发火混合物）是这样一种物质或物质的混合物，它旨在通过非爆炸自主放热化学反应产生的热、光、声、气体、烟或所有这些的组合来产生效应。

爆炸性物品是含有一种或多种爆炸性物质或混合物的物品。

烟火物品是包含一种或多种发火物质或混合物的物品。

爆炸物种类包括：

① 爆炸性物质和混合物；

② 爆炸性物品，但不包括下述装置：其中所含爆炸性物质或混合物由于其数量或特性，在意外或偶然点燃或引爆后，不会由于迸射、发火、冒烟或巨响而在装置之外产生任何效应。

③ 在①和②中未提及的为产生实际爆炸或烟火效应而制造的物质、混合物和物品。

2. 易燃气体

易燃气体是在20℃和101.3kPa标准压力下，与空气有易燃范围的气体。

3. 易燃气溶胶

气溶胶是指气溶胶喷雾罐，系任何不可重新灌装的容器，该容器由金属、玻璃或塑料制成，内装强制压缩、液化或溶解的气体，包含或不包含液体、膏剂或粉末，配有释放装置，可使所装物质喷射出来，形成在气体中悬浮的固态或液态微粒或形成泡沫、膏剂或粉末或处于液态或气态。

4. 氧化性气体

氧化性气体是一般通过提供氧气，比空气更能导致或促使其他物质燃烧的任何气体。

5. 压力下气体

压力下气体是指高压气体在压力等于或大于200kPa（表压）下装入储器的气体，或是液化气体或冷冻液化气体。

压力下气体包括压缩气体、液化气体、溶解液体、冷冻液化气体。

6. 易燃液体

易燃液体是指闪点不高于93℃的液体。

7. 易燃固体

易燃固体是容易燃烧或通过摩擦可能引燃或助燃的固体。

易于燃烧的固体为粉状、颗粒状或糊状物质，它们在与燃烧着的火柴等火源短暂接触即可点燃和火焰迅速蔓延的情况下，都非常危险。

8. 自反应物质或混合物

① 自反应物质或混合物是即便没有氧（空气）也容易发生激烈放热分解的热不稳定液态或固态物质或者混合物。本定义不包括根据统一分类制度分类为爆炸物、有机过氧化物或氧化物质的物质和混合物。

② 自反应物质或混合物如果在实验室试验中其组分容易起爆、迅速爆燃或在封闭条件下加热时显示剧烈效应，应视为具有爆炸性质。

9. 自燃液体

自燃液体是即使数量小也能在与空气接触后 5min 之内引燃的液体。

10. 自燃固体

自燃固体是即使数量小也能在与空气接触后 5min 之内引燃的固体。

11. 自热物质和混合物

自热物质是发火液体或固体以外，与空气反应不需要能源供应就能够自己发热的固体或液体物质或混合物；这类物质或混合物与发火液体或固体不同，因为这类物质只有数量很大（千克级）并经过长时间（几小时或几天）才会燃烧。

注：物质或混合物的自热导致自发燃烧是由于物质或混合物与氧气（空气中的氧气）发生反应并且所产生的热没有足够迅速地传导到外界而引起的。当热产生的速度超过热损耗的速度而达到自燃温度时，自燃便会发生。

12. 遇水放出易燃气体的物质或混合物

遇水放出易燃气体的物质或混合物是通过与水作用，容易具有自燃性或放出危险数量的易燃气体的固态或液态物质或混合物。

13. 氧化性液体

气体性液体是本身未必燃烧，但通常因放出氧气可能引起或促使其他物质燃烧的液体。

14. 氧化性固体

氧化性固体是本身未必燃烧，但通常因放出氧气可能引起或促使其他物质燃烧的固体。

15. 有机过氧化物

① 有机过氧化物是含有二价—O—O—结构的液态或固态有机物质，可以看作是一个或两个氢原子被有机基替代的过氧化氢衍生物。该术语也包括有机过氧化物配方（混合物）。有机过氧化物是热不稳定物质或混合物，容易放热自加速分解。另外，它们可能具有下列一种或几种性质：

    a. 易于爆炸分解；

    b. 迅速燃烧；

    c. 对撞击或摩擦敏感；

    d. 与其他物质发生危险反应。

② 如果有机过氧化物在实验室试验中，在封闭条件下加热时组分容易爆炸、迅速爆燃或表现出剧烈效应，则可认为它具有爆炸性质。

16. 金属腐蚀剂

腐蚀金属的物质或混合物是通过化学作用显著损坏或毁坏金属的物质或混合物。

（二）健康危险

17. 急性毒性

急性毒性是指在单剂量或在 24h 内多剂量口服或皮肤接触一种物质，或吸入接触 4h 之后出现的有害效应。

18. 皮肤腐蚀/刺激

皮肤腐蚀是对皮肤造成不可逆损伤，即施用试验物质达到 4h 后，可观察到表皮和真皮坏死。

腐蚀反应的特征是溃疡、出血、有血的结痂，而且在观察期 14d 结束时，皮肤、完全脱发区域和结痂处由于漂白而褪色。应考虑通过组织病理学来评估可疑的病变。

皮肤刺激是施用试验物质达到4h后对皮肤造成可逆损伤。

19. 严重眼损伤/眼刺激

严重眼损伤是在眼前部表面施加试验物质之后，对眼部造成在施用21d内并不完全可逆的组织损伤，或严重的视觉物质衰退。

眼刺激是在眼前部表面施加试验物质之后，在眼部产生在施用21d内完全可逆的变化。

20. 呼吸或皮肤过敏

① 呼吸过敏物是吸入后会导致气管超过敏反应的物质。皮肤过敏物是皮肤接触后会导致过敏反应的物质。

② 过敏包括两个阶段：第一个阶段是某人因接触某种变应原而引起特定免疫记忆。第二阶段是引发，即某一致敏个人因接触某种变应原而产生细胞介导或抗体介导的过敏反应。

③ 就呼吸过敏而言，随后为引发阶段的诱发，其形态与皮肤过敏相同。对于皮肤过敏，需有一个让免疫系统能学会做出反应的诱发阶段；此后，可出现临床症状，这里的接触就足以引发可见的皮肤反应（引发阶段）。因此，预测性的试验通常取这种形态，其中有一个诱发阶段，对该阶段的反应则通过标准的引发阶段加以计量，典型做法是使用斑贴试验。直接计量诱发反应的局部淋巴结试验则是例外做法。人体皮肤过敏的证据通常通过诊断性斑贴试验加以评估。

④ 就皮肤过敏和呼吸过敏而言，对于诱发所需的数值一般低于引发所需数值。

21. 生殖细胞致突变性

本危险类别涉及的主要是可能导致人类生殖细胞发生可传播给后代的突变的化学品。但是，在本危险类别内对物质和混合物进行分类时，也要考虑活体外致突变性/生殖毒性试验和哺乳动物活体内体细胞中的致突变性/生殖毒性试验。

22. 致癌性

致癌物一词是指可导致癌症或增加癌症发生率的化学物质或化学物质混合物。在实施良好的动物实验性研究中诱发良性和恶性肿瘤的物质也被认为是假定的或可疑的人类致癌物，除非有确凿证据显示该肿瘤形成机制与人类无关。

23. 生殖毒性

见相关标准。

24. 特异性靶器官系统毒性—— 一次接触

见相关标准。

25. 特异性靶器官系统毒性——反复接触

见相关标准。

26. 吸入危险

注：本危险性我国还未转化成为国家标准。

① 本条款的目的是对可能对人类造成吸入毒性危险的物质或混合物进行分类。

② "吸入"指液态或固态化学品通过口腔或鼻腔直接进入或者因呕吐间接进入气管和下呼吸系统。

③ 吸入毒性包括化学性肺炎、不同程度的肺损伤或吸入后死亡等严重急性效应。

（三）环境危险

27. 危害水生环境

① 急性水生毒性是指物质对短期接触它的生物体造成伤害的固有性质。

② 物质的可用性是指该物质成为可溶解或分解物种的范围。对金属可用性来说，则只金属（Mo）化合物的金属离子部分可以从化学物（分子）的其他部分分解出来的范围。

③ 生物利用率是指一种物质被有机体吸收以及在有机体内一个区域分布的范围。它依赖于物质的物理化学性质、生物体的解剖学和生理学、药物动力学和接触途径。可用性并不是生物利用率的前提条件。

④ 生物积累是指物质以所有接触途径（即空气、水、沉积物、土壤和食物）在生物体内吸收、转化和排出的净结果。

⑤ 生物浓缩是指一种物质以及水传播接触途径在生物体内吸收、转化和排出的净结果。

⑥ 慢性水生毒性是指物质在与生物体生命周期相关的接触期间对水生生物产生有害影响的潜在性质或实际性质。

⑦ 复杂混合物或多组分物质或复杂物质是指由不同溶解度和物理化学性质的单个物质复杂混合而成的混合物。在大部分情况下，它们可以描述为具体特定碳链长度/置换度数目范围的同源物质系列。

⑧ 降解是指有机分子分解为更小的分子，并最后分解为二氧化碳、水、盐。

28. 对臭氧层的危害

GB 30000.29 规定了对臭氧层具有危害的化学品的术语和定义、分类标准、判定逻辑和标签。适用于对臭氧层具有危害的化学品按联合国《全球化学品统一分类和标签制度》分类和标签。不适用于含有危害臭氧层物质的设备、物品和电器（如电冰箱或空调设备等）。

二、《危险货物分类和品名编号》

《危险货物分类和品名编号》（GB 6944—2012）按危险货物具有的危险性或最主要的危险性分为 9 个类别。危险货物品名编号采用联合国编号。每一危险货物对应一个编号，但对其性质基本相同、运输、储存条件和灭火、急救、处置方法相同的危险货物，也可使用同一编号。

第 1 类　爆炸品

1. 爆炸品

① 爆炸性物质是指固体或液体物质（或物质混合物），自身能够通过化学反应产生气体，其温度、压力和速度高到能对周围造成破坏。烟火物质即使不放出气体，也包括在内。（物质本身不是爆炸品，但能形成气体、蒸气或粉尘爆炸环境者，不列入第 1 类），不包括那些太危险以致不能运输或其主要危险性符合其他类别的物质。

② 爆炸性物品是指含有一种或几种爆炸性物质的物品。不包括下述装置：其中所含爆炸性物质的数量或特性，不会使其在运输过程中偶然或意外被点燃或引发后因迸射、发火、冒烟、发热或巨响而在装置外部产生任何影响。

③ 为产生爆炸或烟火实际效果而制造的，①和②中未提及的物质或物品。

第 1 类划分为 6 项。

1.1 项：有整体爆炸危险的物质和物品。整体爆炸是指瞬间能影响到几乎全部载荷的爆炸。

1.2 项：有迸射危险，但无整体爆炸危险的物质和物品。

1.3 项：有燃烧危险并有局部爆炸危险或局部迸射危险或这两种危险都有，但无整体爆炸危险的物质和物品。

本项包括满足下列条件之一的物质和物品：

a. 可产生大量热辐射的物质和物品；

b. 相继燃烧产生局部爆炸或迸射效应或两种效应兼而有之的物质和物品。

1.4 项：不呈现重大危险的物质和物品。

本项包括运输中万一点燃或引发时仅出现小危险的物质和物品；其影响主要限于包件本身，并预计射出的碎片不大、射程也不远，外部火烧不会引起包件内全部内装物的瞬间爆炸。

1.5 项：有整体爆炸危险的非常不敏感物质。

a. 本项包括有整体爆炸危险性、但非常不敏感，以致在正常运输条件下引发或由燃烧转为爆炸的可能性极小的物质。

b. 船舱内装有大量本项物质时，由燃烧转为爆炸的可能性较大。

1.6 项：无整体爆炸危险的极端不敏感物品。

a. 本项包括仅含有极不敏感爆炸物质、并且其意外引发爆炸或传播的概率可忽略不计的物品。

b. 本项物品的危险仅限于单个物品的爆炸。

2. 主要特性

（1）爆炸性强

爆炸品都具有化学不稳定性，在一定外因作用下，能以极快的速度发生猛烈的化学反应，产生的大量能量，在短时间内无法逸散出去，致使周围的温度迅速升高并产生巨大的压力而引起爆炸。

（2）敏感度高

各种爆炸品的化学组成和性质决定了它具有发生爆炸的可能性，但如果没有必要的外界作用（如受热、明火撞击等），爆炸是不会发生的。也就是说，任何一种爆炸品的爆炸都需要外界供给它一定的能量——起爆能。某一炸药所需的最小能量，即为该炸药的敏感度。起爆能与敏感度成反比，起爆能越小，敏感度越高。爆炸品所需的起爆能较小，如摩擦、撞击都可引起爆炸，因此爆炸品在储运中必须远离火种、热源及防震等。根据国家有关标准规定危险货物的包装上都应有警示标志，每一类危险化学品都有其对应的危险标志，标志的样式按照《化学品分类、警示标签和警示性说明安全规范》的规定执行。爆炸品危险标志如图 3-1 所示。

底色：橙红色

图形：正在爆炸的炸弹（黑色）

文字的颜色：黑色

文字含义：该类危险化学品的危险类别及编号

图 3-1 爆炸品危险标志

第 2 类　气体

1. 本类气体指满足下列条件之一的物质

a. 在 50℃时，蒸气压力大于 300kPa 的物质；

b. 20℃时在101.3kPa标准压力下完全是气态的物质。

本类包括压缩气体、液化气体、溶解气体和冷冻液化气体、一种或多种气体与一种或多种其他类别物质的蒸气的混合物、充有气体的物品和烟雾剂。

压缩气体是指在-50℃下加压包装供运输时完全是气态的气体，包括临界温度小于或等于-50℃的所有气体。

液化气体是指在温度大于-50℃下加压包装供运输时部分是液态的气体，可分为：

a. 高压液化气体：临界温度在-50～65℃的气体；

b. 低压液化气体：临界温度大于65℃的气体。

溶解气体：加压包装供运输时溶解于液相溶剂中的气体。

冷冻液化气体：包装供运输时由于其温度低而部分呈液态的气体。

具有两个项别以上危险性的气体和气体混合物，其危险性先后顺序如下：

a. 2.3项优先于所有其他项；

b. 2.1项优先于2.2项。

第2类根据气体在运输中的主要危险性分为3项。

2.1项：易燃气体。本项包括在20℃和101.3kPa条件下满足下列条件之一的气体。

a. 爆炸下限小于或等于13%的气体；

b. 不论其爆燃性下限如何，其爆炸极限（燃烧范围）大于或等于12%的气体。

2.2项：非易燃无毒气体。本项包括窒息性气体、氧化性气体以及不属于其他项别的气体。本项不包括在温度20℃时的压力低于200kPa、并且未经液化或冷冻液化的气体。

2.3项：毒性气体。本项包括满足下列条件之一的气体。

a. 其毒性或腐蚀性对人类健康造成危害的气体；

b. 急性半数致死浓度LC_{50}值小于或等于$5000mL/m^3$的毒性或腐蚀性气体。

注：使雌雄青年大白鼠连续吸入1h，最可能引起受试动物在14d内死亡一半的气体的浓度。

2. 主要特征

（1）易燃烧爆炸

易燃气体的主要危险特性就是易燃易爆。有些气体的爆炸范围比较大，如氢气、一氧化碳的爆炸极限范围分别为4.1%～74.2%、12.5%～74%。这类物品由于充装容器为压力容器，受热、受到撞击或剧烈震动时，容器内压力急剧增大，致使容器破裂、物质泄漏、爆炸等。

（2）易扩散

压缩气体和液化气体非常容易扩散。比空气轻的气体在空气中可以无限制地扩散，易与空气形成爆炸性混合物；比空气重的气体扩散后，往往聚集在地表、沟渠、隧道、厂房死角等处，长时间不散，遇着火源发生燃烧或爆炸。

（3）易膨胀

压缩气体一般是通过加压降温后储存在密闭的容器中，如钢瓶等。受到光照或受热后，气体易膨胀产生较大的压力，当压力超过容器的耐压强度时就会造成爆炸事故。

（4）有腐蚀毒害性

主要是一些含氢、硫元素的气体具有腐蚀作用。如氢、氨、硫化氢等都能腐蚀设备，严重时可导致设备裂缝、漏气。对这类气体的容器，要采取一定的防腐措施，要定期检验其耐压强度，以防万一。

气体危害标志如图3-2所示。

图 3-2　气体危险标志

第 3 类　易燃液体

1. 本类包括易燃液体和液态退敏爆炸品

易燃液体是指易燃的液体或液体混合物，或是在溶液或悬浮液中有固体的液体，其闭杯试验闪点不高于 60℃，或开杯试验闪点不高于 65.6℃。

易燃液体还包括满足下列条件之一的液体：

a. 在温度等于或高于其闪点的条件下提交运输的液体；

b. 以液态在高温条件下运输或提交运输、并在温度等于或低于最高运输温度下放出易燃蒸气的物质。

液态退敏爆炸品是指为抑制爆炸性物质的爆炸性能，将爆炸性物质溶解或悬浮在水中或其他液态物质后，而形成的均匀液态混合物。

符合易燃液体的定义，但闪点高于 35℃ 而且不持续燃烧的液体，在本标准中不视为易燃液体。

符合下列条件之一的液体被视为不能持续燃烧：

a. 按照 GB/T 21622 规定进行持续燃烧试验，结果表明不能持续燃烧的液体；

b. 按照 GB/T 3536 确定的燃点大于 100℃ 的液体；

c. 按质量含水大于 90% 且混溶于水的溶液。

2. 主要特性

(1) 高度易燃性

易燃液体的主要特性是具有高度易燃性，其原因主要是：

① 易燃液体几乎全部是有机化合物，分子组成中主要含有碳原子和氢原子，易和氧反应而燃烧。

② 由于易燃液体的闪点低，其燃点也低（燃点一般约高于闪点 1~5℃），因此易燃液体接触火源极易着火而持续燃烧。

(2) 易爆性

易燃液体挥发性大，当盛放易燃液体的容器有某种破损或不密封时，挥发出来的易燃蒸气扩散到存放或运载该物品的库房或车厢的整个空间，与空气混合，当浓度达到一定范围，即达到爆炸极限时，遇明火或火花即能引起爆炸。

(3) 高度流动扩散性

易燃液体的分子多为非极性分子，黏度一般都很小，不仅本身极易流动，还因渗透、浸润及毛细现象等作用，即使容器只有极细微裂纹，易燃液体也会渗出容器壁，扩大其表面积，并源源不断地挥发，使空气中的易燃液体蒸气浓度增高，从而增加了燃烧爆炸的危险性。因此，储存中应保证容器完好密封。

（4）受热膨胀性

易燃液体的膨胀系数比较大，受热后体积容易膨胀，同时其蒸气压亦随之升高，从而使密封容器内部压力增大，造成"鼓桶"，甚至爆裂，在容器爆裂时会产生火花而引起燃烧爆炸。因此，易燃液体应避热存放，灌装时容器内应留有5%以上的空隙，不可灌满。

（5）忌氧化剂和酸

易燃液体与氧化剂或有氧化性的酸类（特别是硝酸）接触，能发生剧烈反应而引起燃烧爆炸。这是因为易燃液体都是有机化合物，能与氧化剂发生氧化反应并产生大量的热，使温度升高到燃点引起燃烧爆炸。例如：松节油遇硝酸立即燃烧。因此，易燃液体不得与氧化剂及有氧化性的酸类接触。

（6）毒性

大多数易燃液体及其蒸气均有不同程度的毒性，例如甲醇、苯、二硫化碳等，不但吸入其蒸气会中毒，有的经皮肤吸收也会造成中毒事，应注意劳动防护。

易燃液体危险标志见图3-3。

第4类 易燃固体、易于自燃的物质、遇水放出易燃气体的物质

1. 本类包括易燃固体、易于自燃的物质和遇水放出易燃气体的物质

本类物质分为3项。

4.1项：易燃固体、自反应物质和固态退敏爆炸品。

a. 易燃固体：易于燃烧的固体和摩擦可能起火的固体；

b. 自反应物质：即使没有氧气（空气）存在，也容易发生激烈放热分解的热不稳定物质；

c. 固态退敏爆炸品：为抑制爆炸性物质的爆炸性能，用水或酒精湿润爆炸性物质、或用其他物质稀释爆炸性物质后，而形成的均匀固态混合物。

图3-3 易燃液体危险标志

4.2项：易于自燃的物质本项包括发火物质和自热物质。

a. 发火物质：即使只有少量与空气接触，不到5min时间便燃烧的物质，包括混合物和溶液（液体或固体）；

b. 自热物质：发火物质以外的与空气接触便能自己发热的物质。

4.3项：遇水放出易燃气体的物质。本项物质是指遇水放出易燃气体，且该气体与空气混合能够形成爆炸性混合物的物质。

第4类危险货物包装类别的划分除4.1项的自反应物质以外，其余的包装类别根据易燃固体、易于自燃的物质和遇水放出易燃气体的物质的危险特性划分。

易燃固体：

a. 易于燃烧的固体（金属粉除外），在根据《试验和标准手册》第三部分第33.2.1小节所述的试验方法进行试验时，如燃烧时间小于45s并且火焰通过湿润段，应划入Ⅱ类包装。金属或金属合金粉末，如反应段在5min以内蔓延到试样的全部长度，应划入Ⅱ类包装。

b. 易于燃烧的固体（金属粉除外），在根据《试验和标准手册》第三部分第33.2.1小节所述的试验方法进行的试验时，如燃烧时间小于45s并且湿润段阻止火焰传播至少4min，应划入Ⅲ类包装。金属粉如反应段在大于5min但小于10min内蔓延到试样的全部长度，应划入Ⅲ类包装。

c. 摩擦可能起火的固体，应按现有条目以类推方法或按照任何适当的特殊规定划定包装类别。

易于自燃的物质：

a. 所有发火固体和发火液体应划入Ⅰ类包装。

b. 根据《试验和标准手册》第三部分第33.3.1.6小节所述的试验方法进行试验时，用25mm试样立方体在140℃下做试验时取得肯定结果的自热物质，应划入Ⅱ类包装。

c. 根据《试验和标准手册》第三部分第33.3.1.6小节所述的试验方法进行试验时，自热物质如符合下列条件应划入Ⅲ类包装。

① 用100mm试样立方体在140℃下做试验时取得肯定结果，用25mm试样立方体在140℃下做试验时取得否定结果，并且该物质将装在体积大于$3m^3$的包件内运输。

② 用100mm试样立方体在140℃下做试验时取得肯定结果，用25mm试样立方体在140℃下做试验时取得否定结果，用100mm试样立方体在120℃下做试验时取得肯定结果，并且该物质将装在体积大于450L的包件内运输。

③ 用100mm试样立方体在140℃下做试验时取得肯定结果，用25mm试样立方体在140℃下做试验时取得否定结果，并且用100mm试样立方体在100℃下做试验时取得肯定结果。

遇水放出易燃气体的物质：

a. 任何物质如在环境温度下遇水发生剧烈反应并且所产生的气体通常显示自燃的倾向，或在环境温度下遇水容易起反应，释放易燃气体的速度大于或等于每千克物质每分钟释放10L，应划为Ⅰ类包装。

b. 任何物质如在环境温度下遇水容易起反应，释放易燃气体的最大速度大于或等于每千克物质每小时释放20L，并且不符合Ⅰ类包装的标准，应划为Ⅱ类包装。

c. 任何物质如在环境温度下遇水反应缓慢，释放易燃气体的最大速度大于或等于每千克物质每小时释放1L，并且不符合Ⅰ类或Ⅱ类包装的标准，应划为Ⅲ类包装。

2. 主要特性

（1）易点燃

易燃固体常温下是固态，但其火电都比较低，一般都在300℃以下。

（2）遇酸、氧化剂易燃易爆

绝大多数易燃固体与酸、氧化剂接触，尤其是与强氧化剂接触时，能够立即引起着火或爆炸。

（3）本身或燃烧产物有毒

很多易燃固体本身具有毒害性，或燃烧后产生有毒的物质。

（4）自燃性

一些易燃固体的自燃点也较低，当温度达到自燃点，在积热不散时，即使没有火源也能引起燃烧。

（5）自燃点低

易于发生氧化反应放出热量，而自行燃烧。

(6) 遇湿放出易燃气体

易燃固体、自燃物品和遇湿易燃物品危险标志见图3-4。

图3-4　易燃固体、自燃物品和遇湿易燃物品危险标志

第5类　氧化性物质和有机过氧化物

1. 本类包括氧化性物质和有机过氧化物

本类物质分为2项

5.1项：氧化性物质。氧化性物质是指本身未必燃烧，但通常因放出氧可能引起或促使其他物质燃烧的物质。

5.2项：有机过氧化物。有机过氧化物是指含有二价过氧基（—O—O—）结构的有机物质。当有机过氧化物配制品满足下列条件之一时，视为非有机过氧化物。

a. 其有机过氧化物的有效氧质量分数[按式(3-1)计算]不超过1.0%，而且过氧化氢质量分数不超过1.0%。

$$X = 16\sum(n_i C_i / m_i) \tag{3-1}$$

式中　X——有效氧含量（质量分数），%；

　　　n_i——有机过氧化物i每个分子的过氧基数目；

　　　C_i——有机过氧化物i的浓度（质量分数），%；

　　　m_i——有机过氧化物i的分子量。

b. 其有机过氧化物的有效氧质量分数不超过0.5%，而且过氧化氢质量分数超过1.0%但不超过7.0%。

有机过氧化物按其危险性程度分为七种类型，从A型到G型：

A型有机过氧化物：装在供运输的容器中时能起爆或迅速爆燃的有机过氧化物配制品。

B型有机过氧化物：装在供运输的容器中时既不起爆也不迅速爆燃，但在该容器中可能发生热爆炸的具有爆炸性质的有机过氧化物配制品。该有机过氧化物装在容器中的数量最高可达25kg，但为了排除在包件中起爆或迅速爆燃而需要把最高数量限制在较低数量者除外。

C型有机过氧化物：装在供运输的容器（最多50kg）内不可能起爆或迅速爆燃或发生热爆炸的具有爆炸性质的有机过氧化物配制品。

D型有机过氧化物：满足下列条件之一，可以接受装在净重不超过50kg的包件中运输的有机过氧化物配制品：

① 如果在实验室试验中，部分起爆，不迅速爆燃，在封闭条件下加热时不显示任何激烈效应。

② 如果在实验室试验中，根本不起爆，缓慢爆燃，在封闭条件下加热时不显示激烈

效应。

③ 如果在实验室试验中，根本不起爆或爆燃，在封闭条件下加热时显示中等效应。

E 型有机过氧化物：在实验室试验中，既不起爆也不爆燃，在封闭条件下加热时只显示微弱效应或无效应，可以接受装在不超过 400kg/450L 的包件中运输的有机过氧化物配制品。

F 型有机过氧化物：在实验室试验中，既不在空化状态下起爆也不爆燃，在封闭条件下加热时只显示微弱效应或无效应，并且爆炸力弱或无爆炸力的，可考虑用中型散货箱或罐体运输的有机过氧化物配制品。

G 型有机过氧化物：

① 在实验室试验中，既不在空化状态下起爆也不爆燃，在封闭条件下加热时不显示任何效应，并且没有任何爆炸力的有机过氧化物配制品，应免予被划入 5.2 项，但配制品应是热稳定的（50kg 包件的自加速分解温度为 60℃ 或更高），液态配制品应使用 A 型稀释剂退敏。

② 如果配制品不是热稳定的，或者用 A 型稀释剂以外的稀释剂退敏，配制品应定为 F 型有机过氧化物。

2. 主要特性

有强烈的氧化性；受热、撞击易分解；可燃；遇酸、水、弱氧化剂易分解；有腐蚀毒害性。分解易爆炸；易燃；伤害性。

氧化剂和有机过氧化物危险标志如图 3-5 所示。

图 3-5 氧化剂和有机过氧化物危险标志

第 6 类　毒性物质和感染性物质

1. 本类包括毒性物质和感染性物质

本类物质分为 2 项

6.1 项：毒性物质是指经吞食、吸入或与皮肤接触后可能造成死亡或严重受伤或损害人类健康的物质。

本项包括满足下列条件之一的毒性物质（固体或液体）：

a. 急性口服毒性：$LD_{50} \leqslant 300mg/kg$；

注：青年大白鼠口服后，最可能引起受试动物在 14d 内死亡一半的物质剂量，试验结果以 mg/kg 体重表示。

b. 急性皮肤接触毒性：$LD_{50} \leqslant 1000mg/kg$；

注：使白兔的裸露皮肤持续接触 24h，最可能引起受试动物在 14d 内死亡一半的物质剂量，试验结果以 mg/kg 体重表示。

c. 急性吸入粉尘和烟雾毒性：$LC_{50} \leqslant 4mg/L$；

d. 急性吸入蒸气毒性：$LC_{50} \leqslant 5000 mL/m^3$，且在 20℃和标准大气压力下的饱和蒸气浓度大于或等于 $1/5LC_{50}$。

注：使雌雄青年大白鼠连续吸入 1h，最可能引起受试动物在 14d 内死亡一半的蒸气、烟雾或粉尘的浓度。

固态物质如果其总质量的 10% 以上是在可吸入范围的粉尘（即粉尘粒子的空气动力学直径$\leqslant 10\mu m$）应进行试验。

液态物质如果在运输密封装置泄漏时可能产生烟雾，应进行试验。

不管是固态物质还是液态物质，准备用于吸入毒性试验的样品的 90% 以上（按质量计算）应在上述规定的可吸入范围。

对粉尘和烟雾，试验结果以 mg/L 表示；对蒸气，试验结果以 mL/m^3 表示。

6.2 项：感染性物质是指已知或有理由认为含有病原体的物质。

感染性物质分为 A 类和 B 类：

A 类：以某种形式运输的感染性物质，在与之发生接触（发生接触，是在感染性物质泄漏到保护性包装之外，造成与人或动物的实际接触）时，可造成健康的人或动物永久性失残、生命危险或致命疾病。

B 类：A 类以外的感染性物质。

注：6.1 项物质（包括农药），按其毒性程度划入三个包装类别：

Ⅰ类包装：具有非常剧烈毒性危险的物质及制剂；

Ⅱ类包装：具有严重毒性危险的物质及制剂；

Ⅲ类包装：具有较低毒性危险的物质及制剂。

在确定包装类别时，以动物试验所得经口摄入、经皮接触和吸入粉尘、烟雾或蒸气试验数据作为根据。同时，还应考虑到人类意外中毒事故的经验，及个别物质具有的特殊性质，例如液态、高挥发性、任何特殊的渗透可能性和特殊生物效应。当一种物质通过两种或更多的试验方式所显示的毒性程度不同时，应以试验所表明的危险性最大者为准。

2. 主要特性

（1）溶解性

毒害品在水中溶解性越大，毒害性越大。因为易于在水中溶解的物品，更容易被人吸收而引起中毒。

（2）挥发性和分散性

毒物越易挥发，在空气中的浓度就越大，其毒性就越大，越易发生中毒。颗粒越小，分散性越好，悬浮在空气中，越易被吸入人体而中毒。

（3）火灾危险性

可燃毒害品的危险特性除了毒害性外，还具有火灾危险性，主要表现在遇湿易燃、氧化性、易燃易爆。

毒害品危险标志见图 3-6。

第 7 类　放射性物质

本类物质是指任何含有放射性核素并且其活度浓度和放射性总活度都超过 GB 11806 规定限值的物质。

放射性物品危险标志见图 3-7。

第 8 类　腐蚀性物质

腐蚀性物质是指通过化学作用使生物组织接触时造成严重损伤或在渗漏时会严重损害其

图 3-6　毒害品危险标志

图 3-7　放射性物品危险标志

至毁坏其他货物或运载工具的物质。

1. 本类包括满足下列条件之一的物质

① 使完好皮肤组织在暴露超过 60min、但不超过 4h 之后开始的最多 14d 观察期内全厚度毁损的物质；

② 被判定不引起完好皮肤组织全厚度毁损，但在 55℃ 试验温度下，对钢或铝的表面腐蚀率超过 6.25mm/a 的物质。

第 8 类危险货物包装类别的划分根据腐蚀性物质的危险程度划定三个包装类别。

Ⅰ类包装：非常危险的物质和制剂，是使完好皮肤组织在暴露 3min 或少于 3min 之后开始的最多 60min 观察期内全厚度毁损的物质。

Ⅱ类包装：显示中等危险性的物质和制剂，是使完好皮肤组织在暴露超过 3min 但不超过 60min 之后开始的最多 14d 观察期内全厚度毁损的物质。

Ⅲ类包装：显示轻度危险性的物质和制剂，包括：

a. 使完好皮肤组织在暴露超过 60min 但不超过 4h 之后开始的最多 14d 观察期内全厚度毁损的物质；

b. 被判定不引起完好皮肤组织全厚度毁损，但在 55℃ 试验温度下，对 S235JR+CR 型或类似型号钢或非复合型铝的表面腐蚀率超过 6.25mm/a 的物质（如对钢或铝进行的第一个试验表明，接受试验的物质具有腐蚀性，则无须再对另一金属进行试验）。

注：符合第 8 类标准且吸入粉尘和烟雾毒性（LC_{50}）为Ⅰ类包装、但经口摄入或经皮接触毒性仅为Ⅲ类包装或更小物质或制剂应划入第 8 类。

2. 主要特性

(1) 强烈的腐蚀性

① 对人体有腐蚀作用，造成化学灼伤。如氢氧化钠、生石灰。

因此，装卸搬运时，操作人员必须穿戴橡胶手套、胶皮围裙等防护用品，作业时轻拿轻放，禁止肩扛、背负、翻滚、碰撞、拖拉。在装卸现场应备有救护物品和药水，如清水、苏打水等，以备急需。

② 对金属有腐蚀作用。腐蚀品中的酸和碱甚至盐类都能引起金属不同程度的腐蚀。因此，在选择储存容器时，应特别注意，如浓硫酸、烧碱可用铁制容器，但不可用镀锌铁桶，因锌是两性金属，与酸、强碱均起化学反应生成易燃的氢气，并使铁桶爆炸。

③ 对有机物质有腐蚀作用。能和布匹、木材、纸张、皮革等发生化学反应，使其遭受腐蚀损坏。因此，固体的腐蚀品不能用麻袋装，否则包装将被腐蚀。

④ 对建筑物有腐蚀作用。如酸性腐蚀品能腐蚀库房的水泥地面，而氢氟酸能腐蚀玻璃。

(2) 毒性

在腐蚀性物质中，有一部分能发挥出有强烈腐蚀和毒害性的气体。

(3) 易燃性

有重腐蚀性物质具有易燃性。

(4) 氧化性

有些腐蚀品，氧化性很强，在化学反应过程中会放出大量的热，容易引起燃烧。大多数腐蚀品遇水会放出大量的热，在操作中易使液体四溅灼伤人体。

部分无机酸性腐蚀品，如浓硝酸、浓硫酸、高氯酸等具有氧化性能，遇有机化合物如木屑、稻草等易因氧化发热而引起燃烧。所以，在存放时，应注意包装密封，远离木屑等有机化合物。

腐蚀品危害标志如图 3-8 所示。

图 3-8 腐蚀品危险标志

第9类 杂项危险物质和物品

本类是指存在危险但不能满足其他类别定义的物质和物品。

① 以微细粉尘吸入可危害健康的物质，如 UN2212、UN2590；
② 会放出易燃气体的物质，如 UN2211、UN3314；
③ 锂电池组，如 UN3090、UN3091、UN3480、UN3481；
④ 救生设备，如 UN2990、UN3072、UN3268；
⑤ 一旦发生火灾可形成二噁英的物质和物品，如 UN2315、UN3432、UN3151、UN3152；
⑥ 在高温下运输或提交运输的物质，是指在液态温度达到或超过100℃，或固态温度达到或超过240℃条件下运输的物质，如 UN3257、UN3258；
⑦ 危害环境物质，包括污染水生环境的液体或固体物质，以及这类物质的混合物（如制剂和废物），如 UN3077、UN3082；
⑧ 不符合6.1项毒性物质或6.2项感染性物质定义的经基因修改的微生物和生物体，如 UN3245；
⑨ 其他，如 UN1841、UN1845、UN1931、UN1941、UN1990、UN2071、UN2216、UN2807、UN2969、UN3166、UN3171、UN3316、UN3334、UN3335、UN3359、UN3363。

危害水生环境物质的分类物质满足《危险货物分类和品名编号》（GB 6944—2012）表5所列急性1、慢性1或慢性2的标准，应列为"危害环境物质（水生环境）"。

杂项危险物质和物品危险标志如图 3-9 所示。

图 3-9　杂项危险物质和物品危险标志

任务 2　危险化学品安全储存

一、危险化学品的储存方式

危险化学品的储存方式，分为隔离储存、隔开储存和分离储存三种。

1. 隔离储存

是指在同一房间或同一区域内，不同的物料之间分开一定距离，非禁忌物料（禁忌物料系指化学性质相抵触或灭火方法不同的化学物料）间用通道保持空间的储存方式。

2. 隔开储存

是指在同一建筑或同一区域内，用隔板或墙，将其与禁忌物料分离开的储存方式。

3. 分离储存

是指在不同的建筑物或远离所有建筑的外部区域内的储存方式。

二、根据危险化学品的性能储存

根据危险化学品的性能分区、分类、分库储存，化学性质相抵触或灭火方法不同的各类危险化学品，不得混合储存。

① 爆炸物品不准和其他类物品同储，必须单独隔离限量储存。

② 压缩气体和液化气体必须与爆炸物品、氧化剂、易燃物品、自燃物品、腐蚀性物品隔离储存。

③ 易燃气体不得与助燃气体、剧毒气体同储，氧气不得与油脂混合储存。

④ 易燃液体、遇湿易燃物品、易燃固体不得与氧化剂混合储存，具有还原性的氧化剂应单独存放。

⑤ 腐蚀性物品，包装必须严密，不允许泄漏，严禁与液化气体和其他物品共存。

⑥ 有毒物品应储存在阴凉、通风干燥的场所，不能接近酸类物质。如氰化钾、氰化钠等氰化物，与酸类接触后会产生剧毒的氰化氢气体，引起附近人员中毒死亡。

三、危险化学品的存放应符合防火、防爆的安全要求

① 爆炸物品、一级易燃物品、有毒物品以及遇火、遇热、遇潮能引起燃烧、爆炸或发生化学反应，产生有毒气体的危险化学品不得在露天或在潮湿、积水的建筑物中储存。

② 受日光照射能发生化学反应引起燃烧、爆炸、分解、化合或能产生有毒气体的化学

危险品应储存在一级建筑物中,其包装应采取避光措施。

③ 危险化学品的储存量及储存安排,应符合表3-2的要求。

表3-2 危险化学品的储存量及储存安排

储存要求 \ 储存类别	露天储存	隔离储存	隔开储存	分离储存
平均单位面积储存量/(t/m²)	1.0~1.5	0.5	0.7	0.7
单一储存区最大储量/t	2000~2400	200~300	200~300	400~600
垛距限制/m	2	0.3~0.5	0.3~0.5	0.3~0.5
通道宽度/m	4~6	1~2	1~2	5
墙距宽度/m	2~10	0.3~0.5	0.3~0.5	0.3~0.5
与禁忌品距离/m		不得同库储存	不得同库储存	7~10

④ 凡是经雨淋、日晒而受影响及损坏的,但对气温、湿度的作用不受显著影响的可存放在料棚内,如氢氧化钾、硫化碱等;封口密闭的铁桶包装或一般箱装、袋装化学品,地下必须垫15~30cm的高度。凡是受雨淋、日晒和温度、湿度的作用不发生或较少发生影响及损坏的化学品,可存放于露天料场,但必须根据其不同性质,配备苫垫、遮盖设备以及其他确保安全的措施,包括消防设施的布局,日常检查制度等。

⑤ 堆垛不得过高、过密,堆垛之间以及堆垛与墙壁之间,要留出一定的空间距离,以利人员通过和良好通风。货物的堆码高度,应符合表3-3的要求。

表3-3 货物堆码的高度 单位:m

包装形式	最高	最低	一般
铁桶	4.2	2	3.5
玻璃瓶	1.8	0.74	1.65
麻袋	4.5	2.5	3
木箱	4.2	1.8	3.6
瓷坛	1.8	—	1.2

⑥ 对特别危险或剧毒化学品的保管,如爆炸物品、氰化钾、氰化钠等,必须选派思想素质和技术素质过硬实的人员负责,并实行双人双锁保管制度,加强检查。

四、危险化学品储存要求

(一)化学品仓库

化学品仓库是储存易燃易爆、有毒有害等危险化学品的场所,仓库选址必须适当,建筑物必须符合规范要求,做到科学管理,确保其储存、保管安全,要把安全放在首位。《危险化学品经营企业开业条件和技术要求》(GB 18265—2000)对其有具体要求。

1. 关于仓储地点设置

① 危险化学品仓库按其使用性质和经营规模分为三种类型:大型仓库(库房或货场总面积大于9000m²);中型仓库(库房或货场总面积在550~9000m²);小型仓库(库房或货场总面积小于550m²)。

② 大中型危险化学品仓库应选址在远离市区和居民区的当地主导风向的下风向和河流下游的地域。

③ 大中型危险化学品仓库应与周围公共建筑物、交通干线(公路、铁路、水路)、工矿

企业等距离至少保持 1000m。

④ 大中型危险化学品仓库内应设库区和生活区，两区之间应有 2m 以上的实体围墙，围墙与库区内建筑的距离不宜小于 5m，并应满足围墙建筑物之间的防火距离要求。

⑤ 大型仓库应符合 GB 18265—2000 中 5.4.7、5.4.8、5.4.9 的规定。

⑥ 危险化学品专用仓库应向县级以上（含县级）公安、消防部门申领消防安全储存许可证。

2. 关于建筑结构

① 危险化学品的库房建筑应符合《建筑设计防火规范》（GB 50016—2014）的相关要求。

a. 有爆炸危险的甲、乙类厂房宜独立设置，并宜采用敞开或半敞开式。其承重结构宜采用钢筋混凝土或钢框架、排架结构。

b. 高爆炸危险的厂房或厂房内有爆炸危险的部位应设置泄压设施。

c. 泄压设施宜采用轻质屋面板、轻质墙体和易于泄压的门、窗等，应采用安全玻璃等在爆炸时不产生尖锐碎片的材料。泄压设施的设置应避开人员密集场所和主要交通道路，并宜靠近有爆炸危险的部位。作为泄压设施的轻质屋面板和墙体的质量不宜大于 $60kg/m^2$。屋顶上的泄压设施应采取防冰雪积聚措施。

d. 散发较空气轻的可燃气体、可燃蒸气的甲类厂房，宜采用轻质屋面板作为泄压面积。顶棚应尽量平整、无死角，厂房上部空间应通风良好。

e. 散发较空气重的可燃气体、可燃蒸气的甲类厂房和有粉尘、纤维爆炸危险的乙类厂房，应符合下列规定：

（a）应采用不发火花的地面。采用绝缘材料作整体面层时，应采取防静电措施。

（b）散发可燃粉尘、纤维的厂房，其内表面应平整、光滑，并易于清扫。

（c）厂房内不宜设置地沟，确需设置时，其盖板应严密，地沟应采取防止可燃气体、可燃蒸气和粉尘、纤维在地沟积聚的有效措施，且应在与相邻厂房连通处采用防火材料密封。

f. 有爆炸危险的甲、乙类生产部位，宜布置在单层厂房靠外墙的泄压设施或多层厂房顶层靠外墙的泄压设施附近。有爆炸危险的设备宜避开厂房的梁、柱等主要承重构件布置。

g. 有爆炸危险的甲、乙类厂房的总控制室应独立设置。

h. 有爆炸危险的甲、乙类厂房的分控制室宜独立设置，当贴邻外墙设置时，应采用耐火极限不低于 3.00h 的防火隔墙与其他部位分隔。

i. 有爆炸危险区域内的楼梯间、室外楼梯或有爆炸危险的区域与相邻区域连通处，应设置门斗等防护措施。门斗的隔墙应为耐火极限不应低于 2.00h 的防火隔墙，门应采用甲级防火门并应与楼梯间的门错位设置。

j. 使用和生产甲、乙、丙类液体的厂房，其管、沟不应与相邻厂房的管、沟相通，下水道应设置隔油设施。

k. 甲、乙、丙类液体仓库应设置防止液体流散的设施。遇湿会发生燃烧爆炸的物晶仓库应采取防止水浸渍的措施。

l. 有粉尘爆炸危险的筒仓，其顶部盖板应设置必要的泄压设施。

m. 有爆炸危险的仓库或仓库内有爆炸危险的部位，宜按本节规定采取防爆措施、设置泄压设施。

② 危险化学品仓库的建筑屋架应根据所存危险化学品的类别和危险等级采用木结构、钢结构或装配式钢筋混凝土结构，砌砖墙、石墙、混凝土墙及钢筋混凝土墙。

③ 库房门应为钛门或木质外包铁皮，采用外开式，设置高侧窗（剧毒物品仓库的窗户应加设铁护栏）。

④ 毒害性、腐蚀性危险化学品库房的耐火等级不得低于二级。易燃易爆性危险化学品库房的耐火等级不得低于三级。爆炸品应储存于一级轻顶耐火建筑内，低、中闪点液体，一级易燃固体，自燃物品，压缩气体和液化气体类应储存于一级耐火建筑的库房内。

3. 关于储存管理

① 危险化学品仓库储存的危险化学品应符合 GB 15603、GB 17915、GB 17916 的规定。

② 入库的危险化学品应符合产品标准，收货保管员应严格按 GB190 的规定验收内外标志、包装、容器等，并做到账、货、卡相符。

③ 库存危险化学品应根据其化学性质分区、分类、分库储存，禁忌物料不能混存。灭火方法不同的危险化学品不能同库储存（见附录 A）。

④ 库存危险化学品应保持相应的垛距、墙距、柱距。垛与垛间距不小于 0.8m，垛与墙、柱的间距不小 0.3m。主要通道的宽度不于小 1.8m。

⑤ 危险化学品仓库的保管员应经过岗前和定期培训，持证上岗，做到一日两检，并做好检查记录。检查中发现危险化学品存在质量变质、包装破损、渗漏等问题应及时通知货主或有关部门，采取应急措施解决。

⑥ 危险化学品仓库应设有专职或兼职的危险化学品养护员，负责危险化学品的技术养护、管理和监测工作。

⑦ 各类危险化学品均应按其性质储存在适宜的温湿度内。

（二）危险化学品分类储存的安全要求

1. 爆炸性物质储存的安全要求

爆炸性物质的储存按公安等部门关于《爆炸物品管理规则》的规定办理。

爆炸品：如 2,4,6-三硝基甲苯［别名梯恩梯或茶色炸药，$CH_3C_6H_2(NO_2)_3$］、环三亚甲基三硝胺［别名黑索金，$C_3H_6N_3(NO_2)_3$］、雷酸汞［$Hg(ONC)_2$］等。

注意事项如下。

① 应放置在阴凉通风处，远离明火、远离热源，防止阳光直射，存放温度一般在 15～300℃，相对湿度一般在 65%～75%。

② 严防撞击、摔、滚、摩擦。

③ 严禁与氧化剂、自燃物品、酸、碱、盐类、易燃物、金属粉末放在一起。

④ 严格执行"双人保管、双本账、双把锁"的规定。

2. 压缩气体和液化气体储存的安全要求

易燃气体：如正丁烷（$CH_3CH_2CH_2CH_3$）、氢气（H_2）、乙炔（别名电石气，C_2H_2）等。不燃气体：如氮气、二氧化碳、氖气、氩气、氪气、氙等。有毒气体：如氯气（Cl_2）、二氧化硫（别名亚硫酸酐，SO_2）、氨气（NH_3）等。

① 压缩气体和液化气体不得与其他物质共同储存；易燃气体不得与助燃气体、剧毒气体共同储存；易燃气体和剧毒气体不得与腐蚀性物质混合储存；氧气不得与油脂混合储存。

② 液化石油气储罐区的安全要求。液化石油气储罐区，应布置在通风良好且远离明火或散发火花的露天地带。不宜与易燃、可燃液体储罐同组布置，更不应设在一个土堤内。压力卧式液化气罐的纵轴，不宜对着重要建筑物、重要设备、交通要道及人员集中的场所。

③ 对气瓶储存的安全要求。储存气瓶的仓库应为单层建筑，设置易揭开的轻质屋顶，

地坪可用沥青砂浆混凝土铺设，门窗都向外开启，玻璃涂以白色。库温不宜超过35℃，有通风降温措施。瓶库应用防火墙分隔为若干单独分间，每一分间有安全出入口。气瓶仓库的最大储存量应按有关规定执行。

扑灭有毒气体气瓶的燃烧时，应注意站在上风向，并使用防毒面具，切勿靠近气瓶的头部或尾部，以防发生爆炸造成伤害。

3. 易燃液体储存的安全要求

易燃液体：如汽油（C_5H_{12}～$C_{12}H_{26}$）、乙硫醇（C_2H_5SH）、二乙胺 [$(C_2H_5)_2NH$]、乙醚（$C_4H_{10}O$）、丙酮（C_3H_6O）等。

① 易燃液体应储存于通风阴凉处，并与明火保持一定的距离，在一定区域内严禁烟火。

② 沸点低于或接近夏季气温的易燃液体，应储存于有降温设施的库房或储罐内。盛装易燃液体的容器应保留不少于5%容积的空隙，夏季不可暴晒。易燃液体的包装应无渗漏，封口要严密。铁桶包装不宜堆放太高，防止发生碰撞、摩擦而产生火花。

③ 闪点较低的易燃液体，应注意控制库温。气温较低时容易凝结成块的易燃液体，受冻后易使容器胀裂，故应注意防冻。

④ 易燃、可燃液体储罐分地上、半地上和地下三种类型。地上储罐不应与地下或半地下储罐布置在同一储罐组内；且不宜与液化石油气储罐布置在同一储罐组内。储罐组内储罐的布置不应超过两排。在地上和半地下的易燃、可燃液体储罐的四周应设置防火堤。

⑤ 储罐高度超过17m时，应设置固定的冷却和灭火设备；低于17m时，可采用移动式灭火设备。

⑥ 闪点低、沸点低的易燃液体储罐应设置安全阀并有冷却降温设施。

⑦ 储罐的进料管应从罐体下部接入，以防止液体冲击飞溅产生静电火花引起爆炸。储罐及其有关设施必须设有防雷击、防静电设施，并采用防爆电气设备。

⑧ 易燃、可燃液体桶装库应设计为单层仓库，可采用钢筋混凝土排架结构，设防火墙分隔数间，每间应有安全出口。桶装的易燃液体不宜于露天堆放。

4. 易燃固体储存的安全要求

易燃固体：如 N,N-二硝基五亚基四胺 [$(CH_2)_5(NO)_2N_4$]、二硝基萘 [$C_{10}H_6(NO_2)_2$]、红磷（P_4）等。

① 储存易燃固体的仓库要求阴凉、干燥，要有隔热措施，忌阳光照射，易挥发、易燃固体应密封堆放，仓库要求严格防潮。

② 易燃固体多属于还原剂，应与氧和氧化剂分开储存。有很多易燃固体有毒，故储存中应注意防毒。

注意事项如下。

① 放在阴凉通风处，远离火种、热源、氧化剂及酸类物质。

② 不要与其他危险化学试剂混放。

③ 轻拿轻放，严禁滚动、摩擦和碰撞。

④ 防止受潮发霉变质。

5. 自燃物质储存的安全要求

自燃物品：如二乙基锌 [$Zn(C_2H_5)_2$]、连二亚硫酸钠（$Na_2S_2O_4 \cdot 2H_2O$）、黄磷（P_4）等。

① 自燃物质不能与易燃液体、易燃固体、遇湿燃烧物质混放储存，也不能与腐蚀性物质混放储存。

② 自燃物质在储存中，对温度、湿度的要求比较严格，必须储存于阴凉、通风干燥的仓库中，并注意做好防火、防毒工作。

注意事项如下。

① 应放置在阴凉、通风、干燥处，远离火种、热源，防止阳光直射。

② 不要与酸类物质、氧化剂、金属粉末和易燃易爆物品共同存放。

③ 轻拿轻放，严禁滚动、摩擦和碰撞。

6. 遇湿燃烧物质储存的安全要求

遇湿易燃品：如三氯硅烷（$SiHCl_3$）、碳化钙（CaC_2）等。

① 遇湿燃烧物质的储存应选用地势较高的地方，在夏季暴雨季节保证不进水，堆垛时要用干燥的枕木或垫板。

② 储存遇湿燃烧物质的库房要求干燥，要严防雨雪的侵袭。库房的门窗可以密封。库房的相对湿度一般保持在 75% 以下，最高不超过 80%。

③ 钾、钠等应储存于不含水分的矿物油或石蜡油中。

注意事项如下。

① 存放在干燥处。

② 与酸类物品隔离。

③ 不要与易燃物品共同存放。

④ 防止撞击、震动、摩擦。

7. 氧化剂储存的安全要求

氧化剂：如过氧化钠（Na_2O_2）、过氧化氢溶液（40% 以下）（H_2O_2）、硝酸铵（NH_4NO_3）、氯酸钾（$KClO_3$）、漂粉精［次氯酸钙，$3Ca(OCl)_2 \cdot Ca(OH)_2$］、重铬酸钠（$Na_2Cr_2O_7 \cdot 2H_2O$）等。

注意事项如下。

① 该类化学试剂应密封存放在阴凉干燥处。

② 应与有机物、易燃物、硫、磷、还原剂、酸类物品分开存放。

③ 轻拿轻放，不要误触皮肤，一旦误触，应立即用水冲洗。

有机氧化物：如过乙酸（含量≤43%）（别名过氧乙酸，CH_3COOOH）、过氧化十二酰（工业纯）［$(C_{11}H_{23}CO)_2O_2$］、过氧化甲乙酮等。

注意事项如下。

① 存放在清洁、阴凉、干燥、通风处。

② 远离火种、热源，防止日光暴晒。

③ 不要与酸类、易燃物、有机物、还原剂、自燃物、遇湿易燃物存放在一起。

④ 轻拿轻放，避免碰撞、摩擦，防止引起爆炸。

8. 有毒物质储存的安全要求

有毒化学试剂分剧毒和毒害两类。

剧毒类化学试剂：无机剧毒类，如氰化物、砷化物、硒化物，汞、铍、铊、磷的化合物等；有机剧毒类，如硫酸二甲酯、四乙基铅、醋酸苯等。

毒害类化学试剂：无机毒害类，如汞、铅、钡、氟的化合物等；有机毒害类，如乙二酸、四氯乙烯、甲苯二异氰酸酯、苯胺等。

注意事项如下。

① 有毒化学试剂应放置在通风处，远离明火、远离热源。

② 有毒化学试剂一般不得和其他种类的物品（包括非危险品）共同放置，特别是与酸类及氧化剂共放，尤其不能与食品放在一起。
③ 进行有毒化学试剂实验时，化学试剂应轻拿轻放，严禁碰撞、翻滚以免摔破漏出。
④ 操作时，应穿戴防护服、口罩、手套。
⑤ 实验时严禁饮食、吸烟。
⑥ 实验后应洗澡和更换衣物。

9. 放射性物品储存的安全要求

放射性物品：如钴60、独居石、镭、天然铀等。

注意事项如下。
① 用铅制罐、铁制罐或铅铁组合罐盛装。
② 实验操作人员必须做好个人防护，工作完毕后必须洗澡更衣。
③ 严格按照放射性物质管理规定管理放射源。

10. 腐蚀性物质储存的安全要求

腐蚀性化学试剂：酸性腐蚀性化学试剂，如硝酸、硫酸、盐酸、五氯化硫、磷酸、甲酸、氯乙酰氯、冰醋酸、氯磺酸、溴素等；碱性腐蚀性化学试剂，如氢氧化钠、硫化钠、乙醇钠、二乙醇胺、二环己胺、水合肼等。

注意事项如下。
① 腐蚀性化学试剂的品种比较复杂，应根据其不同性质分别存放。
② 易燃、易挥发物品，如甲酸、溴乙酰等应放在阴凉、通风处。
③ 受冻易结冰物品，如冰醋酸，低温易聚合变质的物品，如甲醛，则应存放在冬暖夏凉处。
④ 有机腐蚀品应存放在远离火种、热源及氧化剂、易燃品、遇湿易燃物品的地方。
⑤ 遇水易分解的腐蚀品，如五氧化二磷、三氯化铝等应存放在较干燥的地方。
⑥ 漂白粉、次氯酸钠溶液等应避免阳光照晒。
⑦ 碱类腐蚀品应与酸分开存放。
⑧ 氧化性酸应远离易燃物品。
⑨ 实验室应备诸如苏打水、稀硼酸水、清水一类的救护物品和药水。
⑩ 实验时应穿戴防护用品，避免洒落、碰翻、倾倒腐蚀性化学试剂。
⑪ 实验时，人体一旦误触腐蚀性化学试剂，接触腐蚀性化学试剂的部位应立即用清水冲洗5~10min，视情况决定是否就医。

任务3 危险化学品安全运输

一、危险化学品运输可能存在的危险、危害因素

由于超载装运、运输车辆未采取安全防护措施、车辆及其零部件发生故障、司机违章驾车、路况或气象条件不良等原因可能导致运输车辆发生撞车、倾翻等，致使发生危险化学品泄漏、火灾、爆炸事故。

二、从事危险化学品运输的基本要求

根据《危险化学品安全管理条例》（以下简称条例）规定，国家对危险化学品的运输实

行资质认定制度，没有经过资质认定的单位不得运输危险化学品。通过公路运输危险化学品的托运人，只能委托具有化学危险品运输资质的企业承运，对于从事危险化学品运输的人员如驾驶人员、装卸管理人员、押运人员等，必须经交通管理部门考核合格，取得上岗资格证后，才能上岗作业。

（一）从事危险化学品运输的基本要求

① 根据《条例》规定，国家对危险化学品的运输实行资质认定制度，没有经过资质认定的单位不得运输危险化学品。通过公路运输危险化学品的托运人，只能委托具有化学危险品运输资质的企业承运，对于从事危险化学品运输的人员如驾驶人员、装卸管理人员、押运人员等，必须经交通管理部门考核合格，取得上岗资格证后，才能上岗作业。

② 加强从业人员培训教育，增强法律意识和业务素质。从事危险化学品运输的单位必须组织从业人员学习有关危险化学品运输的法律、法规，提高从业人员的法律意识。危险化学品种类繁多，各有各的危险特性，发生事故后的处置方法也不一样，所以企业应组织驾驶员、押运员等进行学习，使其熟练掌握经常接触到的危险化学品的危险性知识以及安全运输的具体要求，了解包装的使用特性和正确的防护处置方法，在发生意外事故时，能在第一时间采取有效措施，减少危害。

③ 选择合适的包装容器，正确装运货物。不同的危险化学品具有不同的危险性，在装运货物时，针对其特性，选择合适的包装容器。《条例》规定，用于危险化学品运输工具的槽罐以及其他容器必须由专业生产企业定点生产，并经检测，检验合格的才能使用。装运货物时还要正确配装货物，不能混运混装，特别是性质相抵触的、灭火方法不一致的，绝对不能同车运输。

装配货物时，还应注意包装和衬垫材料，包装要牢固、紧密，特别是装运有毒物品、腐蚀性物品的外包装一定要符合要求。

（二）做好运输准备工作，安全驾驶

运输危险化学品由于货物自身的危害性，应配置明显的符合标准的"危险品"标志。佩戴防火罩、配备相应的灭火器材和防雨淋的器具。车辆的底板必须保持完好，车厢的底板若是铁质的，应铺垫木板或橡胶板。载运危险化学品的车辆必须处于良好的技术状态，做好行车前车辆状况检查。行驶过程中，司机要选择平坦的道路，控制车速、车距，遇有情况，应提前减速，避免紧急制动。路途不能随意停车，装载剧毒、易燃易爆物品的车辆不得在居民区、学校、集市等人口稠密处停放。运输途中驾驶员要精力充沛、思想集中，杜绝酒后开车、疲劳驾驶和盲目开快车，保证安全行驶。

（三）运输系统危害辨识

危险化学品的运输中，危害不仅存在，而且形式多样，很多危险源不是很容易就被发现。所以运输人员应采取一些特定的方法对其潜在的危险源进行识别，危害辨识是控制事故发生的第一步，只有识别出危险源的存在，找出导致事故的根源，才能有效控制事故的发生。

（四）事故应急处置

运输危险化学品因为交通事故或其他原因，发生泄漏，驾驶员、押运员或周围的人要尽快设法报警，报告当地公安消防部门或地方公安机关，尽可能采取应急措施，或将危险情况告知周围群众，尽量减少损失。

运输的危险化学品若具有腐蚀性、毒害性，在处理事故过程中，采取危险化学品"一书

一签"（安全技术说明书、安全标签）中相应的应急处理措施，尽可能降低腐蚀性、毒害性物品对人的伤害。现场施救人员还应根据有毒物品的特性，穿戴防毒衣、防毒面具、防毒手套、防毒靴，防止有毒物品通过呼吸道、皮肤接触进入人体，穿戴好防护用品，可减少身体暴露部分与有毒物质接触，减少伤害。

（五）加强对现场外泄化学品监测

危险化学品泄漏处置过程中，还应特别注意对现场物品泄漏情况进行监测。特别是剧毒或易燃易爆化学品的泄漏更应该加强监测，向有关部门报告检测结果，为安全处置决策提供可靠的数据依据。

三、危险化学品运输安全技术与要求

化学品在运输中发生事故的情况比较常见，全面了解并掌握有关化学品的安全运输规定，对降低运输事故具有重要意义。

① 国家对危险化学品的运输实行资质认定制度，未经资质认定，不得运输危险化学品。

② 托运危险物品必须出示有关证明，在指定的铁路、公路交通、航运等部门办理手续。托运物品必须与托运单上所列的品名相符。

③ 危险物品的装卸人员，应按装运危险物品的性质，佩戴相应的劳动防护用品，装卸时必须轻装轻卸，严禁摔拖、重压和摩擦，不得损毁包装容器，并注意标志，堆放稳妥。

④ 危险物品装卸前，应对车（船）搬运工具进行必要的通风和清扫，不得留有残渣。对装有剧毒物品的车（船），卸车（船）后必须洗刷干净。

⑤ 装运爆炸、剧毒、放射性、易燃液体、可燃气体等物品，必须使用符合安全要求的运输工具；禁忌物料不得混运；禁止用电瓶车、翻斗车、铲车、自行车等运输爆炸物品。运输强氧化剂、爆炸品及用铁桶包装的一级易燃液体时，没有采取可靠的安全措施时，不得用铁底板车及汽车挂车；禁止用叉车、铲车、翻斗车搬运易燃、易爆液化气体等危险物品；温度较高地区装运液化气体和易燃液体等危险物品，要有防晒设施；放射性物品应用专用运输搬运车和抬架搬运，装卸机械应按规定负荷降低25%的装卸量；遇水燃烧物品及有毒物品，禁止用小型机帆船、小木船和水泥船承运。

⑥ 运输爆炸、剧毒和放射性物品，应指派专人押运，押运人员不得少于2人。

⑦ 运输危险物品的车辆，必须保持安全车速，保持车距，严禁超车、超速和强行会车。运输危险物品的行车路线，必须事先经当地公安交通部门批准，按指定的路线和时间运输，不可在繁华街道行驶和停留。

⑧ 运输易燃、易爆物品的机动车，其排气管应装阻火器，并悬挂"危险品"标志。

⑨ 运输散装固体危险物品，应根据其性质，采取防火、防爆、防水、防粉尘飞扬和遮阳等措施。

⑩ 禁止利用内河以及其他封闭水域运输剧毒化学品。通过公路运输剧毒化学品的，托运人应当向目的地的县级人民政府公安部门申请办理剧毒化学品公路运输通行证。办理剧毒化学品公路运输通行证时，托运人应当向公安部门提交有关危险化学品的品名、数量、运输始发地和目的地、运输路线、运输单位、驾驶人员、押运人员、经营单位和购买单位资质情况的材料。

⑪ 运输危险化学品需要添加抑制剂或稳定剂的，托运人交付托运时应当添加抑制剂或者稳定剂，并告知承运人。

⑫ 危险化学品运输企业，应当对其驾驶员、船员、装卸管理人员、押运人员进行有关

安全知识培训。驾驶员、装卸管理人员、押运人员必须掌握危险化学品运输的安全知识，并经所在地设区的市级人民政府交通部门考核合格，船员经海事管理机构考核合格取得上岗资格证，方可上岗作业。

[案例 3-1]　见表 3-4。

表 3-4　2015 年度危化品行业安全事故汇总

时间	地点	事故概述	泄漏危化物及特性	后果
3月13日	江西福银高速昌九段永修至新祺周之间	一辆装载4t氢氟酸的危化品运输车发生侧翻	氢氟酸为高危害毒物，有强烈刺激性	一名驾驶员受伤，有氢氟酸泄漏，事故路段短时封锁
4月1日	福建省平潭娘宫附近海域	一艘载有750t丙烯酸丁酯化学品的商船触礁翻覆	丙烯酸丁酯属于低毒类化学品	发生泄漏，对附近水产品有一定影响
4月6日	福建某芳烃公司	某芳烃公司二甲苯（PX）装置发生漏油着火事故，引发装置附近中间罐区三个储罐爆裂燃烧	二甲苯装置在运行过程当中输料管焊口断裂，泄漏出来的物料被吸入到炉膛，因高温导致燃爆	事故造成2人重伤，12人轻伤，周围大概1.4万人紧急转移
5月6日	山东济南104国道崮山大刘村附近	一辆载有危化品的大货车侧翻	易燃易爆	液体泄漏，冒出滚滚白烟，现场有刺鼻气味
5月12日	长江白洋水域	一艘装载700t液碱的化学品船突发火灾	液态碱属于一般化学品	及时扑救
5月28日	河南滑县高速路上	一辆油罐车发生侧翻后爆炸	汽油易燃易爆	两名司机死亡
6月18日	南京长江二桥水域	一艘运载280余吨液碱的罐体货船翻沉	液态碱属于一般化学品	2人失踪，化学品未泄漏
7月14日	江苏盐城	一辆行驶中的油罐车发生爆炸	汽油易燃易爆	未造成人员伤亡
8月12日	天津港某公司危险品仓库	危化品集装箱起火引发两次爆炸	仓库里有危险品40种左右，氧化物共有1300t左右，易燃的物体有500t左右，剧毒物700t左右	共发现遇难者165人，其中公安消防24人，天津港消防75人，民警11人，其他55人。失联人数为8人，其他3人
8月16日	四川省道215线康定境内	一辆装满汽油的油罐车与货车相撞，油罐车大量汽油泄漏	汽油易燃易爆	汽油泄漏，无人员伤亡
8月19日	浙江台州，沈海高速临海汇溪镇下曼村附近	三车连环撞，一危化品车翻落，现场散发出刺鼻异味	二苯基甲烷二异氰酸酯有毒，吸入较多会影响肺功能	交通事故造成2人死亡，危化品少量泄漏
8月21日	江西南昌	装载8桶不明危化品的货车发生泄漏	二乙基吡啶易燃易爆有毒	三名附近群众吸入有毒气体造成中毒，10h后处理完毕
8月24日	福建泉三高速大田段	满载16t危化品二甘醇的槽罐车被追尾发生泄漏	二甘醇具有低毒	处置及时
8月25日	江苏苏州沿江高速张家港枢纽附近	一辆装有29t多丁酮的槽罐车，被一辆货车追尾，丁酮发生泄漏	丁酮具有毒性，丁酮蒸气与空气可形成爆炸性混合物	处置及时，未造成人员伤亡
8月28日	广东陆丰市沈海高速陆丰龙山路段	一辆装载5桶亚硝酸胺的货车遭追尾，撞上对向大客车	亚硝酸胺在高温下可能爆炸	大客车上5人死亡、20人受伤，亚硝酸胺轻微泄漏

续表

时间	地点	事故概述	泄漏危化物及特性	后果
9月8日	陕西宝鸡	一辆载运27.6t五硫化二磷的半挂车雨中侧翻	五硫化二磷遇水可产生剧毒气体	20h排险,处置及时,未造成人员伤亡及次生灾害
9月9日	江苏苏州苏嘉杭高速吴江南出口附近	装载丙烯酸异辛酯的危化品车追尾泄漏	丙烯酸异辛酯易燃易爆,对眼睛、呼吸道有刺激	部分危化品泄漏,及时排除险情
9月14日	北京京津高速通州	一辆载有20t芳香烃类易燃易爆化学品的罐车侧翻泄漏	芳香烃类易燃易爆	驾驶员受伤,液体泄漏
9月20日	湖北黄石	一辆运输醋酸酐的槽罐车侧翻泄漏	醋酸酐有低毒、易燃易爆、催泪等特性	车上两人死亡,醋酸酐泄漏
9月21日	浙江嘉兴嘉绍高速公路	一辆载有28t挥发性浓硝酸的危化品货车发生翻车事故	超强浓硝酸,具有很强的刺激性和挥发性	押运员受伤,多名抢险人员有不良反应,经过及时抢险未造成大面积环境污染
10月20日	江苏靖江	装载25t醋酸正丁酯危化品的槽罐车翻车	醋酸正丁酯属3类易燃液体	押运员受伤,5t危化品泄漏
10月22日	北京平谷区刘家店镇密三路附近	一辆危化品(氨水)槽车在行驶中后侧轮胎突发大火	氨水有毒,对眼、鼻、皮肤有刺激性和腐蚀性,能使人窒息	处置及时,成功排除险情
10月30日	沪昆高速江西新余段	一辆满载烟花爆竹的大货车发生爆炸	烟花爆竹易引发爆炸	共造成3人遇难、1人重伤,对面车道一车被气浪掀翻致高速路基外引发燃烧
11月2日	日东高速10km将帅沟段	一载装载有29.5t丁酯化学品车辆发生侧翻自燃,现场冒出浓重的黑烟,道路成火海	丁酯具有刺激性,高浓度时有麻醉性	危化品大货车已经被烧毁,导致一名副驾驶不幸身亡
11月2日	杭瑞高速九景段	12辆车追尾,其中有一辆装载甲醇的槽罐车	甲醇是一种无色、透明、易燃、易挥发的有毒液体	危险品泄漏,无人员伤亡
11月2日	长春绕城高速春城服务区	一辆装载30t柴油的油罐车追尾了一辆翻斗车	柴油对人体具有麻醉和刺激的作用	车祸发生后导致油罐车泄漏起火,火势十分凶猛,驾驶员受伤
11月4日	四川乐山市市中区	两辆大货车发生追尾事故,其中一辆危险化学品运输车罐体破损	硫酸对皮肤、黏膜等组织有强烈的刺激和腐蚀作用,对水体和土壤可造成污染	导致约8t 98%的浓硫酸大量泄漏,空气中弥漫着刺鼻的气味
11月5日	山东滨州	长深高速山东滨州段发生三辆危险品车辆相撞事故	溴化钠属低毒,对眼睛、皮肤有刺激作用	盐酸大量泄露,导致高速封路五个多小时,另一事故中三车相撞,都被烧成骨架,致一人死亡。
11月8日	祥符区310国道杜良乡召讨营	一辆满载甲基叔丁基醚的槽罐车与一辆满载液态沥青的槽车相撞	MTBE具有一定的毒性,对上呼吸道、眼睛黏膜有刺激反应,高浓度的MTBE可致癌	2人被困,装有MTBE的槽罐车因撞击变形导致无色具有特殊气味的液体泄漏
11月8日	山东无棣	一辆运输危险品"苯"的罐车直接冲进无棣县"中海石化"加油站内	苯遇热、明火、强氧化剂燃烧,热分解产辛辣刺激烟雾,与空气混合可爆	加油站立柱已经变形,顶棚严重倾斜,车上所运输的危险品"苯"泄漏,车上三人都受了伤
11月16日	长白公路绕城高速长春西进出口	一辆载有10t液化天然气的槽罐车,在长白公路绕城高速长春西进出口附近起火	液化天然气属于易燃气体	火势已严重威胁天然气罐体,随时都有可能发生爆炸,导致事故附近道路封闭

续表

时间	地点	事故概述	泄漏危化物及特性	后果
11月17日	省道316线巢(湖)庐(江)路冶父山镇境内	满载29t液态石油添加剂异辛烷的槽罐车，失控冲向道路右侧，撞断一根高压电线杆后直冲入路边院内	异辛烷属易燃品，遇强氧化剂会引起燃烧爆炸，有刺激性，易挥发	两户人家三间房屋倒塌，巨大撞击导致槽罐车车体损毁严重，驾驶员受伤，异辛烷发生少量泄漏
11月19日	104国道宜兴金鸡山路段	一辆装有29.68t二甲苯的油罐车与一辆装有饮料的大型厢式货车追尾相撞	二甲苯易燃，吸入及皮肤接触有害，刺激皮肤	危化品车上二甲苯泄漏，引发两车起火，一人死亡一人受伤，车辆及货物被烧毁
11月19日	大广高速往大冶收费站两公里处	一辆装载28.88t二甲苯的危化品运输车，车后轮胎刹车片无法回位导致温度过高轮胎起火	二甲苯易燃，吸入及皮肤接触有害，刺激皮肤	无危化品泄漏和人员伤亡
11月23日	京昆高速陕西往四川广元方向朝天段古家山隧道口	一辆载33t辛烷的罐车，因避让车辆刹车过猛，致自身车头与罐体相撞，横挡在京昆高速中间	辛烷高度易燃，刺激皮肤，对水生生物有极高毒性，可能对水体环境产生长期不良影响	事故造成运输车罐体变形受损，该路段堵车约10km
11月23日	楼房沟	一辆载33t甲醇的罐车，驶至楼房沟处，与前面三辆拖挂车追尾	甲醇是一种无色、透明、易燃、易挥发的有毒液体	罐车内大量甲醇向车身及路面流淌，泄漏的甲醇已流淌到事故现场百余平方米，充斥着刺激性气味
11月25日	连云港市东海县迎宾大道东天桥	一辆装载化工原料的半挂车撞到桥面护栏，导致车上多个装有化学原料的塑料桶散落，部分危化品泄漏	亚磷酸二甲酯易燃，闪电29℃，溶于水，与皮肤接触有害，刺激眼睛	危化品泄漏，及时排险
11月29日	新疆乌奎高速	一辆运送33t柴油添加剂液化苯的油罐车被一辆小轿车追尾，罐车尾部的泄油阀开裂，发生泄漏	苯属于3.2类中闪点易燃液体，为致癌物	罐车尾部的泄油阀开裂，发生泄漏，无人员伤亡
11月30日	徐州新沂市205国道夏塘段	一辆载30t液碱的危险化学品槽罐车撞到了道路清扫车	氢氧化钠有强烈刺激和腐蚀性，燃烧可产生有害的毒性烟雾	车头变形，驾驶员被困
11月30日	莱州市	一辆空载半挂车与空载危化品车辆相撞，机油、柴油洒落满地	机油、柴油对人体具有麻醉和刺激的作用	车头严重变形，驾驶员被困
12月1日	滨德高速	一辆重型危化品运输货车在滨德高速上发生侧翻，直接冲出高速公路之外	柴油对人体具有麻醉和刺激的作用	罐体破裂，30t成品柴油发生泄漏，头严重变形，驾驶室内的两人受伤
12月1日	连霍高速	一辆重型半挂牵引车牵引重型罐式半挂车载运甲醇29.4t，在连霍高速车辆侧滑失控冲撞中央隔离带护栏	甲醇是一种无色、透明、易燃、易挥发的有毒液体	清障救援工作历时6h，采取道路双向封闭管制
12月1日	德州市境内滨德高速庆云段	一辆冀牌重型危化品运输30t柴油，由于行驶过快导致刹车不及发生侧翻	柴油对人体具有麻醉和刺激的作用	车上所载危化品发生泄漏，空气中弥漫着一股刺鼻的气味，驾驶员受伤

续表

时间	地点	事故概述	泄漏危化物及特性	后果
12月6日	福银高速宁夏段	一辆拉载的31t甲醇废液的危化品车发生侧翻,车头和罐体分离,罐体与道路摩擦致使罐体左侧破损	甲醇是一种无色、透明、易燃、易挥发的有毒液体	31t甲醇废液全部泄漏,无人员伤亡
12月7日	咸阳泾阳县泾永二级路南流村段	一辆运载29t丙烯酸正丁酯的危化品运输罐车与一辆运载生猪的轻型卡车碰撞发生侧漏	丙烯酸正丁酯易燃,对眼睛、黏膜和呼吸道有刺激作用	轻型卡车司机受伤,危化品运输罐车罐体出现裂缝,丙烯酸正丁酯发生泄漏,事故无人员死亡
12月9日	广西南宁市青秀区茅桥路	一辆满载危险化学品的车辆撞上茅桥路上的限高架,该车装载着乙烯、二氧化碳、氢气的储气罐	二氧化碳气体浓度严重时可能导致严重缺氧,造成永久性脑损伤、昏迷,甚至死亡	车辆挡风玻璃被震碎,车内运输的二氧化碳气罐发生泄漏
12月10日	京沪高速江苏省扬州市宝应段	一辆装载23t五氯化磷的大货车紧急刹车,车上危化品桶因惯性几乎都翻下车	五氯化磷中等毒类,有刺激性,遇水发热、冒烟甚至燃烧爆炸	不少破损泄漏,遇雨水强烈反应,腾起浓浓的烟雾,有刺激性,情况紧急
12月10日	京沪高速公路江苏淮安市段	三车追尾,一辆满载29.4t醋酸丁酯的槽罐车和一辆半挂车起火,大火将两辆车吞噬,两辆车车头严重变形	醋酸丁酯属易燃,有刺激性,高浓度时有麻醉性	火势猛烈,并在高速公路斜坡下形成流淌火
12月10日	S19高速张家港鹿苑出口处	一辆装有约24t环氧树脂的危险品槽罐车侧翻在S19高速鹿苑出口处的匝道上	柴油对人体具有麻醉和刺激的作用	槽罐车罐体部分受损,油箱破损柴油泄漏,所幸罐体未发生泄漏
12月23日	长深高速滨州段滨城出口(3号口)	一危化品车追尾,导致丙烯酸乙酯泄漏	丙烯酸乙酯易燃、有辛辣的刺激性气味,能与乙醇、乙醚混溶,有低毒性,对动物有致癌作用	泄漏气体弥漫方圆10km,收费站除值班领导、队长坚守岗位外全站人员已紧急撤离,高速主线临时封闭

注:摘自国家安监总局网站。

项目四
燃烧爆炸伤害预防

任务 1　了解石油化工燃烧爆炸的特点

一、石油化工生产的特点

石油化工产品的生产一般要经过物理变化和化学反应，不仅工艺复杂而且有些反应十分剧烈，极易失控。由于大多在反应器或管道中进行，难于监视，所以石油化工生产比其他工业具有更特殊的潜在危险性。一旦操作条件发生变化、工艺受到干扰，或因人为原因造成误操作，潜在的危险就会发展成为火灾爆炸事故。生产石油化工产品所用的原料、中间体甚至产品都具有易燃、易爆、剧毒、腐蚀的特性，生产大多在高温、高压、高速、低压、深冷等苛刻条件下进行，经常因处理不当而发生火灾或爆炸事故。

石油化工生产的特点可以概括为"一高、二大、三密集，四多、五毒、六立体"。

1. 生产工艺控制高参数

现代石油化工生产，许多工艺过程都采用了高温、高压、高真空、高空速、深冷等工艺控制高参数，使生产操作更为严格、困难，同时也增大了火灾危险性。高压聚乙烯工艺的压力控制超过 270MPa。

2. 装置规模大型化

当前，石油化工生产规模越来越大型化，因而，对工艺设备的处理能力、材质和工艺参数要求更高，给设备制造带来极大的困难，同时也增大了潜在的火灾危险性。西部管道工程兰州原油末站将建设 2 座 15 万立方米原油罐，这两座原油储罐是中国石油目前容积最大的储罐。

3. 生产装置高度密集

根据生产工艺的要求，化工生产装置都是集中布置的，密度大，间距小，设备、管道交错排列，纵横串通。生产装置高度密集，在火灾条件下，因热对流、辐射、传导的作用，易发生链锁式爆炸燃烧，扩大燃烧面积。

4. 生产综合化，产品多样化

石油化工企业生产各种油品、液化石油气等燃料和乙烯、丙烯、苯、对二甲苯、氢等多种石油化工原料，并加工成对苯二甲酸二甲酯、环氧乙烷、乙二醇、硝酸、环己烷、醇酮、乙二酸、己二胺、己二氰、尼龙等中间体，中间体又进一步加工出聚丙烯、聚乙烯、聚酯树脂、锦纶长丝、涤纶短纤维等化工产品。

5. 石化产品大多是易燃易爆或有毒物质

石化企业生产燃料和化工产品，热值高、燃烧速度快，有爆炸危险，而且大部分物质充满毒性，有的甚至剧毒。

6. 装置与管道纵横交错，立体交叉

装置区内的各设备之间，装置区之间的介质输送都是通过管道来完成的；大型石化企业的生产区内管线立体架设，纵横交错，管线大都采取温控等安全措施，不易发生火灾，一旦发生火灾立体燃烧。

二、石油化工火灾爆炸的特点

1. 爆炸危险性大

爆炸是石化火灾的一个显著特点。从许多火灾案例中不难看出，石化装置发生火灾后，既有物理爆炸，也有化学爆炸，有先爆炸后燃烧，也有先燃烧后爆炸。无论哪种爆炸都会使建筑结构倒塌，人员伤亡，管线设备移位破裂，物料喷洒流淌，使火场情况更为复杂，给扑救火灾带来很大的困难。吉林石化"11·13"火灾，先后发生15次爆炸。

2. 燃烧面积大

液体具有良好的流动特性，气体具有较好的扩散性。当其从设备内泄放时，便会四处流淌扩散。特别是容量较大的设备，当遭受严重破坏时，其内流体便会急速涌泄而出。造成大面积火灾。此外，爆炸性物料和反应设备爆炸时的飞火，也能造成大面积火灾。如不及时控制，则极易造成大面积燃烧和燃烧中的设备爆炸事故。

3. 易形成立体火灾

由于生产装置内存有易流淌扩散的易燃易爆介质，且生产设备高大密集呈立体布置，框架结构孔洞较多。所以，一旦初期火灾控制不利，就会使火势上下左右迅速扩展，而形成立体火灾。

4. 燃烧速度快

石化装置发生火灾后，燃烧速度快，蔓延迅速。其原因：一是装置发生爆炸，在可能的范围内形成高温燃烧区，火势迅速向各个方向蔓延波及，甚至再次引起爆炸，进一步形成更大面积的燃烧。二是石化物料热值大，燃烧后产生热辐射，迅速加热周围毗连的容器设备，致使相邻容器管道内的物料迅速增压、挥发或分解，为火势扩大创造了条件。三是物料的流淌扩散性，特别是可燃气体的扩散，增加了火势瞬间扩大的危险性，加之立体火灾的形式。所以，石化火灾在很短的时间内能波及相当大的燃烧范围，发热量大，燃烧速度快。

5. 灭火作战难度大，需要的消防力量多

石油化工装置火灾与爆炸的特点决定了其火灾扑救难度和消防力量的消耗。石化火灾如果在初期得不到控制，则多以大火场的形式出现。因此，只有调集较多的灭火力量，才有可能控制发展迅猛的火势。

火灾现场毒性物质的扩散和腐蚀性物质的喷溅流淌，严重影响着灭火战斗行动，给火灾扑救带来很大的困难，从而降低了灭火的时效性。不同类型的石化火灾，应选用不同的灭火剂，采取不同的灭火战术方法，常规战法往往难以奏效。因此，石化装置的火灾扑救具有相当的难度。吉林石化"11·13"火灾，吉林市消防支队迅速调集11个公安消防中队，吉化消防支队5

个大队，共87台消防车、467名指战员赶赴现场进行灭火救援。吉林省消防总队接到报告后，迅速出动17名官兵并调动长春市消防支队3个中队、9台消防车、43名指战员增援。

6. 火灾损失大，易造成重大污染

工业企业火灾或爆炸所造成的损失都较公共或民用建筑火灾损失要大，而石化企业的火灾损失和人员伤亡又高于其他类工业企业。火灾统计资料表明，石化企业每次火灾的平均经济损失较其他生产企业要高五倍以上，而且经常出现火灾损失高达百万的火灾。在石化火灾中，石化装置火灾所造成的经济损失又居第一位。由于石油产品的物理化学性质，一旦发生火灾爆炸，往往会引起重大污染事件。吉林石化"11·13"火灾，直接经济损失7000余万元，并且引起松花江流域的重大污染。

任务 2　灭火剂的选择

一、火灾的种类

火灾种类根据着火物质及其燃烧特性划分为以下5类。

A类火灾：指含碳固体可燃物，如木材、棉、毛、麻、纸张等燃烧的火灾；

B类火灾：指甲、乙、丙类液体甲醇、乙醚、丙酮等燃烧的火灾；

C类火灾：指可燃气体，如煤气、天然气、甲烷、丙烷、乙炔、氢气等燃烧的火灾；

D类火灾：指可燃金属，如钾、钠、镁、钛、锆、锂、铝镁合金等燃烧的火灾；

带电火灾：指带电物体燃烧的火灾。

二、灭火剂的选择

常用的灭火剂有水、水蒸气、泡沫液、二氧化碳、干粉、卤代烷等。

1. 水

（1）水的灭火作用

水是最常用的灭火剂，它资源丰富，取用方便。水的热容量大，1kg水温度升高1℃，需要4.1868kJ的热量；1kg 100℃的水汽转化成水蒸气则需要吸收2.2567kJ的热量。因此水能从燃烧物中吸收很多热量，使燃烧物的温度迅速下降，燃烧终止。

（2）灭火时水的形态

① 直流水和开花水；

② 雾状水；

③ 细水雾。

（3）不能用水扑灭的火灾

① 密度小于水和不溶于水的易燃液体的火灾，如汽油、煤油、柴油等油品（密度大于水的可燃液体，如二硫化碳可以用喷雾水扑救，或用水封阻火势的蔓延）。

② 遇水产生燃烧物的火灾，如金属钾、钠、碳化钙等，不能用水，而应用砂土灭火。

③ 硫酸、盐酸和硝酸引发的火灾，不能用水流冲击，因为强大的水流能使酸飞溅，流出后遇可燃物质，有引起爆炸的危险。酸溅在人身上，能灼伤人。

④ 电气火灾未切断电源前不能用水扑救，因为水是良导体，容易造成触电。

⑤ 高温状态下化工设备的火灾不能用水扑救，以防高温设备遇冷水后骤冷，引起形变或爆裂。

2. 泡沫灭火剂

泡沫灭火剂是扑救可燃、易燃液体的有效灭火剂，它主要是在液体表面生成凝聚的泡沫漂浮层，起窒息和冷却作用。泡沫灭火剂分为化学泡沫、空气泡沫、氟蛋白泡沫、水成膜泡沫和抗溶性泡沫等。

$$6NaHCO_3 + Al_2(SO_4)_3 \longrightarrow 2Al(OH)_3 + 3Na_2SO_4 + 6CO_2$$

3. 二氧化碳灭火剂

二氧化碳在通常状态下是无色无味的气体，相对密度为 1.529，比空气重，不燃烧也不助燃。将经过压缩液化的二氧化碳灌入钢瓶内，便制成二氧化碳灭火剂（MT）。从钢瓶里喷射出来的固体二氧化碳（干冰）温度可达 $-78.5℃$，干冰气化后，二氧化碳气体覆盖在燃烧区内，除了窒息作用之外，还有一定的冷却作用，火焰就会熄灭。

由于二氧化碳不含水、不导电，所以可以用来扑灭精密仪器和一般电气火灾，以及一些不能用水扑灭的火灾。

但是二氧化碳不宜用来扑灭金属钾、钠、镁、铝等及金属过氧化物（如过氧化钾、过氧化钠）、有机过氧化物、氯酸盐、硝酸盐、高锰酸盐、亚硝酸盐、重铬酸盐等氧化剂的火灾。

4. 干粉灭火剂

干粉灭火剂（MF）的主要成分是碳酸氢钠、少量的防潮剂硬脂酸镁及滑石粉等。用干燥的二氧化碳或氮气作动力，将干粉从容器中喷出，形成粉雾喷射到燃烧区，干粉中的碳酸氢钠受高温作用发生分解，其化学反应方程式如下：

$$2NaHCO_3 \longrightarrow Na_2CO_3 + H_2O + CO_2$$

该反应是吸热反应，反应放出大量的二氧化碳和水，水受热变成水蒸气并吸收大量的热能，起到一定的冷却和稀释可燃气体的作用。

5. 水型灭火剂

水型灭火剂（MS）也叫酸碱灭火剂，它是用碳酸氢钠与硫酸相互作用，生成二氧化碳和水，其化学反应方程式为：

$$2NaHCO_3 + H_2SO_4 \Longleftrightarrow Na_2SO_4 + 2H_2O + 2CO_2$$

这种水型灭火剂用来扑救非忌水物质的火灾，它在低温下易结冰，天气寒冷的地区不适合使用。

6. 卤代烷灭火剂

卤代烷的灭火原理主要是抑制燃烧的连锁反应，它们的分子中含有 1 个或多个卤素原子，在接触火焰时，受热产生的卤素离子与燃烧产生的活性氢基化合，使燃烧的连锁反应停止。此外，它兼有一定的冷却、窒息作用。卤代烷灭火剂的灭火效率比二氧化碳和四氯化碳要高。

为了保护大气臭氧层，应《中国消防行业哈龙整体淘汰计划》中要求，我国已于 2005 年停止生产卤代烷灭火剂。

7. 四氯化碳灭火剂

四氯化碳是无色透明液体，不自燃、不助燃、不导电、沸点低（76.8℃）。当它落入火区时迅速蒸发，由于其蒸气重（约为空气的 5.5 倍），很快密集在火源周围，起到隔绝空气的作用。当空中含有 10% 的四氯化碳蒸气时，火焰将迅速熄灭，故它是一种很好的灭火剂，特别适用于电气设备的灭火。

四氯化碳有一定的腐蚀性，对人体有毒害，在高温时能生成光气。

8. 7501 灭火剂

7501 灭火剂是一种无色透明的液体，主要成分为三甲氧基硼氧烷，其化学式为

$(CH_3O)_3B_2O_3$，是扑灭镁铝合金等轻金属火灾的有效灭火剂。

9. 烟雾灭火剂

烟雾灭火剂是在发烟火药基础上研制的一种特殊灭火剂，呈深灰色粉末状。烟雾灭火剂中的硝酸钾是氧化剂，木炭、硫黄和三聚氰胺是还原剂，它们在密闭系统中可维持燃烧而不需外部供氧。碳酸氢钠为缓燃剂，可降低发烟剂的燃烧速度，使其维持在适当的范围内不致引燃或爆炸。烟雾灭火剂燃烧产物为85%以上的二氧化碳和氮气等不燃气体。

任务 3　灭火器的使用

一、灭火器标志的识别

灭火器铭牌常贴在筒身上或印刷在筒身上，并印有下列内容，在使用前应详细阅读。

① 灭火器的名称、型号和灭火剂类型。

② 灭火器的灭火种类和灭火级别。要特别注意的是，对不适应的灭火种类，其用途代码符号是被红线划过去的。

③ 灭火器的使用温度范围。

④ 灭火器驱动器气体名称和数量。

⑤ 灭火器生产许可证编号或认可标记。

⑥ 生产日期、制造厂家名称。

二、灭火器使用

灭火器的使用方法见表4-1～表4-3。

表 4-1　干粉灭火器的使用方法

适用范围：适用于扑救各种易燃、可燃液体和易燃、可燃气体火灾，以及电器设备火灾	
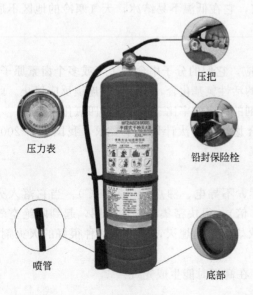	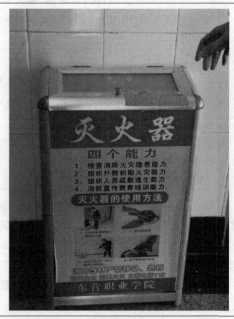
灭火器主要结构	灭火器存放装置

续表

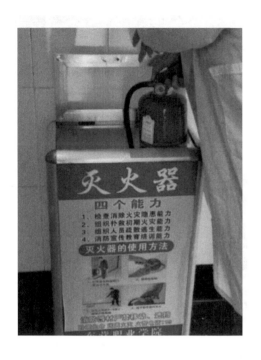 打开灭火器箱,轻轻提起灭火器	 右手提着灭火器到现场
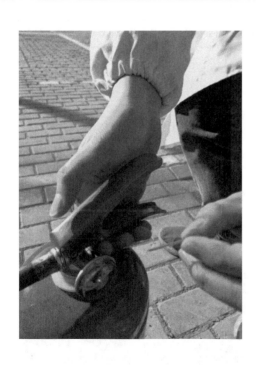 除掉铅封	 拔掉保险销

续表

左手握住喷管，右手提着压把	在距离火焰2m处的地方，右手用力压下压把，左手拿着喷管左右摇摆，喷射干粉覆盖整个着火区域

表4-2 二氧化碳灭火器的使用方法

主要适用于各种易燃、可燃液体、可燃气体火灾，还可扑救仪器仪表、图书档案、工艺器和低压电器设备等的初起火灾

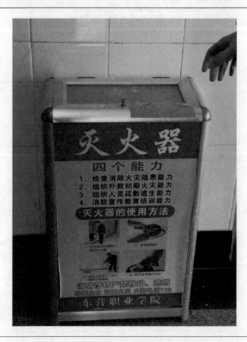

熟悉二氧化碳灭火器主要结构	存放灭火器装置

续表

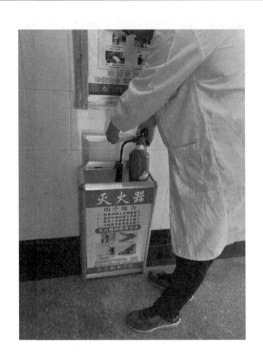 打开灭火器箱,轻轻提起灭火器	 右手提着灭火器到现场
 除掉铅封	 拔掉保险销

在距离火焰2m处的地方,左手拿着喇叭筒,右手用力压下压把	对着火焰根部喷射,并不断推前,直至火焰被扑灭

表 4-3　推车式干粉灭火器使用方法

主要适用于扑救易燃液体、可燃气体和电器设备的初起火灾。本灭火器移动方便,操作简单,灭火效果好

	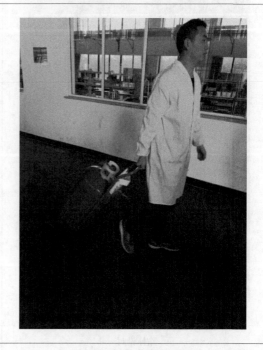
熟悉灭火器主要结构	把干粉车拉或推到现场

续表

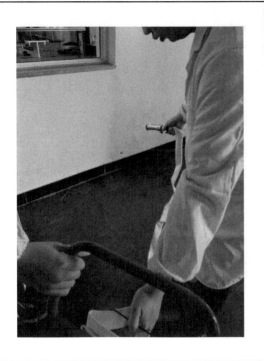 右手抓住喷粉枪,左手顺势展开喷粉专业管,直至平直,不能弯折或打弯	除掉铅封
 拔出保险销	 用手掌按下供气阀门

续表

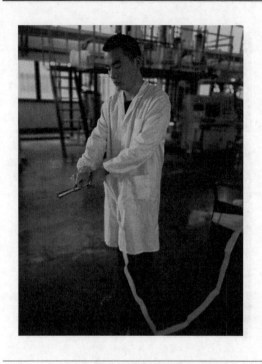	
距离火焰10m，左手持喷粉枪管托，右手持枪扳动喷粉开关	对准火焰喷射，不断靠前左右摇摆，喷射干粉覆盖整个着火区域，直至把火扑灭为止

任务 4 生产装置初起火灾扑救

一、火灾的发展过程和特点

火灾通常都有一个从小到大、逐步发展、直至熄灭的过程。一般可分为初起、发展、猛烈、下降和熄灭五个阶段。室内火灾的发展过程，是从可燃物被点燃开始，由燃烧温度的变化速度所测定的温度-时间曲线来划分火灾的初起、发展和熄灭三阶段的。室外火灾，尤其是可燃液体和气体火灾，其阶段性则不明显。研究燃烧发展整个过程，以便区分不同情况，采取切实有效的措施，迅速扑灭火灾。

1. 初起阶段

火灾初起时，随着火苗的发展，燃烧产物中有水蒸气、二氧化碳产生，还产生少量的一氧化碳和其他气体，并有热量散发；火焰温度可增至500℃以上，室温略有增加。这一阶段火势发展的快慢由于引起火灾的火源、可燃物的特性不同而呈现不同的趋势。一般固体可燃物燃烧时，在10～15min内，火源的面积不大，烟和气体对流的速度比较缓慢，火焰不高，燃烧放出的辐射热能较低，火势向周围发展蔓延的速度比较慢。可燃液体，特别是可燃气体燃烧速度很快，火灾的阶段性不太明显。火灾处于初起阶段，是扑救的最好时机，只要发现及时，用很少的人力和灭火器材就能将火灾扑灭。

2. 发展阶段

如果初起火灾不能及发现和扑灭，则燃烧面积增大，温度升高，可燃材料被迅速加热。

这时气体对流增强,辐射热急剧增加,辐射面积增大,燃烧面积迅速扩大,形成燃烧的发展阶段。在燃烧的发展阶段内,必须有一定数量的人力和消防器材设备,才能够及时有效地控制火势发展和扑灭火灾。

3. 猛烈阶段

随着燃烧时间的延长,燃烧温度急剧上升,燃烧速度不断加快,燃烧面积迅猛扩展,使燃烧发展到猛烈阶段。燃烧发展到高潮时,火焰包围了所有的可燃材料,燃烧速度最快,燃烧物质的放热量和燃烧产物达到最高数值,气体对流达到最快速度。扑救这种火灾需要组织大批的灭火力量,经过较长时间的奋战,才能控制火势、消灭火灾。

着重研究火场上燃烧发展的三个阶段,主要是为了集中优势兵力,抓住战机,控制火势,灵活运用灭火战术,迅速扑灭火灾。从上述火灾的发展阶段看,初起阶段的火灾,既容易扑救,也不会造成大的危害,因此,在石油化工企业,及时扑救初起火灾意义重大。

二、灭火的基本原则

迅速有效地扑灭火灾,最大限度地减少人员伤亡和经济损失,是灭火的基本目的。因此,在灭火时,必须运用"先控制,后消灭""救人重于救火""先重点,后一般"等基本原则。

1. 先控制,后消灭

先控制,后消灭是指对不可能立即扑灭的火灾。要首先采取控制火势继续蔓延扩大的措施,在具备了扑灭火灾的条件时,展开全面进攻,一举消灭火灾。灭火时,应根据火灾情况和自身力量灵活运用这一原则,对于能扑灭的火灾,要抓住时机,迅速扑灭。如果火势较大,灭火力量相对薄弱,或因其他原因不能扑灭时,就应把主要力量放在控制火势发展或防止爆炸、泄漏等危险情况发生上,为防止事故扩大、彻底消灭火灾创造条件。

先控制,后消灭在灭火过程中是紧密相连的,不能截然分开。只有首先控制住火势,才能迅速将火灾扑灭。控制火势要根据火场的具体情况,采取相应的措施。火场上常见的做法如下。

(1) 建筑物着火

当建筑物一端起火向另一端蔓延时,应从中间控制;当建筑物的中间部位着火时,应在两侧控制。但应以下风方向为主。发生楼层火灾时,应从上面控制,以上层为主,切断火势蔓延方向。

(2) 油罐起火

油罐起火后,要采取冷却燃烧油罐的保护措施,以降低其燃烧强度,保护油罐壁,防止油罐破裂扩大火势;同时要注意冷却邻近油罐,防止其因温度升高而着火。

(3) 管道着火

当管道起火时,要迅速关闭上游阀门,断绝可燃液体或气体的来源;堵塞漏洞,防止气体扩散;同时要保护受火灾威胁的生产装置、设备等。

(4) 易燃易爆部位着火

要设法迅速消灭火灾,以排除火势扩大和爆炸的危险;同时要掩护、疏散有爆炸危险的物品,对不能迅速灭火和疏散的物品要采取冷却措施,防止爆炸。

(5) 货物堆垛起火

堆垛起火,应控制火势向邻垛蔓延;货区的边缘堆垛起火,应控制火势向货区内部蔓延;中间堆垛起火,应保护周围堆垛,以下风方向为主。

2. 救人重于救灾

救人重于救灾是指火场上如果有人受到火灾威胁，灭火的首要任务就是要把被火围困的人员抢救出来。运用这一原则，要根据火势情况和人员受火灾威胁的程度而定。在灭火力量较强时，灭火和救人可同时进行，但决不能因为灭火而贻误救人时机。人未救出前，灭火往往是为了打开救人通道或减弱火势对人的威胁程度，从而为更好地救人脱险，及时扑灭火灾创造条件。

3. 先重点，后一般

先重点，后一般是针对整个火场情况而言的，要全面了解并认真分析火场情况，采取有效的措施。

① 人和物比，救人是重点；
② 贵重物资和一般物资相比，保护和抢救贵重物资是重点；
③ 火势蔓延猛烈方面和其他方面相比，控制火势猛烈的方面是重点；
④ 有爆炸、毒害、倒塌危险的方面和没有这些危险的方面相比，处置有这些危险的方面是重点；
⑤ 火场的下风方向与上风、侧风方向相比，下风方向是重点；
⑥ 易燃、可燃物品集中区和这类物品较少的区域相比，这类物品集中区域是保护重点；
⑦ 要害部位和其他部位相比，要害部位是火场上的重点。

三、生产装置初期火灾的扑救

石油化工企业生产用的原料、中间产品和成品，大部分是易燃易爆物品。在生产过程中往往经过许多工艺过程，在连续高温和压力变化及多次化学反应的过程中，容易造成物料的跑、冒、滴、漏，极易起火或形成爆炸混合物。由于生产工艺的连续性，设备与管道连通，火势蔓延迅速，多层厂房、高大设备和纵横交错的管道，会因气体扩散，液体流淌或设备、管道爆炸而形成装置区的立体燃烧，有时会造成大面积火灾。因此，当生产装置发生火灾爆炸事故时，现场操作人员应立即选用适用的灭火器材，进行初起火灾的扑救，将火灾消灭在初起阶段，最大限度地减少灾害损失。如火势较大不能及时扑灭，应积极采取有效措施控制其发展，等待专职消防力量扑救火灾。扑救生产装置初起火灾的基本措施如下。

① 迅速查清着火部位、燃烧物质及物料的来源，在灭火的同时，及时关闭阀门，切断物料。这是扑救生产装置初起火灾的关键措施。

② 采取多种方法，消除爆炸危险。带压设备泄漏着火时，应根据具体情况，及时采取防爆措施。如关闭管道或设备上的阀门，疏散或冷却设备容器，打开反应器上的放空阀或驱散可燃蒸气、气体等。

③ 准确使用灭火剂。根据不同的燃烧对象、燃烧状态选用相应的灭火剂，防止由于灭火剂使用不当，与燃烧物质发生化学反应，使火势扩大，甚至发生爆炸。对反应器、釜等设备的火灾除从外部喷射灭火剂外，还可以采取向设备、管道、容器内部输入蒸气、氮气等灭火措施。

④ 生产装置发生火灾时，当班负责人除立即组织岗位人员积极扑救外，同时应指派专人打火警电话报警，以便消防队及时赶赴火场扑救。报警时要讲清起火单位、部位和着火物质，以及报警人姓名和报警的电话号码。消防队到场后，生产装置负责人或岗位人员，应主动向消防指挥员介绍情况，讲明着火部位、燃烧介质、温度、压力等生产装置的危险状况和已经采取的灭火措施，供专职消防队迅速做出灭火战术决策。

⑤ 消灭外围火焰，控制火势发展。扑救生产装置火灾时，一般是首先扑灭外围或附近建筑的燃烧，保护受火势威胁的设备、车间。对重点设备加强保护，防止火势扩大蔓延。然后逐步缩小燃烧范围，最后扑灭火灾。

⑥ 利用生产装置设置的固定灭火装置冷却、灭火。石油化工生产装置在设计时考虑到火灾危险性的大小，在生产区域设置高架水枪、水炮、水幕、固定喷淋等灭火设备，应根据现场情况利用固定或半固定冷却或灭火装置冷却或灭火。

⑦ 根据生产装置的火灾危险性及火灾危害程度，及时采取必要的工艺灭火措施在某些情况下，对扑救石油化工火灾是非常重要的和有效的。对火势较大、关键设备破坏严重、一时难以扑灭的火灾，当班负责人应及时请示，同时组织在岗人员进行火灾扑救。可采取局部停止进料、开阀导罐、紧急放空、紧急停车等工艺紧急措施，为有效扑灭火灾、最大限度降低灾害创造条件。

四、储罐初起火灾的扑救

石油化工企业生产所用的原料、中间产品、溶剂以及产品，其大部分是易燃可燃液体或气体。各类油品等液态物料一般储存在常压或压力容器内。储罐有中间体单罐，也有成组布局的分区罐组；有地上式储罐和地下式储罐；有拱顶式储罐、卧式储罐和浮顶式储罐；有球形储罐和气柜。储存的物料大多数密度小、沸程低、爆炸范围大、闪点低、燃烧速度快、热值高，具有火灾危险性大、扑救困难的特点。

① 易燃可燃液体或气体储罐发生爆炸着火，应区别着火介质、影响范围、危险程度、扑救力量等情况，沉着冷静地处置。岗位人员发现储罐着火，首要任务是向消防队报警，同时组织人员进行初起火灾的扑救或控制，等待专职消防队扑救。

② 易燃可燃液体储罐发生火灾，现场人员可利用岗位配备的干粉灭火器或泡沫灭火器进行灭火，同时组织人力利用消火栓、消防水炮进行储罐罐壁冷却，降低物料可燃蒸气的挥发速度，保护储罐强度，控制火势发展。冷却过程中一般不应将水直接打入罐内，防止液面过高造成冒罐或油品沸溢，扩大燃烧面积，造成扑救困难。设有固定泡沫灭火装置的，应迅速启动泡沫灭火设施，选择正确的泡沫灭火剂（普通、氟蛋白、抗溶）、供给强度及混合比例，打开着火罐控制阀，输送泡沫灭火。

③ 浮顶式易燃可燃液体油罐着火，在喷射泡沫和冷却罐壁的同时，应组织人员上罐灭火。可用8kg干粉灭火器沿罐壁成半圆弧度同时推扫围堰内的残火。

地下式、半地下式易燃可燃液体储罐着火，可用干粉或泡沫推车进行灭火。灭火时应注意风向和热辐射，一般采用一定数量的灭火剂量大的推车，并交替边推进边灭火。

④ 卧式、球式易燃可燃气体储罐着火，应迅速打开储罐上设置的消防喷淋装置进行冷却，冷却时应集中保护着火罐，同时对周围储罐进行冷却保护。防止罐内压力急剧上升，造成爆炸。操作人员应密切注意储罐温度和压力变化，必要时应打开紧急放空阀，将物料排入火炬系统或其他安全地点进行泄压。

⑤ 扑救易燃可燃液体储罐火灾，也可在储罐没有破坏的情况下，充填氮气等惰性气体窒息灭火。储罐火灾及时扑灭后，应冷却保护一段时间，降低物料温度，防止温度过高引起复燃。

五、汽车初起火灾的扑救

汽车是现代化社会广泛使用的客、货运输交通工具。种类繁多的汽车不仅运载大量的人员和物质，本身也具有较高的经济价值。客车、货车以及其他各种汽车因燃油系统、电气系统发生故障或交通事故等原因，容易引起火灾事故，可能造成重大的人员伤亡和经济损失。汽车火灾主要发生在汽车库、停车场和行驶、维修中。

① 汽车库、停车场或客货汽车上，都应按规定配备一定数量的灭火器材。一般配备移动式干粉灭火器或1211灭火器，一旦发生着火，要迅速使用配备的灭火器，对准火焰根部，抵近喷射灭火。

② 汽车库内汽车着火时，要对燃烧着火的车辆进行扑救，同时要保护车库建筑和相邻的车辆，如果着火车辆是一台，应采取疏散的方法开出车库扑救，以消除对车库和其他车辆的威胁。如果几辆汽车着火，应迅速疏散其他车辆，并用水枪或灭火器阻止火势蔓延。汽车库建筑着火，应使用消防水枪对燃烧的建筑射水冷却。同时，掩护人员疏散库内车辆，集中灭火力量扑灭火灾。

③ 汽车行驶中发动机起火，应采取紧急断电措施，拉下总电源开关，使用自备的灭火器进行灭火。如果是电气线路短路着火，驾驶员应沉着冷静，除采取紧急断电措施外，还应将储电池火线拨下。利用灭火器扑灭着火区域，或采取用湿毛巾等物品冷却着火区等措施。如果是油箱起火，应立即用灭火器灭火，同时就近用水冷却油箱，防止油箱因温度过高爆炸。如果是车载货物起火，除及时扑灭外，可根据具体情况将着火物品卸掉，迅速将车开离着火物品区，并对汽车和车载物品反复检查，防止留有火种或阴燃成灾。

④ 载人车辆着火时，应立即疏散车上乘客。驾驶员在停车的同时，要打开车门，必要时打开或砸碎车窗玻璃，使车内人员尽快撤离车外，转移到安全地点。

⑤ 拉运易燃易爆危险物品的汽车着火，应及时采取有效的灭火措施。散装桶料物品着火，可采用对着火部位喷射灭火剂、帆布、湿衣服遮盖窒息的灭火方法；对初起的油罐槽车着火，可对阀门、油罐口喷射灭火剂灭火，灭火后不能立即发动行驶，应设置一定的安全距离，防止其他车辆或火源引发复燃，并采取水冷却的方法，降低燃料油品的温度。

六、人身起火的扑救

在石油化工企业生产环境中，由于工作场所作业客观条件限制，人身着火事故往往因火灾爆炸事故或在火灾扑救过程中引起，也有的因违章操作或意外事故造成。人身起火燃烧，轻者留有伤残，重者直至危及生命。因此，及时正确地扑救人身着火，可大大降低伤害程度。

① 人身着火的自救。因外界因素发生人身着火时，一般应采取就地打滚的方法，用身体将着火部分压灭。此时，受害人应保持清醒头脑，切不可跑动，否则风助火势，会造成更严重的后果。衣服局部着火，可采取脱衣，局部裹压的方法灭火。明火扑灭后，应进一步采取措施清理棉毛织品的阴火，防止死灰复燃。

② 纤织品比棉布织品有更大的火灾危险性，这类织品燃烧速度快，容易粘在皮肤上。扑救化纤织品人身火灾，应注意扑救中或扑灭后，不能轻易撕扯受害人的烧残衣物。否则容易造成皮肤大面积创伤，使裸露的创伤表面加重感染。

③ 易燃可燃液体大面积泄漏引起人身着火，这种情况一般发生突然，燃烧面积大，受害人不能进行自救。此时，在场人员应迅速采取措施灭火。如：将受害人拖离现场，用湿衣服、毛毡等物品压盖灭火；或使用灭火器压制火势，转移受害人后，再采取人身灭火方法。使用灭火器灭人身火灾，应特别注意不能将干粉、CO_2等灭火剂直接对受害人面部喷射，防止造成窒息。也不能用二氧化碳灭火器对人身进行灭火，以免造成冻伤。

④ 火灾扑灭后，应特别注意烧伤患者的保护，应对烧伤部位用绷带或干净的床单进行简单的包扎后，尽快送医院治疗。

任务 5　常见石油化工火灾扑救

一、石油化工装置火灾

扑救石油化工火灾战斗行动一般按堵截冷却、灭火和防止复燃三个阶段展开。

在第一阶段，消防队会同起火单位的工作人员和技术人员及时制止险情的进一步恶化，其方法是：制止油品从工艺系统中溢出；采用阻拦设备限制液体流淌面积；对受热辐射强烈影响区域的装置、设备和框架结构加以冷却保护，防止其受热变形或倒塌；开阀导流出着火或受威胁装置、设备和管道中的油品至安全储罐；在有爆炸危险气体扩散的区域内，停止用火装置设备的工作和消除其他可能的火源；封闭工艺流槽，并用填砂土的方法封闭污水井。

关阀断料是扑救石油化工火灾、控制火势发展的最基本的措施。在实施关阀断料时，要选择离燃烧点最近的阀门予以关闭，并估算出从关阀处至起火点之间所存有物料的数量，必要时辅以导流措施。

在对各种设备冷却的过程中，不同状态下的设备可采取不同的处理方法。对受火势威胁的高大的塔、釜、反应器应分层次布置水枪炮阵地，从上往下均匀冷却，防止上部或中部出现冷却断层。对着火的高压设备，在冷却的同时要采取工艺措施，降低其内部压力，但注意必须保持仍有一定的正压。对着火的负压设备，在积极冷却的同时，应关闭进、出料阀，防止回火爆炸；在必要和可能的情况下，可向负压设备注入过热蒸汽，以调整设备内压力。此外，在冷却设备与容器的同时，还应注意对受火势威胁的框架结构、设备装置的承重构件进行冷却保护。

堵截蔓延是控制石油化工装置火灾扩大的前提。对外泄可燃气体的高压反应釜、合成塔、反应器等设备火灾，应在关闭进料控制阀、切断气体来源的同时，迅速用喷雾水或蒸汽在下风方向稀释外泄气体，防止其与空气混合形成爆炸性混合物。对地面液体流淌火，应根据流散液体的数量、面积、方向、地势、风向等因素，筑堤围堵，把燃烧液体控制在一定范围内，或定向导流，防止燃烧液体向高温、高压装置区等危险部位蔓延。在围堵导流的同时，根据液体燃烧面积，部署必要数量的泡沫枪，消灭液体火势。对塔釜、架空罐、管线、框架的流淌火，首先应采取关阀断料的工艺措施，切断物料的来源。对空间燃烧液体流经部位予以充分冷却，然后采取上下立体夹击的方法消灭液体流淌火；对流到地面的燃烧液体，按地面流淌火处理。对明沟内流淌火，可用筑堤等方法，把火势控制在一定区域内，或分段堵截；对暗沟流淌火，可先将其堵截住，然后向暗沟内喷射高倍泡沫，或采取封闭窒息等方法灭火。

在第二阶段，灭火要快攻近战，以快制快。为此，必须首先做到火情侦察准确，情况判断准确；其次要尽可能地接近火点，充分发挥灭火剂的灭火效果。此外，在灭火过程中还得讲究方式、方法。

对于石油化工装置易出现的立体型火灾，火场指挥员应根据火灾的立体燃烧状况，利用现有的灭火装备器材，在燃烧空间的四侧于上、中、下全面部署力量，同时展开灭火进攻，使之形成下顶、中插、上压的立体攻势。实施立体攻势时，一是要有充足的兵力，组织良好的供水路线，确保前方水枪的用水量；二是要有能喷射到一定高度的器材装备，如登高平台车、高喷车、大型炮车等；三是要充分利用着火装置的操作平台、框架结构的孔洞、设备观察孔等处架设水枪；四是指挥员要有较强的指挥能力，总指挥、阵地指挥之间，前后方之间，能协调一致，令行禁止，使数十支水枪炮从上到下分层次展开，从不同角度均匀喷射，实现有效冷却装置，抑制火势，扑灭火灾。

对于大面积、多火点的火灾，如果到场的力量充足，应采用堵截、分割、包围同时并举，各个击破的战术。对火场上不同的着火设备和燃烧形式，应灵活采用针对性的灭火方法。

气体管道、小型反应设备着火，可用雾状水加湿麻袋等覆盖物盖于燃烧物体上，边冷却边关阀进行灭火。在关阀时，应注意留有一定的表压，等火被扑灭后，再彻底关闭阀门，防止火焰进入容器内部燃烧发生爆炸。

扑救气体设备装置火时，应在喷水冷却的同时，对于设有放空管线的，则应开阀放空，并将放空气体导入其他安全容器或火炬；对于无放空管线的设备装置因局部开裂或阀门被炸坏着火，应采取临时接管导气排空措施。

对顶部炸开口而猛烈燃烧的储罐、塔等设备，应积极冷却控制，不要轻易灭火，可适量导出设备内的液体，以减少灭火时间；若是低闪点液体的塔、釜、罐设备火灾，可注入适量高闪点的液体进行搅拌，使燃烧物质温度降至其闪点以下而自行熄灭。

管道内着火，由于水枪和干粉无法直接打击，要从管道的一端注入蒸汽吹扫，或注入泡沫，或注入水进行灭火。

对于先爆炸后燃烧，并形成流淌火焰的火灾，在组织冷却着火设备的同时，对密度较轻的液体流淌火，采用干粉扑灭和泡沫覆盖；对密度较大的，用雾状水流可直接灭火。

1. 常压塔灭火措施

① 停止供热，断绝热源。关闭常压加热炉阀，打开泛水阀。设有冷却水喷淋装置的部位，应立即打开阀门，强行实施喷淋冷却塔顶和塔壁，以防塔身破裂或变形。当没有设置水喷淋的部位发生火灾时，火场指挥员应布置足够数量的水枪、水炮由上而下地进行冷却，降低塔身温度。

② 缓慢打开釜顶排空阀，降低压力。

③ 关闭收集罐上方的收集阀，防止火焰蹿入内部，扩大灾情。

④ 关闭附近的汽提塔等生产装置和管道的阀门并进行必要的冷却降温，以防止发生爆炸等次生灾害。

2. 减压蒸馏塔的灭火措施

当减压蒸馏塔发生火灾时，为了控制火势蔓延扩大和彻底消灭火灾，可采取以下措施。

① 停止供热，关闭减压炉炉阀和加热阀门，降低减压蒸馏塔内的温度。

② 关闭凝缩油及水的阀门，防止回流扩大燃烧。

③ 利用固定水喷淋设施或消防水枪、水炮等对附近的生产装置汽提塔以及管道进行适当的冷却降温。

④ 在确认已经排除复燃、复爆的前提下，可使用干粉、卤代烷灭火剂或用强力水流切封等灭火方法，一举将火灾消灭。如有蒸汽灭火设施时，也可以向塔内通入蒸汽，降低油品蒸气的浓度而灭火，这种灭火措施效果更好。

3. 加热炉的灭火措施

加热炉是炼油厂火灾的多发部位，应予以特别重视。加热炉火灾常发生在回弯头箱的回弯头处（此处易破裂）。灭火方法有以下几种：

① 灭火前应切断原料油的来源，停炉和停火，防止灭火后发生复燃或复爆。

② 扑救火灾时，可使用固定蒸汽灭火装置或半固定蒸汽灭火装置喷射蒸汽，将火灾消灭。

③ 根据火场的实际情况，也可以使用消防喷雾水枪喷射雾化水流进行灭火，其灭火原理同蒸汽灭火相似，而且灭火手段更简便、效果更好，但要注意"回火"烧伤射水人员，还要注意雾状水射入高温炉膛内瞬间汽化所产的压力破坏炉膛的问题。

4. 原油管线的灭火措施

在组织指挥扑救原油管线火灾时，必须组织消防人员实施强有力的冷却与有效的掩护，组织精干的熟悉生产工艺的工程技术人员强行关闭进料阀门，打开蒸汽管线进行吹扫，相互配合，快速灭火，并设法排出管线内部残存的油品，以防止发生复燃或复爆。

5. 立体型火灾的灭火措施

炼油厂生产装置区发生火灾时，如果控制火势出现问题或燃烧时间较长，极易导致立体型火灾。这是由炼油厂的生产工艺要求、生产装置既高大又密集、建筑构造形式（上下连通）以及生产物料的物理化学性质所决定的。火灾时，燃烧区内的地面（含地沟）、低空、高空等部位均有火源点。所以，组织指挥扑救这种立体型火灾时，具有灭火技术要求高、扑救时间长、所需力量多、协同配合密切等特点，其任务既艰巨又复杂，而且风险性很大。在组织指挥扑救炼油厂生产装置立体型火灾时，应注意抓好以下几个环节。

（1）充分发挥固定或半固定灭火设备系统的作用，控制火势蔓延扩大和迅速消灭火灾

例如：启动固定灭火设备的水幕，用水幕造成隔离带，降低热辐射和火焰直接烧烤的作用，以控制火势蔓延扩大；启动固定水炮直接冷却着火装置或受火势严重威胁的生产装置，防止被引燃或引爆；启动固定蒸汽、二氧化碳、干粉、卤代烷等灭火设备直接灭火，以充分发挥固定灭火设备快速控制火势发展和灭火的作用。

（2）正确选择进攻路线和占据有利阵地

在组织指挥扑救炼油厂生产装置区的立体型火灾时，参战人员的安全问题非常突出，其中主要是进攻路线和进攻阵地的选择。要选择既有利于灭火行动，又能确保安全的通行道路和有可靠依托的阵地，必要时应组织力量进行射水（开花或喷雾）掩护，使参战人员在安全的条件下同火灾作斗争。

（3）严密组织协同作战

炼油厂生产装置区立体型火灾的突出特点是：不仅燃烧面积比较大，而且火源点距离地面高低不等，扑救火灾的难度最大，很容易出现顾此失彼的问题。严密组织参加灭火战斗的单位、人员之间的协同作战则是火场指挥人员的重要任务，特别是地面作战与高空作战、各种枪与炮、冷却与灭火、进攻与掩护等各个环节必须组织好，以充分发挥强大集体力量的威力，夺取扑救立体型火灾的胜利。

（4）冷却、工艺处理和灭火兼顾

对生产装置区已经发展成为立体型火灾的扑救措施，需要厂、车间工程技术人员与消防灭火指挥人员共同研究决策，通常是在冷却消除灾情继续扩大的同时，必须适时地采取局部或全部（生产装置区）降温、减压，停止生产继续运行、中断可燃物料输入燃烧区，为消除复燃、复爆和彻底消灭火灾创造有利条件。

二、油泵房火灾

油泵房发生火灾后，首先应停止油泵运转，切断泵房电源，关闭闸阀，切断油源；然后

覆盖密封泵房周围的下水道，防止油料流淌而扩大燃烧；同时用水枪冷却周围的设施和建筑物。扑救泵房大面积火灾，应使用固定或半固定式水蒸气灭火系统。泵房内一般设有的蒸汽喷嘴，着火后喷出蒸汽，可降低燃烧区中氧的含量，当蒸汽浓度达到35%，火焰即可熄灭。

缺少水蒸气灭火设备时，应根据燃烧油品种类、燃烧面积、着火部位等，采用相应的灭火器具或石棉被等进行灭火。一般泵房内主要是油泵、油管漏油处及接油盘最易失火，这些部位火灾只要使用轻便灭火器具，就能达到灭火目的。当泵房因油蒸气爆炸引起管线破裂造成油品流淌引起较大面积火灾时，可及时向泵房内输送空气泡沫或高倍数泡沫等，采用泡沫扑救。

三、输油管道火灾

输油管道因腐蚀穿孔、垫片损坏、管线破裂等引起漏油、跑油被引燃后，着火油品会在管内油压的作用下向四周喷射，对邻近设备和建筑物有很大威胁。

扑救这类火灾，应首先关闭输油泵、阀门，切断向着火油管输送油品；然后采用挖坑筑堤的方法，限制着火油品流窜，防止蔓延。单根输油管线发生火灾，可采用直流水枪、泡沫、干粉等灭火，也可用砂土等掩埋扑灭。在同一地方铺设有多根输油管时，如其中一根破裂漏出油品形成火灾时，火焰及其辐射热会使其他油管失去机械强度，并因管内液体或气体膨胀发生破裂，漏出油品，导致火势扩大。因此，要加强着火油管及其邻近管道的冷却。

若油管裂口处形成火炬式稳定燃烧，应用交叉水流，先在火焰下方喷射，然后逐渐上移，将火焰割断灭火。

输油管线在压力未降低之前，不应采取覆盖法灭火，否则会引起油品飞溅，造成人员伤亡事故。若输油管线附近有灭火蒸汽接管，也可采用蒸汽灭火。

四、下水道、管沟油料火灾

装置或设备漏油或排水带有油污，油蒸气在下水道、管沟等低洼地方聚集，遇到明火即会发生爆炸或燃烧，火势蔓延很快。其扑救方法如下：
① 用湿棉被、砂土、水枪等卡住下水道、管沟两头，防止火势向外蔓延。
② 火势较大时，应冷却保护邻近的物资和设施。
③ 用泡沫或二氧化碳灭火。
④ 若油料流入江河，则应在水面进行拦截，把火焰压制到岸边安全地点，然后用泡沫灭火。

任务6　防火防爆的安全措施

根据物质燃烧原理，在生产过程中防止火灾和爆炸事故的基本原则是针对物质燃烧的两个必要条件而提出的。一方面是使燃烧系统不能形成，防止和限制火灾爆炸危险物、助燃物和着火源三者之间的直接相互作用；另一方面是消除一切足以导致着火的火源以及防止火焰及爆炸的扩展。

一、控制和消除火源

燃烧炉火、反应热、电源、维修用火、机械摩擦热、撞击火星，以及吸烟用火等着火源是引起易燃易爆物质着火爆炸的常见原因。控制这类火源的使用范围，严格执行各种规章制度，对于防火防爆是十分重要的。

1. 明火

明火是指生产过程中的加热用火、维修用火及其他火源。

（1）加热用火

加热易燃体时，应尽量避免采用明火而采用蒸气或其他载热体。如果必须采用明火，设备应严格密闭，燃烧室应与设备分开建筑或隔离。为防止易燃烧物质漏入燃烧室，设备应定期做水压试验及空气压试验。装置中明火加热设备的布置，应远离可能漏易燃液体和蒸气的工艺设备的储藏区，并应布置在散发易燃物料设备的侧风向或上风向。

（2）维修用火

维修用火主要是指焊接、喷灯以及熬制用火等。在有火灾爆炸危险的车间内，应尽量避免焊割作业，最好将需要检修的设备或管段卸至安全地点修理。进行焊接作业的地方要与易燃易爆的生产设备管道保持一定的安全距离。对运输、盛装易燃物料的设备、管道进行焊接时，应将系统进行彻底的清洗，用惰性气体进行吹扫置换，并经气体分析合格才可以动焊。

可燃气体浓度应符合以下标准：

爆炸下限大于4%（体积分数）的可燃气体或蒸气，浓度应小于0.5%。

爆炸下限小于4%的可燃气体或蒸气，浓度应小于0.2%。

当需要修理的系统与其他设备连通时，应将相连管道拆下断开或加堵金属盲板隔绝，防止易燃的物料窜入检查系统，在动火时发生燃烧或爆炸。电焊线破残应及时更换或修理，不能利用与易燃易爆生产设备有联系的金属件作为电焊地线，防止在电路接触不良的地方，产生高温或电火花。

对熬炼设备要经常检查，防止烟道蹿火和熬锅破漏，盛装物料不要过满，防溢出，并要严格控制加热温度。在生产区熬炼时，应注意熬炼地点的选择。

喷灯是一种轻便的加热器具。在有爆炸危险的车间使用喷灯，应按动火制度进行，在其他地点使用喷灯时，要将操作地点的可燃物清理干净。

（3）禁火区动火作业管理制度和动火作业票管理制度

凡是从事电焊、气焊、气割、砂轮打磨、电钻打眼、喷灯作业、冲击作业等能够产生火花的工作都属于动火作业。从事动火作业必须办理动火作业票。

按动火作业的危险程度，结合企业实际情况，动火作业可以分为二个级别：危险动火作业、一般动火作业。

危险动火作业：包括在仓库（含易燃易爆仓库）内，油库内，油罐上，油管上，油变压器上，SF_6断路器上，机组各轴承上，发电机风洞内，蓄电池室内，危险的电缆沟、暗井内的动火等。其动火作业票由企业安全负责人批准，维护队负责人、安全员在场监护。

一般动火作业：除危险动火作业以外的动火作业。其动火作业票由维护队负责人批准，维护队安全员在场监护。

① 动火作业票的使用：动火作业票有规定的使用范围和有效使用期，几个动火项目不能合办一张动火作业票。

② 拆下动火：凡不是必须在现在动火的，应拆下动火部件，移到固定动火区内进行动火作业。

③ 动火前的准备工作：动火作业前，必须清除动火区周围的可燃物质，用足够的不燃材料与周围设备、管道、孔洞等隔离；在高处动火时，要采取防止火花下落的措施。

④ 动火手续：动火作业单位在动火作业前，填好动火作业票，经批准后才能进行动

作业。动火执行人员要见到批准的动火作业票和有安全措施后才开工。

⑤ 动火监护：动火作业时必须有人监护，监护人及人数规定见上述。

2. 摩擦与撞击

机器中轴承转动部件的摩擦，铁器的相互撞击或铁器工具打击混凝土地坪等都可能发生火花，当管道或铁制容器裂开物料喷出时也可能因摩擦而起火。对轴承要及时添油，保持良好润滑，并经常清除附着的可燃污垢。

为了防止金属零件随物料带入设备内发生撞击起火，可以在这些设备上安装磁力离析器。当没有离析器时，危险物质的破碎（碳化钙）应采用惰性气体保护。

搬运盛有可燃气体或易燃液体的金属容器时，不要抛掷，防止互相撞击，以免产生火花或容器爆裂造成事故。不准穿带钉子的鞋进入易燃易爆车间，特别危险的防爆工房内，地面应采用不发生火花的软质材料铺设。

3. 其他用火

高温表面要防止易燃物料与高温的设备、管道表面相接触。可燃物的排放口应远离高温表面，高温表面要有隔热保温措施。不能在高温管道和设备上烘烤衣服及其他可燃物件。油抹布、油棉纱等易自燃引起火灾，应装入金属桶、箱内，放置在安全地点并及时处理。吸烟易引起火灾，烟头的温度可达800℃，而且往往可以隐藏很长时间。因此，要加强这方面的宣传教育和防火管理，禁止在有火灾爆炸危险的厂房和仓库内吸烟。

4. 电器火花

电火花是引起可燃气体、可燃蒸气和可燃粉尘与空气爆炸混合物燃烧爆炸的重要着火源。在具有爆炸、易燃危险的场所，如果电气设备不符合防爆规程的要求，则电气设备所产生的火花、电弧和危险温度就可能导致火灾爆炸事故的发生。

二、控制危险物料

1. 按物料的物化特性采取措施

在生产过程中，必须了解各种物质的物质化学性质，根据不同的性质，采取相应的防火防爆和防止火灾扩大蔓延的措施。

对于物质本身具有自燃能力的油脂、遇空气能自燃的物质、遇水燃烧爆炸的物质等，应采取隔绝空气、防水防潮或通风、散热、降温等措施，以防止物质自燃和发生爆炸。

易燃、可燃气体和液体蒸气要根据它们与空气的相对密度，采用相应的排污方法，根据物质的沸点、饱和蒸气压力，考虑容器的耐压强度、储存温度、保温降温措施等。

液体具有流动性，因此要考虑到容器破裂后液体流散和火灾蔓延的问题，不溶于水的燃烧液体由于能浮于水面燃烧，要防止火灾随水流由高处向低处蔓延，为此应设置必要的防护堤。

2. 系统密闭及负压操作

为了防止易燃气体、蒸气和可燃性粉尘与空气构成爆炸性混合物，应该使设备密闭，对于在负压下生产的设备，应防止空气吸入。为了保证设备的密闭性，对危险物系统应尽量少用法兰连接，但要保证安装维修的方便。输送危险气体、液体的管道应采用无缝管。

负压操作可以防止系统中的有毒或爆炸气体向器外逸散。但在负压操作下，要防止设备密闭性差，特别是在打开阀门时，外界空气通过孔隙进入系统。

3. 通风置换

采用通风措施时，应当注意生产厂房内的空气，如含有易燃易爆气体，则不应循环使用。在有可燃气体的室内,排风设备和送风设备应有独立分开的通风机室,如通风机室设在厂房内,应有隔绝措施。排除或输送温度超过800℃的空气与其他气体的通风设备,应用非燃烧材料制成。排除有燃烧爆炸危险粉尘的排风系统,应采用不产生火花的除尘器。当粉尘与水接触能生成爆炸气体时,不应采用湿式除尘系统。

4. 惰性介质保护

化工生产中常用的惰性气体有氮、二氧化碳、水蒸气及烟道气。惰性气体作为保护性气体常用于以下几个方面:

① 易燃固体物质的粉碎、筛选处理及粉末输送时,采用惰性气体进行覆盖保护。

② 处理可燃易爆的物料系统,在进料前用惰性气体进行置换,以排除系统中原有的气体,防止形成爆炸性混合物。

③ 将惰性气体通过管道与有火灾爆炸危险的设备、储槽等连接起来,在万一发生危险时使用。

④ 易燃液体利用惰性气体进行充压输送。

⑤ 在有爆炸性危险的生产场所,引起火花危险的电器、仪表等采用充氮正压保护。

⑥ 在易燃易爆系统需要动火检修时,用惰性气体进行吹扫和置换。

⑦ 发生跑料事故时,用惰性气体冲淡;发生火灾时,用惰性气体进行灭火。

三、控制工艺参数

在生产过程中,正确控制各种工艺参数,防止超温、超压和物料跑损是防止火灾和爆炸的根本措施。

1. 温度控制

不同的化学反应都有其最适宜的反应温度,正确控制反应温度不但对保证产品质量、降低消耗有重要的意义,而且也是防火防爆所必须的。

2. 投料控制

(1) 投料速度

对于放热反应,加料速度不能超过设备的传热能力,否则将会温度猛升发生副反应而引起物料的分解。加料速度如果突然减小,温度降低,反应物不能完全作用而积聚,升温后反应加剧进行,温度及压力都可能突然升高或造成事故。

(2) 投料配比

反应物料的配比要严格控制,为此反应物料的浓度、含量、流量都要准确地分析和计量。

(3) 投料顺序

化工生产中,必须按照一定的顺序进行投料,否则有可能发生爆炸。为了防止误操作颠倒投料顺序,可将进料阀门进行互相联锁。

(4) 控制原料纯度

有许多化学反应,往往由于反应物料中的杂质而导致副反应或过反应,以致造成火灾爆炸。因此生产原料、中间产品及成品应有严格的质量检验制度,保证原料纯度。

3. 防止跑、冒、滴、漏

生产过程中,跑、冒、滴、漏往往导致易爆介质在生产场所的扩散,是化工企业发生火灾爆炸事故的重要原因之一。发生跑、冒、滴、漏一般有以下几种情况。

(1) 操作不精心或误操作

例如收料过程中槽满跑料，分离器液体控制不稳，开错排污阀等。

(2) 设备管线和机泵的结合面不密封而泄漏

为了确保安全生产，杜绝跑、冒、滴、漏，必须加强操作人员和维修人员的责任感和技术培训，稳定工艺操作，提高设备完好率，降低泄漏率。为了防止误操作，对比较重要的各种管线涂以不同颜色以便区别，对重要的阀门采取挂牌、加锁等措施。不同管道上的阀门应相隔一定的间距。

4. 紧急停车处理

当发生停电、停气、停水的紧急情况时，装置就要进行紧急停车处理，此时若处理不当，就可能造成事故。

(1) 停电

为防止因突然停电而发生事故，比较重要的反应设备一般都应具备双电源、联锁自投装置。如果电路发生故障，联锁未合，则装置全部无电，此时要及时汇报和联系，查明停电原因。

(2) 停水

停水时要注意水压和各部位的温度变化，可以采取减量的措施维持生产。如果水压降为零，应立即停止进料，注意所有采用水来降温的设备不要超温超压。

(3) 停汽

停汽后加热装置温度下降，汽动设备停运，一些在常温下呈固态而在操作温度下呈液态的物料，应根据温度变化进行妥善处理，防止因冻结堵塞管道。此外，应及时关闭蒸汽与物料系统相连通的阀门，以防物料倒流至蒸汽管线系统。

(4) 停气

当气流压力回零时，所有气动仪表和阀门都不能动作，这时流量、压力、液面等应根据一次仪表或实际情况来分析判断。

四、采用自动控制和安全保护装置

1. 工艺参数的自动调节

① 温度自动调节；

② 压力自动调节；

③ 流量和液位自动调节。

2. 程序控制

程序控制就是采用自动化工具，按工艺要求，以一定的时间间隔对执行系统做周期性自动切换的控制系统。程序控制系统主要是由程序控制器按一定的时间间隔发出信号，使执行机构动作。

3. 信号装置、保护装置、安全联锁

(1) 信号装置

安装信号报警装置可以在出现危险状况时警告操作者便于及时采取措施消除隐患。发出的信号一般有声、光等。它们通常都和测量仪表相联系，当温度、压力、液位等超过控制指标时，报警系统就会发生信号。

(2) 保护装置

保护装置在发生危险时，能自动进行动作，消除不正常状况。

(3) 安全联锁

所谓联锁就是利用机械或电气控制依次接通各个仪器设备，并使之彼此发生联系，以达到安全生产的目的。

五、限制火灾和爆炸的扩散

1. 隔离、露天布置

在生产过程中，对某些危险性较大的设备和装置应采用分区隔离、露天安装和远距离操纵的方法。

（1）分区隔离

在总体设计时，应合理安排工厂布局，装置与装置、装置与储槽仓库以及生产区和生活区之间划出一定的安全距离。

（2）露天布置

为了便于有害气体的散发，减少因设备泄漏造成易燃气体在厂房中积聚的危险性，宜将化工设备和装置放置在露天和半露天。

（3）远距离操纵

对某些装在工作人员难以接近或要求迅速启闭否则将有发生事故可能的阀门，对辐射热高的设备等可采用远距离操纵。

2. 安全阻火装置

阻火设备包括安全液封、阻火器和止回阀等，其作用是防止外部火焰进入有燃烧爆炸危险的设备、管道、容器，或阻止火焰在设备和管道间的扩展。

六、采用防爆电气设备

防爆型电气设备是按其结构和防爆性能的不同来分类的。应根据环境特点选用适当型式的电气设备。

1. 通用要求

（1）类型和标志

防爆电气设备的类型、级别、组别在外壳上应有明显的标志。旧类型的标志前有"K"者表示煤矿用防爆电气设备。新类型的标志有"E"者为工厂用防爆电设备，有"I"者为煤矿用防爆电气设备。

（2）最高表面温度

隔爆型电气设备最高表面温度指外壳表面温度，其他各型设备指与爆炸性混合物接触表面的温度。

I类设备表面可能堆积粉尘时，最高表面温度为150℃，采取措施能防止堆积粉尘时为450℃。

E类设备最高表面温度不得超过有关规定。极限温升是对环境温度400℃而言的。有过负荷可能的设备指电动机和电力变压器。

在有粉尘或纤维爆炸性混合物的场所内，电气设备外壳温度一般不应超过125℃。如不能保证这一要求，亦必须比混合物自燃点低75℃或低于自燃点的2/3。

（3）环境温度

电气设备运行环境温度一般为-20~40℃。若环境温度范围不同，须在铭牌上标明，并以最高环境温度为基础计算电气设备的最高表面温度。

（4）闭锁

电气设备上凡能从外部拆卸的紧固件，如开关箱盖、观察窗、机座、测量孔盖、放油阀或排油螺丝等，均必须有闭锁结构。其目的是防止非专职人员拆开这些保持防爆性能所必须的螺栓等紧固件。闭锁结构必须是使用旋具、扳手、钳子等一般工具不能松开或难以松开的紧固装置。

(5) 外部连接

进线装置必须有防松和防止拉脱的措施，并有弹性密封垫或其他密封措施。且接线盒的电气间隙、漏电距离均应符合要求。接地端子应有接地标志，保持连续可靠，并有防松、防锈措施。

2. 各类设备防爆要求

(1) 增安型

指在正常运行条件下会产生电弧、火花，或可能点燃爆炸性混合物的高温的设备结构上，采取措施提高安全程度，以避免电气设备在正常和认可的过载条件下出现上述现象。其绝缘带电部分的外壳防护应符合 IP44，其裸露带电部件的外壳防护应符合 IP54。引入电缆或导线的连接件应保证与电缆或导线连接牢固、接线方便，同时还须防止电缆或导线松动、自行脱落、扭转，并能保持良好的接点压力。

(2) 隔爆型

指把可能引燃爆炸性混合物的部件封闭在坚固的外壳内，该外壳能承受内部发生爆炸的爆炸压力并能阻止通过其上孔缝向外部传爆的电气设备，隔爆型设备的外壳用钢板、铸钢、铝合金、灰铸铁等材料制成。

隔爆型电气设备可经隔爆型接线盒（或插销座）接线亦可直接接线。连接处应有防止拉力损坏接线端子的设施。连接装置的结合面应有足够的长度。如果电缆封入主外壳内，则外壳外的长度不得小于 3m。

(3) 充油型

指全部或某些带电部件浸没在绝缘油里，使之不能引燃油面以上或外壳周围爆炸性混合物的电气设备。充油型电气设备外壳上应有排气孔，孔内不得有杂物；油量必须足够，最低油面以下深度不得小于 25mm，油面指示必须清晰。

油质必须良好；油面温度 T1～T4 组不得超过 1000℃，T5 组不得超过 80℃，T6 组不得超过 70℃。充油型设备应水平安装，其倾斜度不得超过 5°；运行中不得移动，机械连接不得松动。

(4) 正压型

指具有保护外壳、壳内充有保护气体，其压力保持高于外部爆炸性混合物气体的压力，以防止外部爆炸性混合物进入壳内的电气设备。按其充气结构分为通风、充气、气密三种形式，保护气体可以是空气、氮气或其他非可燃性气体。外壳防护等级不得低于 IP44。其外壳内不得有影响安全的通风死角。正常时，其出风口处风压或充分气压均不得低于 0.2kPa；当压力低于 0.1kPa 或压力最小处的压力低于 0.05kPa 时，必须发出报警信号或切断电源。

(5) 本质安全型

在规定试验条件下，正常工作或规定的故障状态下产生的电火花的热效应均不能点燃规定的爆炸性混合物的电路，称为本质安全电路，本质安全电路的电气设备称为本质安全型防爆电气设备。

本质安全电路应有安全栅。安全栅由限流元件（金属膜电阻、非线性阻件等）、限压元件（二极管、齐纳二极管等）和特殊保护元件（快速熔断器等）组成，电路中晶体管均需双重化。本质安全电路端子与非本质安全电路端子之间的距离不得小于50mm。本质安全电路的电源变压器的次级电路,必须与初级电路之间保持良好的电气隔离。

(6) 充砂型

指外壳内充填细粒材料,使得在规定条件下,外壳内产生的电弧、火焰、壳壁及颗粒材料危险温度不能点燃外部爆炸性混合物的电气设备。其外壳应有足够的机械强度,防护等级不低于IP44细粒填充材料应填满外壳内所有空隙,颗粒直径为0.25~1.6mm。填充时,细粒材料含水量不得超过0.1%。

(7) 无火花型

指正常运行条件下不产生电弧、火花,也不产生能引燃周围爆炸性混合物表面温度或灼热点的防爆型电气设备。

项目五
压力容器安全管理

压力容器是国民生产和人民生活中不可缺少的一种设备，它广泛应用于工业、农业、国防、医疗卫生等行业和领域；它不同与其他的生产装置和设备，由于本身的特殊性和复杂性，以及操作条件的苛刻，发生事故时不仅自身遭到破坏，往往还会诱发一系列恶性事故，给国民经济和人民财产造成重大损失。

一、压力容器的工艺参数

压力容器的工艺参数是根据生产工艺要求所确定的，是进行压力容器设计和安全操作的主要依据。压力容器的主要工艺参数为压力、温度和介质。

1. 压力

压力容器的压力通常分为工作压力、最高工作压力和设计压力等概念，具体定义如下：

工作压力：也称为操作压力，是指容器顶部在正常工艺操作时的压力（不包括液体静压力）。

最高工作压力：指的是容器顶部在工艺操作过程中可能产生的最大压力（不包括液体静压力）。注意，最高工作压力应不超过设计压力。

设计压力：指在相应的设计温度下用以确定容器计算壁厚的压力。它由容器的设计单位根据设计条件要求和有关规范确定。

2. 温度

温度又分为使用温度、设计温度和试验温度。

使用温度：指容器运行时，用测温仪表测得的工作介质的温度。

设计温度：指容器在正常工作过程中，在相应设计压力下，设定受压元件的金属温度。

试验温度：进行压力试验时容器壳体的金属温度。

3. 介质

介质是指压力容器内盛装的物料，按其状态可分为液态、气态和气液混合态；按其性质又可分为易燃、易爆、腐蚀性和毒性介质。

二、压力容器的基本要求

压力容器除必须符合工艺要求的特定使用性能外，还应安全可靠，同时应具备制造安装简单、结构先进、维修方便和经济合理等方面的特点,故设计时必须满足强度、刚度、稳定性、耐久性和密封性五个方面的要求。

用于制造压力容器的钢材应能适应容器的操作条件,如温度、压力、介质特性等,并有利于容器的加工制造和质量保证,其重点应考虑钢材的机械性、工艺性能和耐腐蚀性能。

机械性能方面,压力容器用钢主要考虑强度、塑性、韧性和硬度四个性能指标。一般情况下材料的硬度与强度成正比,但是,硬度高的材料对裂纹和裂纹扩展的敏感性较强,故压力容器不宜采用硬度较高的材料。

三、压力容器的分类

1. 按压力分类

可分为低压容器、中压容器、高压容器和超高压容器,具体划分为:

低压容器:$p<1.6\text{MPa}$;
中压容器:$1.6\text{MPa}\leqslant p<10\text{MPa}$;
高压容器:$10\text{MPa}\leqslant p<100\text{MPa}$;
超高压容器:$p\geqslant 100\text{MPa}$。

2. 按壳体承压方式分类

可分为内压容器和外压容器两大类。

3. 按设计温度分类

可分为低温容器($T\leqslant -20℃$)、常温容器($-20℃<T<450℃$)和高温容器($T\geqslant 450℃$)三大类。

4. 按安装方式分类

可分为固定式和移动式两大类。

5. 按生产工艺过程中的作用原理分类

可分为反应容器、换热容器、分离容器和储存容器四大类。

6. 按《固定式压力容器安全技术监察规程》(以下简称《容规》)对压力容器的分类

可分为第一类压力容器、第二类压力容器、第三类压力容器。

任务 1　压力容器与安全附件

压力容器由于使用特点及其内部介质的化学、工艺特性,需要装设一些安全装置和测试、控制仪表来监控,以保证压力容器的使用安全和生产工艺程的正常进行。压力容器的安全附件包括安全阀、爆破片、压力表、液面计、温度计等。

一、安全阀

安全阀是一种超压自动泄压阀门(图 5-1),是压力容器上应用最为普遍的、最重要的安全附件之一。当容器内的压力超过某一规定数值时,安全阀就会自动开启迅速排放容器内部的过压气体,实现降压措施。当容器内的压力回到设定值时,安全阀又会自动关闭,从而使容器恢复到正常的密闭状态,始终使容器内的压力低于允许范围的上限,不致因超压而酿成事故。

安全阀按其整体结构和加载机构的形式分成杠杆式、弹簧式、净重式和先导式四种。其

图 5-1 安全阀

中，弹簧式安全阀的应用最为广泛，主要是因为其结构紧凑、轻便严密，受振动不易泄漏，灵敏度高，调整方便，使用范围广，但弹簧式安全阀的制造比较复杂，对其中的弹簧材质和加工工艺要求很高，而且，使用时间较长后弹簧易发生变形，从而影响其灵敏度。

（一）安全阀的主要性能参数

安全阀的主要性能参数有公称压力（它应与容器的工作压力相匹配）、开启高度（即安全阀开启时阀芯提升的高度，由此可将安全阀分成微启式和全启式两种）以及安全阀的排放量（该数据由阀门制造厂通过设计计算与实际测试确定，但要求排量不能小于容器的安全泄放量）。

（二）安全阀的选用与安装要求

1. 安全阀的选用原则

① 安全阀的制造单位必须是国家定点的厂家和取得相应类别制造许可证的单位，产品出厂应有合格证和技术文件。

② 安全阀上应有标牌，并应注明主要技术参数，如排放量、开启压力、回座压力等。

③ 应根据容器的工艺条件和工作介质的特性、安全泄放量、介质的物理化学性质以及工作压力范围等因素选用适宜的安全阀。

④ 所选安全阀的排量必须大于等于它的安全泄放量，因为安全阀的排量是保证容器安全运行的关键参数。

⑤ 高压容器、大型容器以及安全泄放量较大的中、低压容器最好选用全启式安全阀，操作压力要求绝对平稳的容器应选用微启式安全阀。

⑥ 对盛装有毒、易燃或污染环境的介质的容器应选用封闭式安全阀。

⑦ 选用安全阀时应使其公称压力与容器的工作压力相匹配。

2. 安全阀的安装要求

安全阀必须垂直安装在容器的气相空间上，安装在室外露天的安全阀，应有可靠的冬季防冻结的措施，有毒介质安全阀的排放应导入封闭系统，易燃易爆介质安全阀的排放最好应引入火炬。

（三）安全阀的调整、维护与检验

1. 安全阀的调整

安全阀在安装前应先进行水压试验和气密性试验，合格后才能进行开启压力的调整校验。要注意，安全阀的开启压力不得超过容器的设计压力，一般为容器最高工作压力的 1.05～1.10 倍，对于工作压力较低的低压容器，安全阀开启压力可调节到比容器最高工作压力高 1atm（1atm＝101325Pa，下同），同时应精确确定排放压力和回座压力，经校正后的安全阀应进行铅封。

2. 安全阀的维护

应加强安全阀的日常维护和保养，以确保其动作灵敏可靠和密封性能良好；应经常保持安全阀的清洁，防止阀体弹簧等零件的污损和锈蚀；应经常检查安全阀铅封的完好状况、冬季时的冻结情况，以及安全阀是否有泄漏和排气管是否有阻塞等；安全阀动作后应及时找出容器升压的原因，并对症采取措施，防止压力再次升高。

3. 安全阀的定期校验

安全阀的校验应有具有相应资质的单位进行，《容规》规定，安全阀每年至少应校验一次。安全阀进行在线校验时必须有主管压力容器安全技术的人员在场。

二、防爆片

防爆片又称为爆破片（图 5-2），是一种断裂型的超压防护装置，它主要用来装设在那些不适宜装设安全阀的压力容器上，当容器内的压力超过正常工作压力并达到防爆片设计压力时即自行爆破，使容器内的气体经防爆片断裂后形成的出口向外排出，避免容器本体发生爆炸。它只用在不宜装设安全阀的压力容器作为其代用装置。

图 5-2 防爆片

（一）爆破片的装设

应符合以下三种情况：

① 容器内的介质易于结晶或聚合，或带有较多的黏性（或粉状）物质。

② 容器内的压力由于化学反应或其他原因迅猛上升，装设安全阀难以及时排除过高的压力。

③ 容器内的介质为剧毒气体或不允许微量泄漏的气体，用安全阀难以保证这些气体不泄漏。

（二）爆破片的选用

爆破片的选用应按以下步骤进行：确定型式，确定动作压力，确定泄放面积。压力容器选用什么型式的爆破片，主要取决于容器的工艺条件及工作介质的性能，具体可以从以下几个方面考虑。

① 从介质方面，首先要考虑介质在工作温度下对膜片有无腐蚀作用。如果介质是可燃物料则不宜选用铸铁或碳钢等材料制造膜片，以免膜片破裂时产生火花，在容器外引起可燃物料的燃烧爆炸。

② 从膜片材料的使用温度方面，为了防止膜片金属在高温下产生蠕变，致使其在低于设定动作压力下爆破，应选用许用温度极限不低于实际使用温度的材料来制造膜片。

③ 从压力波动方面，脉动载荷或压力大幅度频繁波动的容器，最好选用失稳型爆破片，因为其他类型的爆破片，在工作压力下膜片都处于高应力状态，较易疲劳失效。

（三）爆破片的更换

爆破片应定期更换。更换期除制造单位确保使用者外，一般为2～3年，使用单位可根据本单位的实际情况确定；对超过爆破片最大爆破压力而未爆破的应予更换；在苛刻条件下使用的爆破片应每年更换。

（四）组合型安全泄放装置的选用原则

安全阀与爆破片的组合可分为并联组合和串联组合两种方式。如图5-3所示。

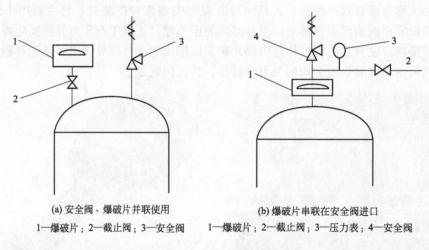

(a) 安全阀、爆破片并联使用　　　　　　(b) 爆破片串联在安全阀进口
1—爆破片；2—截止阀；3—安全阀　　1—爆破片；2—截止阀；3—压力表；4—安全阀

图5-3　安全阀、防爆片联用

1. 并联组合方式

安全阀与爆破片并联组合时，爆破片的标定爆破压力不得超过容器的设计压力，安全阀的开启压力应略低于爆破片的标定爆破压力，让爆破片仅在极端超压的情况下进行补充排放，以补充安全阀排放能力的不足。

2. 串联组合方式

安全阀进口和容器之间串联爆破片装置时，应满足下列条件：

① 安全阀与爆破片装置组合的排放能力应满足设备要求；

② 爆破片破裂后的泄放面积应不小于安全阀进口面积，同时应保证爆破片破裂的碎片不影响安全阀的正常动作；

③ 爆破片与安全阀之间应装设压力表、旋塞、排气孔或报警指示器，以检查爆破片是否破裂或渗漏。

安全阀出口侧串联爆破片时，应满足下列条件：

① 容器内的介质应是洁净的，不含有胶着物质或阻塞物质；

② 安全阀的排放能力应满足设备的要求；
③ 当安全阀与爆破片之间存在背压时，阀仍能在开启压力下准确开启；
④ 安全阀与爆破片之间应设置放空管或排污管，以防止该空间的压力积累。

三、压力表

压力表是为了测量容器内介质的压力，并为操作人员提供操作依据而设置的压力容器安全附件，所以压力表的准确与否直接关系到容器的安全运行。目前容器上常用的压力表有液柱式、弹性单元式、活塞式和电量式四种，其中以单弹簧管式压力表在容器上的应用最为广泛，这种压力表具有结构坚固、不易泄漏、准确度较高、安装使用方便、测量范围较宽、价格低廉等优点。各种压力表如图 5-4 所示。

图 5-4　压力表

1. 压力表的选用

选用压力表时应注意其量程、精度和表盘直径三项参数的合理性，一般情况下，压力表的最大量程最好选用为容器工作压力的 2 倍，最小不能小于 1.5 倍，最大不能大于 3 倍；使用压力范围不应超过压力表刻度极限的 70%，在压力有波动的场合，不应超过 60%。压力表的精度是以压力表的允许误差占表盘刻度极限值的百分数来表示的，选用时应根据容器的压力等级和实际工作需要来确定精度，一般低压容器不应低于 2.5 级，中压容器不应低于 1.5 级，高压容器应为 1 级。为了使操作人员清楚准确地读出压力表的指示值，表盘直径一般不应小于 100mm。

2. 压力表的安装

压力表应安装在最醒目的位置，并有足够的照明以便于操作人员观察；压力表的安装应便于更换和校验，同时还应注意高温介质、腐蚀性介质对它的影响；压力表的表盘上应划有警示红线。

3. 压力表的维护

压力容器操作人员应加强对压力表的维护，具体应做好以下几项工作：

① 压力表应经常保持洁净，表盘上的玻璃要明亮清晰，使表盘内指示的压力值能够清楚易见，表盘玻璃如有破损或表盘刻度模糊时应停止使用。

② 压力表的连通管要定期进行吹扫以防堵塞，要经常检查压力表指针的转动与波动是否正常。检查连接管上的旋塞和针型阀是否处于全开状态。

③ 经常检查同一系统内的压力表读数是否一致；如发现压力表指针失灵、刻度模糊不清、表盘玻璃破裂、泄压后指针不回零位、铅封损坏等情况，应立即更换。

四、液位计

液位计是用来测量液化气体或物料的液位、流量、充装量、投料量等的一种计量仪表。如图 5-5 所示。压力容器的操作人员应根据其指示值来控制或调节充装量，从而保证容器内介质的液位始终在正常范围内，防止因超量充装或投料造成的事故发生。目前常用的液位计有玻璃管式液位计、玻璃板式液位计、浮球式液位计、旋转管式液位计、滑管式液位计以及差压变送液位计。

图 5-5 液位计

五、温度计

温度计是用来测量容器内物料温度变化的测量仪表。如图 5-6 所示。在压力容器的操作过程中，温度对大部分反应物料或储存介质的压力升降具有决定性的作用，同时，反应物或工作介质往往会由于温度的变化而发生质量上的变化。如果容器的操作温度超过了工艺规定的温度值，不仅有可能产出不合格产品，更有可能发生容器的安全事故，所以在压力容器的操作中，温度的控制一般比压力控制更严格。目前，压力容器常用的温度计主要有膨胀式温度计、压力式温度计、热电偶温度计和热电阻温度计。其中，压力式温度计被测介质的压力

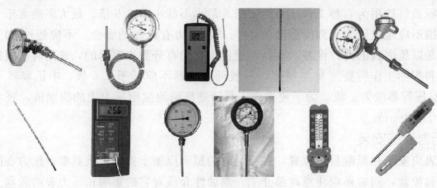

图 5-6 温度计

不超过 6MPa，温度不能超过 400℃；热电阻温度计的测量范围为 $-200\sim650℃$，但维护工作量较热电偶温度计大，振动场合易损坏。

温度计安全使用要点：

① 选择合理的测温点，安装位置便于操作人员观察，必要时配备防爆照明设备；

② 温度计探头长度应适当（或尽量伸入容器内或紧贴于容器壁），露出部分应尽可能短，以确保所测介质温度的准确；

③ 对于温度变化剧烈的工况，应考虑到滞后效应选用合适型式的温度计，同时要注意采用适当的安装方式；

④ 温度计安装应便于工作、不受碰撞、减少震动；

⑤ 新安装的温度计应经过国家计量部门鉴定合格，使用中的温度计应进行定期校验并确保合格。

六、安全附件的检查

1. 安全附件的检查

分为运行检查和停机检查两种。

① 运行检查：指在运行状态下对安全附件的检查。

② 停机检查：指在停止运行状态下对安全附件的检查。

运行检查可与容器外部检查同时进行；停机检查可与容器内外部检验同步进行，也可单独进行。

2. 压力容器的安全附件

压力容器的安全附件应符合《容规》及有关标准的规定，不符合规定的，不准继续使用。凡属于下列情况之一的，不得使用：

① 无产品合格证和铭牌的；

② 性能不符合要求的；

③ 逾期不检查、不校验的。

任务 2　压力容器的定期检验

压力容器的定期检验是指在容器的使用过程中，每间隔一定的期限即采用各种适当而有效的方法对容器的各个承压部件和安全装置进行检查和必要的试验。借以早期发现容器上存在的缺陷，使它们在还没有危及容器安全之前即被消除或采取适当措施进行特殊监护，以防压力容器发生事故。根据《压力容器定期检验规则》，压力容器定期检验分为年度检查、全面检验和耐压检验。

一、年度检查（外部检验）

检验周期：为了确保压力容器在检验周期内的安全而实施的运行过程中的在线检查，每年至少一次。年度检查可以由使用单位的持证压力容器检验人员进行，也可由检验单位承担。

1. 年度检验内容

压力容器年度检查包括使用单位压力容器安全管理情况检查、压力容器本体及运行状况检查和压力容器安全附件检查等。

在线的压力容器本体及运行状况检查的主要内容：

① 压力容器的铭牌、漆色、标志及喷涂的使用证号码是否符合有关规定；
② 压力容器的本体、接口（阀门、管路）部位、焊接接头等是否有裂纹、过热、变形、泄漏、损伤等；
③ 外表面有无腐蚀，有无异常结霜、结露等；
④ 保温层有无破损、脱落、潮湿、跑冷；
⑤ 检漏孔、信号孔有无漏液、漏气，检漏孔是否畅通；
⑥ 压力容器与相邻管道或者构件有无异常振动、响声或者相互摩擦；
⑦ 支承或者支座有无损坏，基础有无下沉、倾斜、开裂，紧固螺栓是否齐全、完好；
⑧ 排放（疏水、排污）装置是否完好；
⑨ 运行期间是否有超压、超温、超量等现象；
⑩ 罐体有接地装置的，检查接地装置是否符合要求；
⑪ 安全状况等级为 4 级的压力容器的监控措施执行情况和有无异常情况；
⑫ 快开门式压力容器安全联锁装置是否符合要求；
⑬ 安全附件的检验包括对压力表、液位计、测温仪表、爆破片装置、安全阀的检查和校验。

2. 其他

进行压力容器本体及运行状况检查时，一般可以不拆保温层。

二、全面检验

全面检验（内、外部检验）是指在压力容器停机时的检验，全面检验应当由检验机构进行。

（一）检验周期

① 安全状况等级为 1~2 级，一般为每 6 年一次。
② 安全状况等级为 3 级，一般为 3~6 年一次。
③ 安全状况等级为 4 级，其检验周期由检验机构确定。安全状况等级为 4 级的压力容器，其累积监控使用的时间不得超过 3 年。在监控使用期间，应当对缺陷进行处理提高其安全状况等级，否则不得继续使用。
④ 新压力容器一般投入使用满 3 年时进行首次全面检验，下次的全面检验周期由检验机构根据本次全面检验结果确定。
⑤ 介质为液化石油气且有应力腐蚀现象的，每年或根据需要进行全面检验。
⑥ 采用"亚铵法"造纸工艺，且无防腐措施的蒸球根据需要每年至少进行一次全面检验。
⑦ 球形储罐使用标准抗拉强度下限大于等于 540MPa 材料制造的，使用一年后应当开罐检验。

（二）全面检验项目、内容

按《压力容器定期检验规则》进行。

（三）检验单位根据压力容器具体状况，制定检验方案后实施检验，并按检验结果综合评定安全状况等级

如需要维修改造的压力容器，按维修后的复检结果进行安全状况登记评定。检验检测机构对其检验检测结果、鉴定结论承担法律责任。

（四）全面检验前，使用单位应做好有关准备工作

① 使用单位应提交受检压力容器的所有技术资料，历年检验报告与运行记录，维修、改造文件，监检记录等。

② 影响全面检验的附属部件或者其他物体，应当按检验要求进行清理或者拆除。

③ 为检验而搭设的脚手架、轻便梯等设施必须安全牢固（对离地面3m以上的脚手架设置安全护栏）。

④ 需要进行检验的表面，特别是腐蚀部位和可能产生裂纹性缺陷的部位，必须彻底清理干净，母材表面应当露出金属本体，进行磁粉、渗透检测的表面应当露出金属光泽。

⑤ 被检容器内部介质必须排放、清理干净，用盲板从被检容器的第一道法兰处隔断所有液体、气体或者蒸汽的来源，同时设置明显的隔离标志。禁止用关闭阀门代替盲板隔断。

⑥ 盛装易燃、助燃、毒性或者窒息性介质的，使用单位必须进行置换、中和、消毒、清洗，取样分析，分析结果必须达到有关规范、标准的规定。

⑦ 人孔和检查孔打开后，必须清除所有可能滞留的易燃、有毒、有害气体。压力容器内部空间的气体含氧量应当在18%~23%（体积分数）。必要时，还应当配备通风、安全救护等设施。

⑧ 高温或者低温条件下运行的压力容器，按照操作规程的要求缓慢地降温或者升温，使之达到可以进行检验工作的程度，防止造成伤害。

⑨ 能够转动的或者其中有可动部件的压力容器，应当锁住开关，固定牢靠。移动式压力容器检验时，应当采取措施防止移动。

⑩ 切断与压力容器有关的电源，设置明显的安全标志。检验照明用电不超过24V，引入容器内的电缆应当绝缘良好，接地可靠。

⑪ 如果需现场射线检测，应当隔离出透照区，设置警示标志。

⑫ 全面检验时，应当有专人监护，并且有可靠的联络措施。

⑬ 检验时，使用单位压力容器管理人员和相关人员到场配合、协助检验工作，负责安全监护。

⑭ 在线全面检验时，检验人员认真执行使用单位有关动火、用电、高空作业、罐内作业、安全防护、安全监护等规定，确保检验工作安全。

（五）有以下情况之一的压力容器，全面检验检验周期应适当缩短

① 介质对压力容器材料的腐蚀情况不明或者介质对材料的腐蚀速率每年大于0.25mm，以及设计者所确定的腐蚀数据与实际不符的。

② 材料表面质量差或者使用中发现应力腐蚀现象的。

③ 使用条件恶劣或者使用中发现应力腐蚀现象的。

④ 使用超过20年，经过技术鉴定或者由检验人员确认按正常检验周期不能保证安全使用的。

⑤ 停止使用时间超过2年的。

⑥ 改变使用介质并且可能造成腐蚀现象恶化的。

⑦ 设计图样注明无法进行耐压试验的。

⑧ 检验中对其他影响安全的因素有怀疑的。

⑨ 搪玻璃设备。

三、耐压试验

指压力容器全面检验合格后，所进行的超过最高工作压力的液压试验，或者气压试验，

每两次全面检验期间内,原则上应进行一次耐压试验。

对设计图样注明无法进行全面检验或耐压试验的压力容器,由使用单位提出申请,地市级安全监察机构审查,同意报省级监察机构备案。

(一) 耐压试验的要求

1. 全面检验合格后方可允许进行耐压试验

耐压试验前,压力容器各连接部位的紧固螺栓,必须装配齐全,紧固稳当。耐压试验场地应当有可靠的安全防护设施,并且经过使用单位技术负责人和安全部门检验认可。耐压试验过程中,检验人员与使用单位压力容器管理人员到现场进行检验。检验时不得进行与试验无关的工作,无关人员不得在试验现场停留。

2. 耐压试验的压力

耐压试验的压力应当符合设计图样要求,并且不小于下式计算值:

$$p_T = \eta p [\sigma]/[\sigma]_t$$

耐压试验的压力系数如表 5-1 所示。

表 5-1 耐压试验的压力系数 η

压力容器型式	压力容器的材料	压力等级	耐压试验压力系数 液(水)压	耐压试验压力系数 气压
固定式	钢和有色金属	低压	1.25	1.15
固定式	钢和有色金属	中压	1.25	1.15
固定式	钢和有色金属	高压	1.25	1.15
固定式	铸铁		2.00	
固定式	搪玻璃		1.25	
移动式		中、低压	1.50	1.15

(二) 耐压试验前,应当对压力容器进行应力校核,其环向薄膜应力值应当符合如下要求

① 液压试验时,不得超过试验温度下材料屈服点的 90% 与焊接接头系数的乘积;

② 气压试验时,不得超过试验温度下材料屈服点的 80% 与焊接接头系数的乘积。

(三) 耐压试验优先选择液压试验,其试验介质应当符合如下要求

1. 液压试验介质

凡在试验时,不会导致发生危险的液体,在低于其沸点的温度下,都可以用作液压试验介质。一般采用水,当采用可燃性液体进行液压试验时,试验温度必须低于可燃性液体的闪点,试验场地附近不得有火源,并且配备适用的消防器材。

2. 以水为介质

以水为介质进行液压试验,所用的水必须是洁净的。奥式体不锈钢制压力容器用水进行液压试验时,控制水的氯离子含量不超过 25mg/L。

3. 水压试验程序

水压试验程序指试压准备、注水排气、升压、保压、检查、卸压和排水。

① 试压准备工作:确定试验压力,在容器顶部和试压泵(机)出口各装一块符合标准要求且检验合格的压力表、准备试压泵(机)等。

② 向容器注水和排空气。

③ 当容器与水温一致后，启动试压泵（机）缓慢地分级升压，在升压至设计压力或最高工作压力时，进行检查待确定情况正常后继续升压至试验压力。

④ 保压30min，仔细观察压力表有无压力降。

⑤ 保压后缓慢降压至设计压力或最高工作压力规定试验压力的87%，进行检查，重点检查受压元件有无变形或异常，焊缝及法兰等连接部位有无渗漏等现象。

⑥ 检查完后即缓慢降压并将水排尽，进行通风干燥处理。

4. 液压试验

符合以下条件为合格。

① 无渗漏；

② 无可见的变形；

③ 试验过程中无异常的响声。

四、压力容器气压试验应当符合的要求

（一）基本要求

① 由于结构或者支承原因，压力容器内不能充灌液体，以及运行条件不允许残留试验液体的压力容器，可以按设计图样规定采用气压试验；

② 盛装易燃介质的压力容器，在气压试验前，必须采用蒸汽或者其他有效手段进行彻底的清洗、置换并且取样分析合格，否则严禁用空气作为试验介质；

③ 试验所用气体为干燥洁净的空气、氮气或者其他惰性气体；

④ 碳素钢和低合金钢制压力容器的试验用气体温度不得低于15℃，其他材料制压力容器的试验用气体温度应当符合设计图样规定；

⑤ 气压试验时，试验单位的安全部门进行现场监督。

（二）气压试验的操作过程

① 缓慢升压至规定试验压力的10%，保压5~10min，对所有焊缝和连接部位进行初次检查。如果无泄漏可以继续升压到规定试验压力的50%。

② 如果无异常现象，其后按规定试验压力的10%逐级升压，直到试验压力，保压30min。然后降到规定试验压力的87%，保压足够时间进行检查，检查期间压力应当保持不变，不得采用连续加压来维持试验压力不变。气压试验过程中严禁带压紧固螺栓或者向受压元件施加外力。

（三）气压试验过程中，符合以下条件为合格

① 压力容器无异常响声；

② 经过肥皂液或者其他检漏液检查无漏气；

③ 无可见的变形。

对盛装易燃介质的压力容器，如果以氮气或者其他惰性气体进行气压试验，试验后，应当保留0.05~0.1MPa的余压，保持密封。

（四）有色金属制压力容器耐压试验，应当符合其标准规定或者设计图样的要求

五、气密性试验

介质毒性程度为极高、高度危害或设计上不允许有微量泄漏的压力容器，必须进行气密

性试验。

（一）气密性试验的要求

① 气密性试验的试验压力应当等于检验核定的最高工作压力，安全阀的开启压力不高于容器的设计压力；

② 气密性试验所有气体应当符合《压力容器定期检验规则》的规定。

（二）气密性试验操作应符合的规定

① 试验时应将安全附件配齐全。

② 压力缓慢上升，直到试验压力10%时暂停升压，对气密部位及焊缝等进行检查。

③ 升压应分梯次逐步进行提高，每级按试验压力10%～20%，每级之间应保压。

④ 达到试验压力后，经过检查无泄漏异常，保压时间不少于30min，压力未下降，即合格。

⑤ 有压力时严禁紧固螺栓。

任务3　压力容器的安全使用

一、容器安全操作规程

容器安全操作规程应包括以下的内容：

① 容器的操作工艺控制指标，包括最高工作压力、最高或最低工作温度、压力及温度波动幅度的控制值；

② 压力容器的岗位操作法，开、停机的操作程序和注意事项；

③ 容器运行中日常检查的部位和内容要求；

④ 容器运行中可能出现异常现象的判断和处理方法以及防范措施；

⑤ 容器的防腐措施和停用时的维护保养方法。

二、压力容器的检验

① 压力容器的定期检验周期按国家有关规定执行。

② 对压力容器所配备的安全装置（安全阀、压力表等），应定期进行通、排放工作，以保证其灵敏、可靠。安全附件的检定、检验严格按有关规定执行。

③ 对检验中发现的问题要及时采取措施进行修理或消除，对难以消除的缺陷应采取降级、降压，限期使用直至更新等方法进行处理，并报市质量技术监督局备案。

三、安全装置的调整和检修

① 压力容器内部有压力时，不得对安全装置和主要的受压元件进行任何修理或紧固调整工作。需焊、挖补修理时，应由持特殊焊接工作操作证人员参加。

② 安全阀更新购置应有出厂合格证，合格证上应有检验部门和质检员的印章，并有注明检验日期，无出厂合格证严禁购置使用。

③ 安全阀使用中应定期校验，每年至少一次，调整后的安全阀应加铅封，并填写记录。检验调整工作应由专职检验人员进行。未经许可，任何人员不得任意启封调整检验。

④ 未经检验合格和无铅封的压力表不得使用，在使用过程中如发现压力表失灵、刻度不清、表盘玻璃破裂、卸压后指针不回零位、铅封损坏等情况，应立即更换。

⑤ 压力表的装设、校验与维护应符合国家计量部门的规定，压力表应定期检验，每半

年至少一次，经检验合格的压力表有铅封和检验合格证。

四、压力容器技术档案管理制度

（一）压力容器技术档案的种类

① 压力容器随机出厂文件（包括产品出厂合格证、安装使用维护保养说明书、压力容器主要部件型式试验报告书、装箱单、机房井道布置图、电气原理图、接线图、压力容器功能表、主要部件安装示意图、易损件目录）；

② 压力容器开工申报单；

③ 压力容器安装施工记录；

④ 竣工验收报告；

⑤ 特种设备监督部门压力容器验收报告和定期检验报告；

⑥ 日常检查、维护保养、大修、改造记录及检验报告；

⑦ 运行情况记录和交接班记录；

⑧ 事故及故障记录；

⑨ 压力容器操作人员培训记录；

⑩ 使用登记资料。

（二）压力容器技术档案的接收、登记、整理、保管、借阅等参照本单位《特种设备技术档案管理制度》执行

五、压力容器维修保养规定

① 压力容器使用的维护保养坚持"预防为主"和"日常维护与计划检修相结合"的原则，做到正确使用、精心维护与坚持日常保养，保证其长周期、安全、稳定运行。

② 压力容器必须在规定工艺参数下使用，不得超范围使用。经常检查压力容器外观，容器外观无鼓包、不变形、不泄漏、无裂纹迹象，发现异常应及时处理。按管、紧固件、密封件部位等无损坏、泄漏现象。

③ 安全附件（压力表、安全阀等）应齐全，安装正确，定期检查、检验，保证动作灵敏可靠。适时对蒸汽、空气安全阀进行手提排气卸压试验，防止安全阀失修、粘连、堵塞等。

④ 对查出的不安全因素，必须做到"三定"和"三不放过"，即确定原因，制定整改内容和时间，指定落实整改人员。整改不落实不放过，整改不完成不放过，无防范措施不放过。

⑤ 压力容器的操作、检修应经专业培训考核，持证上岗。

⑥ 压力容器应定期检验合格，方可使用。

⑦ 压力容器的运行参数一旦超过许用值，采取措施仍得不到有效控制时，应紧急停止运行。

六、压力容器的安全操作

压力容器的安全与容器使用关系极大。在容器运行过程中，从使用条件、环境条件和维修条件等方面采取措施，以保证容器的安全运行。

① 压力容器操作人员必须持证上岗。

② 压力容器管理人员要熟悉容器的结构、类别、主要技术参数和技术性能，严格按操作规程操作，掌握处理一般事故的方法，认真填写压力容器使用记录。

③ 压力容器要平稳操作。容器开始加压时，速度不宜过快，要防止压力的突然上升。加热或冷却都应缓慢进行，尽量避免操作中压力的频繁和大幅度波动，避免运行中容器温度的突然变化。

④ 压力容器严禁超温、超压运行。

⑤ 严禁带压拆卸压紧螺栓。

⑥ 坚持容器运行期间巡回检查，及时发现操作中或设备上出现的不正常状态，并采取相应措施进行调整或消除。检查内容应包括工艺条件、设备状况及安全装置等方面。

⑦ 处理紧急状况。

任务 4　气瓶的安全管理

气瓶就是用于盛装气体的可重复充装的移动式压力容器。气瓶是移动式压力容器，它不但具有一般压力容器的共性，即包容着介质，这些介质不但聚集了巨大的能量，而且多数具有燃烧、毒害或腐蚀的性质，承受着高压，存在着爆炸的危险性；还因为气瓶具有体积小、流动性大、数量多、使用和充装条件恶劣等特点，又使其具有特殊性。如果使用不当，就会造成气瓶爆炸事故。造成气瓶发生爆炸事故的主要原因是超装、错装和混装。可燃气体或有毒气体气瓶，因为瓶嘴、瓶阀漏气造成燃烧、爆炸或中毒的事故时有发生。私自滥倒、滥用液化石油气残液而造成事故的也屡禁不止。

国家颁发的《气瓶安全监察规程》的适用范围是设计压力为 $9.8 \times 10^4 \sim 2940 \times 10^4 Pa$（表压），容积不大于 $1m^3$，盛装压缩气体和液化气体的钢质气瓶。气瓶是储运式压力容器。它在生产中使用日益广泛。目前使用最多的是无缝钢瓶。

一、气瓶的分类

气瓶的分类方法很多。按气瓶充装气体的物理性质分为压缩气体气瓶、液化气体气瓶（高压液化气体、低压液化气体）；按充装气体的化学性质分为惰性气体气瓶、助燃气体气瓶、易燃气体气瓶和有毒气体气瓶；按气瓶设计压力分为高压气瓶和中压气瓶；按制造材料分为钢制气瓶（不锈钢气瓶）、玻璃钢气瓶；按气瓶结构分为无缝气瓶和焊接气瓶。

为了便于安全管理，根据《气瓶安全监察规程》按照设计压力对常用压缩气体和液化气瓶分类，如表 5-2 所示。

二、气瓶的结构及附件

企业常用的气瓶多是无缝钢瓶，它由瓶体、瓶阀、瓶帽、防震圈组成。气瓶的安全附件包括气瓶专用爆破片、安全阀、易熔合金塞、瓶阀、瓶帽、液位计、防震圈、紧急切断和充装限位装置等。

爆破片装在瓶阀上，其爆破压力略高于瓶内气体的最高温升压力。爆破片多用于高压气瓶上，有的气瓶不装爆破片。

易熔合金塞一般装在低压气瓶的瓶肩上，当周围环境温度超过气瓶的最高使用温度时，易熔塞的易熔合金熔化，瓶内气体排出，避免气瓶爆炸。

气瓶装有两个防震圈是气瓶瓶体的保护装置。气瓶在充装、使用、搬运过程中，常常会因滚动、震动、碰撞而损伤瓶壁，以致发生脆性破坏。这是气瓶发生爆炸事故常见的一种直接原因。

项目五 压力容器安全管理

表 5-2 常用压缩气体和液化气体气瓶分类

气体种别		设计压力 p /10^4Pa	充 装 气 体
压缩气体 $T_c<-10℃$		2940～1960	空气、氧、氢、氮、氩、氦、氖、氪、甲烷、煤气等
		1470	空气、氧、氢、氮、氩、氦、氖、氪、甲烷、煤气、三氟化硼、四氟甲烷（F-14）等
液化气体 $T_c\geq-10℃$	高压液化气体 $-10℃\leq T_c\leq 70℃$	1960～1470	二氧化碳、氧化亚氮、乙烷、乙烯等
		1225	氙、氧化亚氮、六氟化硫、氯化氢、乙烷、乙烯、三氟氯甲烷（F-13）、三氟甲烷（F-23）、六氟乙烷（F-116）、偏二氟乙烯、氟乙烷、三氟溴甲烷（F-13B1）等
		294	六氟化硫、三氟氯甲烷（F-13）、六氟乙烷（F-116）、偏二氟乙烯、氟乙烯、三氟溴甲烷（F-13B1）等
	低压液化气体 $T_c>70℃$ 在60℃时的 p_c $>9.8\times10^4$Pa	490	溴化氢、硫化氢、碳酰二氯（光气）等
		294	氨、丙烷、丙烯、二氟氯甲烷（F-22）、三氟乙烷（F-143）等
		196	氯、二氧化硫、环丙烯、六氟丙烯、二氯二氟甲烷（F-12）、偏二氟乙烷（F-152a）、三氯乙烯、氯甲烷、甲醚、四氧化二氮、氟化氢、溴甲烷等
		98	正丁烷、异丁烷、异丁烯、1 丁烯、1,3 丁二烯、二氯氟甲烷（F 21）、二氯四氟乙烷（F-114）、二氟氯乙烷（F-142）、二氟溴氯甲烷（F-12B1）、氯乙烯、溴乙烯、甲胺、二甲胺、三甲胺、乙胺、乙烯基甲醚、环氧乙烷等

瓶帽是瓶阀的防护装置，它可避免气瓶在搬运过程中因碰撞而损坏瓶阀，保护出气口螺纹不被损坏，防止灰尘、水分或油脂等杂物落入阀内。

瓶阀是控制气体出入的装置，一般是用黄铜或钢制造。

（一）瓶阀

瓶阀是气瓶的主要附件，是控制气瓶内气体进出的装置。瓶阀要体积小、强度高、气密性好、经久耐用、安全可靠。制造瓶阀的材料，要根据瓶内盛装的气体来选择。一般瓶阀的材料选用黄铜或碳钢。氧气瓶多选用黄铜制造的瓶阀，由于黄铜耐氧化、导热性好，摩擦时不产生火花。液氨容易与铜产生化学反应，因此氨瓶的瓶阀，就要选用钢制瓶阀。因铜与乙炔可形成爆炸性的乙炔铜，所以乙炔瓶要选用钢制瓶阀。

瓶阀主要由阀体、阀杆、阀瓣、密封件、压紧螺母、手轮以及易熔合金塞、爆破膜等组成。如图 5-7 所示。

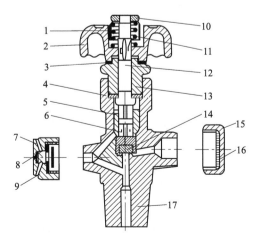

图 5-7 活瓣式瓶阀（套筒）

1—压簧盖；2—手轮；3,4,8,16—封垫；5—套筒；6—阀瓣；7—带孔螺母；9—安全膜片；
10—压帽；11—弹簧；12—阀杆；13—压紧螺母；14—密封填料；15—螺盖；17—阀体

（二）瓶帽与防震圈

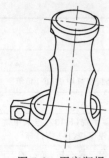

图 5-8　固定瓶帽

瓶帽的作用是保护瓶阀不受损坏。它常用钢管、可锻铸铁或球墨铸铁制造，瓶帽上开有排气孔，当瓶漏气或爆破膜破裂时，可防止瓶帽承受压力。排气孔位置对称，避免气体由一侧排出时的反作用力使气瓶倾倒。

瓶帽有两种，一种是活动瓶帽，即充气、用气时要摘下瓶帽。另一种是固定瓶帽，近几年才使用。即充气、用气时不必摘下瓶帽，它既能保护瓶阀，又防止常摘常戴瓶帽的麻烦，如图 5-8 所示。

防震圈是用橡胶或塑料制成，圈厚一般不小于 25～30mm，富有弹性。一个气瓶上装设两个，当气瓶受到冲击时，能吸收能量，减少震动，同时还有保护瓶体漆层和标记的作用。

三、气瓶安全管理

（一）气瓶涂色

气瓶涂色的主要作用是：

① 保护瓶体，防止腐蚀；
② 反射阳光等热源，防止气瓶过度升温；
③ 气瓶色彩的标志，便于区别、辨认所盛装的介质，防止事故，利于安全。

气瓶的钢印标记，对识别气瓶并准确充装、安全使用、定期检验等起着重要作用。按规定印在气瓶肩部或不可拆卸的附件上。

《气瓶颜色标志》(GB/T 7144—2016)规定了气瓶外表面的涂敷颜色、字样、字色、色环、色带和检验色标等要求，是识别气瓶所充装气体和定期检验年限的主要标志之一(表 5-3，表 5-4)。

表 5-3　气瓶颜色标志

序号	充装气体	化学式（或符号）	体色	字样	字色	色环
1	空气	air	黑	空气	白	$p=20$,白色单环 $p \geqslant 30$,白色双环
2	氩	Ar	银灰	氩	深绿	
3	氟	F_2	白	氟	黑	
4	氦	He	银灰	氦	深绿	$p=20$,白色单环 $p \geqslant 30$,白色双环
5	氪	Kr	银灰	氪	深绿	
6	氖	Ne	银灰	氖	深绿	
7	一氧化氮	NO	白	一氧化氮	黑	
8	氮	N_2	黑	氮	白	$p=20$,白色单环 $p \geqslant 30$,白色双环
9	氧	O_2	淡(酞)蓝	氧	黑	
10	二氟化氧	OF_2	白	二氟化氧	大红	
11	一氧化碳	CO	银灰	一氧化碳	大红	
12	氘	D_2	银灰	氘		
13	氢	H_2	淡绿	氢	大红	$p=20$,大红单环 $p \geqslant 30$,大红双环

续表

序号	充装气体	化学式（或符号）	体色	字样	字色	色环
14	甲烷	CH_4	棕	甲烷	白	$p=20$,白色单环 $p\geqslant 30$,白色双环
15	天然气	CNG	棕	天然气	白	
16	空气(液体)	air	黑	液化空气	白	
17	氩(液体)	Ar	银灰	液氩	深绿	
18	氦(液体)	He	银灰	液氦	深绿	
19	氢(液体)	H_2	淡绿	液氢	大红	
20	天然气(液体)	LNG	棕	液化天然气	白	
21	氮(液体)	N_2	黑	液氮	白	
22	氖(液体)	Ne	银灰	液氖	深绿	
23	氧(液体)	O_2	淡(酞)蓝	液氧	黑	
24	三氟化硼	BF_3	银灰	三氟化硼	黑	
25	二氧化碳	CO_2	铝白	液化二氧化碳	黑	$p=20$,黑色单环
26	碳酰氟	CF_2O	银灰	液化碳酰氟	黑	
27①	三氟氯甲烷	CF_3Cl	铝白	液化三氟氯甲烷 R-13	黑	$p=12.5$,黑色单环
28	六氟乙烷	C_2F_6	铝白	液化六氟乙烷 R-116	黑	
29	氯化氢	HCl	银灰	液化氯化氢	黑	
30	三氟化氮	NF_3	银灰	液化三氟化氮	黑	
31	一氧化二氮	N_2O	银灰	液化笑气	黑	$p=15$,黑色单环
32	五氟化磷	PF_5	银灰	液化五氟化磷	黑	
33	三氟化磷	PF_3	银灰	液化三氟化磷	黑	
34	四氟化硅	SiF_4	银灰	液化四氟化硅 R-764	黑	
35	六氟化硫	SF_6	银灰	液化六氟化硫	黑	$p=12.5$,黑色单环
36	四氟甲烷	CF_4	铝白	液化四氟甲烷 R-14	黑	
37	三氟甲烷	CHF_3	铝白	液化三氟甲烷 R-23	黑	
38	氙	Xe	银灰	液氙	深绿	$p=20$,白色单环 $p=30$,白色双环
39	1,1-二氟乙烯	$C_2H_2F_2$	银灰	液化偏二氟乙烯 R-1132a	大红	
40	乙烷	C_2H_6	棕	液化乙烷	白	$p=15$,白色单环 $p=20$,白色双环
41	乙烯	C_2H_4	棕	液化乙烯	淡黄	
42	磷化氢	PH_3	白	液化磷化氢	大红	
43	硅烷	SiH_4	银灰	液化硅烷	大红	
44	乙硼烷	B_2H_6	白	液化乙硼烷	大红	
45	氟乙烯	C_2H_3F	银灰	液化氟乙烯 R-1141	大红	
46	锗烷	GeH_4	白	液化锗烷	大红	
47	四氟乙烯	C_2F_4	银灰	液化四氟乙烯	大红	
48	二氟溴氯甲烷	$CBrClF_2$	铝白	液化二氟溴氯甲烷 R-12B1	黑	
49	三氯化硼	BCl_3	银灰	液化三氯化硼	黑	

续表

序号	充装气体	化学式（或符号）	体色	字样	字色	色环
50	溴三氟甲烷	$CBrF_3$	铝白	液化溴三氟甲烷 R-13B1	黑	$p=12.5$,黑色单环
51	氯	Cl_2	深绿	液氯	白	
52	氯二氟甲烷	$CHClF_2$	铝白	液化氯二氟甲烷 R-22	黑	
53①	氯五氟乙烷	CF_3CClF_2	铝白	液化氟氯烷 R-115	黑	
54	氯四氟甲烷	$CHClF_4$	铝白	液化氟氯烷 R-124	黑	
55	氯三氟乙烷	CH_2ClCF_3	铝白	液化氯三氟乙烷 R-133a	黑	
56①	二氯二氟甲烷	CCl_2F_2	铝白	液化二氟二氯甲烷 R-12	黑	
57	二氯氟甲烷	$CHCl_2F$	铝白	液化氟氯烷 R-21	黑	
58	三氧化二氮	N_2O_3	白	液化三氧化二氮	黑	
59①	二氯四氟乙烷	$C_2Cl_2F_4$	铝白	液化氟氯烷 R-114	黑	
60	七氟丙烷	CF_3CHFCF_3	铝白	液化七氟丙烷 R-227e	黑	
61	六氟丙烷	C_3F_6	银灰	液化六氟丙烷 R-1216	黑	
62	溴化氢	HBr	银灰	液化溴化氢	黑	
63	氟化氢	HF	银灰	液化氟化氢	黑	
64	二氧化氮	NO_2	白	液化二氧化氮	黑	
65	八氟环丁烷	C_4H_8	铝白	液化氟氯烷 R-C318	黑	
66	五氟乙烷	$CH_2F_2CF_3$	铝白	液化五氟乙烷 R-125	黑	
67	碳酰二氯	$COCl_2$	白	液化光气	黑	
68	二氧化硫	SO_2	银灰	液化二氧化硫	黑	
69	硫酰氟	SO_2F_2	银灰	液化硫酰氟	黑	
70	1,1,1,2-四氟乙烷	CH_2FCF_3	铝白	液化四氟乙烷 R-134a	黑	
71	氨	NH_3	淡黄	液氨	黑	
72	锑化氢	SbH_3	银灰	液化锑化氢	大红	
73	砷烷	AsH_3	白	液化砷化氢	大红	
74	正丁烷	C_4H_{10}	棕	液化正丁烷	白	
75	1-丁烯	C_4H_8	棕	液化丁烯	淡黄	
76	(顺)2-丁烯	C_4H_8	棕	液化顺丁烯	淡黄	
77	(反)2-丁烯	C_4H_8	棕	液化反丁烯	淡黄	
78	氯二氟乙烷	CH_3CClF_2	铝白	液化氯二氟乙烷 R-142b	大红	
79	环丙烷	C_3H_6	棕	液化环丙烷	白	
80	二氯硅烷	SiH_2Cl_2	银灰	液化二氯硅烷	大红	
81	偏二氟乙烷	CF_2CH_3	铝白	液化偏二氟乙烷 R-152a	大红	
82	二氟甲烷	CH_2F_2	铝白	液化二氧化甲烷 R-32	大红	
83	二甲胺	$(CH_3)_2NH$	银灰	液化二甲胺	大红	
84	二甲醚	C_2H_6O	淡绿	液化二甲醚	大红	
85	乙硅烷	SiH_6	银灰	液化乙硅烷	大红	
86	乙胺	$C_2H_5NH_2$	银灰	液化乙胺	大红	

续表

序号	充装气体		化学式 (或符号)	体色	字样	字色	色环
87	氯乙烷		C_2H_5Cl	银灰	液化氯乙烷 R-160	大红	
88	硒化氢		H_2Se	银灰	液化硒化氢	大红	
89	硫化氢		H_2S	白	液化硫化氢	大红	
90	异丁烷		C_4H_{10}	棕	液化异丁烷	白	
91	异丁烯		C_4H_8	棕	液化异丁烯	淡黄	
92	甲胺		CH_3NH_2	银灰	液化甲胺	大红	
93	溴甲烷		CH_3Br	银灰	液化溴甲烷	大红	
94	氯甲烷		CH_3Cl	银灰	液化氯甲烷	大红	
95	甲硫醇		CH_3SH	银灰	液化甲硫醇	大红	
96	丙烷		C_3H_8	棕	液化丙烷	白	
97	丙烯		C_3H_6	棕	液化丙烯	淡黄	
98	三氯硅烷		$SiHCl_3$	银灰	液化三氯硅烷	大红	
99	1,1,1-三氟乙烷		CHF_3CH_2	铝白	液化三氟乙烷 R-143a	大红	
100	三甲胺		$(CH_3)_3N$	银灰	液化三甲胺	大红	
101	液化石油气	工业用		棕	液化石油气	白	
		民用		银灰	液化石油气	大红	
102	1,3-丁二烯		C_4H_6	棕	液化丁二烯	淡黄	
103	氯三氟乙烯		C_2F_3Cl	银灰	液化氯三氟乙烯 R-1113	大红	
104	环氧乙烷		CH_2OCH_2	银灰	液化环氧乙烷	大红	
105	甲基乙烯基醚		C_3H_6O	银灰	液化甲基乙烯基醚	大红	
106	溴乙烯		C_2H_3Br	银灰	液化溴乙烯	大红	
107	氯乙烯		C_2H_3Cl	银灰	液化氯乙烯	大红	
108	乙炔		C_2H_2	白	乙炔不可近火	大红	

① 是 2010 年后停止生产和使用的气体。

注：1. 色环栏内的 p 是气瓶的公称工作压力，MPa；车用压缩天然气钢瓶可不涂色环。

2. 充装液氧、液氮、液化天然气等不涂敷颜色的气瓶，其体色和字色指瓶体标签的底色和字色。

表 5-4 气瓶涂膜配色类型

充装气体类别		气瓶涂膜配色类型		
		体色	字色	环色
烃类	烷烃	YR05 棕	白	R03 大红
	烯烃			
稀有气体类		B04 银灰	G05 深绿	
氟氯烷类		铝白	可燃性:R03 大红 不燃性:黑	
毒性类		Y06 淡黄		
其他气体		B04 银灰		

(二)充装安全

1. 气瓶充装过量是气瓶破裂爆炸的常见原因之一

必须加强管理,严格执行《气瓶安全监察规程》的安全要求,防止充装过量。必须严格按规定的充装系数充装,不得超量。过量时,瓶内气相空间减少或消失,当温度升高液体膨胀,就会出现瓶内空间全部充满液体(满液),由于液体的压缩系数小而膨胀系数大,加上满液或温度升高,导致瓶内压力急剧上升发生超压破裂事故。

2. 防止不同性质气体混装

气体混装是指在同一气瓶内灌装两种气体(或液体)。如果这两种介质在瓶内发生化学反应,将会造成气瓶爆炸事故。如原氢气的气瓶还有一定量余气,又灌装氧气,结果瓶内氢气与氧气发生化学反应,产生大量反应热,瓶内压力急剧升高,气瓶爆炸,酿成严重事故。

3. 属下列情况之一的,应先进行处理,否则严禁充装

① 钢印标记、颜色标记不符规定及无法判定瓶内气体的;
② 附件不全、损坏或不符合规定的;
③ 瓶内无剩余压力的;
④ 超过检验期的;
⑤ 外观检查存在明显损伤,需进一步进行检查的;
⑥ 氧化或强氧化性气体气瓶沾有油脂的;
⑦ 易燃气体气瓶的首次充装,事先未经置换和抽空的。

(三)储存安全

① 应置于专用仓库储存,气瓶仓库应符合《建筑设计防火规范》的有关规定;
② 仓库内不得有地沟、暗道,严禁明火和其他热源,仓库内应通风、干燥,避免阳光直射;
③ 盛装易起聚合反应或分解反应气体的气瓶,必须根据气体的性质控制仓库内的最高温度、规定储存期限,并应避开放射源;
④ 空瓶与实瓶应分开放置,并有明显标志,毒性气体和瓶内气体相互接触能引起燃烧、爆炸、产生毒物的气瓶,应分室存放,并在附近设置防毒用具或灭火器材;
⑤ 气瓶放置应整齐,配戴好瓶帽。立放时,要妥善固定;横放时,头部朝同一方向。

(四)使用安全

① 采购和使用有制造许可证企业的合格产品,不使用超期未检的气瓶。
② 使用者必须到已办理充装注册的单位或经销注册的单位购气。
③ 气瓶使用前应进行安全状况检查,对盛装气体进行确认,不符合安全技术要求的气瓶严禁入库和使用;使用时必须严格按照使用说明书的要求使用气瓶。
④ 气瓶的放置地点,不得靠近热源和明火(不得小于10m),应保持气体气瓶瓶体干燥清洁,严禁沾染油脂、腐蚀性介质、灰尘等;盛装易起聚合反应或分解反应气体的气瓶,应避开射线、电磁波、振动源。
⑤ 气瓶立放时,应采取防止倾倒的措施。
⑥ 应防止暴晒、雨淋、水浸。
⑦ 严禁敲击、碰撞。
⑧ 严禁在气瓶上进行电焊引弧。

⑨ 严禁用温度超过 40℃ 热源对气瓶加热。
⑩ 瓶内气体不得用尽，必须留有剩余压力或质量。
⑪ 在可能造成回流的使用场合，使用设备上不许配置防止倒灌的装置，如单向阀、止回阀、缓冲罐等。
⑫ 移动气瓶应手扶瓶肩转动瓶底；移动距离较远时可用轻便小车运送，严禁抛、滚、滑、翻和肩抗、脚揣。
⑬ 注意操作顺序：开启瓶阀应轻缓，操作者应站在瓶阀出口的侧后；关闭瓶阀应轻而严，不能用力过大，避免关得太紧、太死。
⑭ 液化石油气瓶用户及经销者，严禁将气瓶内的气体向其他气瓶倒装，严禁自行处理气瓶内的残液。
⑮ 气瓶投入使用后，不得对瓶体进行挖补、焊接修理。
⑯ 严禁擅自更改气瓶的钢印和颜色。

（五）气瓶事故案例

[案例 5-1]

2004 年 2 月 29 日下午 17 时 07 分，台州某气体公司正在充装氧气瓶，当压力充装到 10.8MPa 时，突然其中一只气瓶瓶阀螺纹口冒出火焰，不到 3s，该瓶就发生爆炸，共炸成 6 块碎片，飞出的碎片将一人砸死，另一人重伤。据有关人员现场调查分析，初步认定为化学性爆炸，为气瓶内有可燃性物质所致。经查该气瓶充装前的使用单位是一家染料化工厂。

[案例 5-2]

2004 年 5 月 25 日早上 6 时 40 分左右，杭州某气体厂的一辆气瓶运输卡车，将一车氧气瓶送到余杭区崇贤镇 320 国道旁的杭州伟宏机械铸锻有限公司内，在准备卸货倒车途中两只氧气瓶相撞，突然发生爆炸，在场的两名装卸工被炸死，另一人受重伤。据有关专家分析这次爆炸事故主要是氧气瓶内有机物氧化反应引起的。

[案例 5-3]

2004 年 6 月 3 日上午 10 时 45 分左右，瑞安市万隆化工有限公司 264 车间发生一起还原反应釜爆燃事故，造成车间起火，一名当班职工严重烧伤后送医院经抢救无效死亡，直接经济损失达 85.1 万元。根据事故调查组调查报告，事故原因系该公司使用了文成县某气体公司送去的氮气。事后经查气体公司送的实际是氧气，致使反应釜内氢气、骨架镍、酒精等介质遇氧气产生反应而爆燃。这次事故因气体公司误将氮气瓶充装氧气，对该起事故负主要责任。

[案例 5-4]

2004 年 7 月 3 日凌晨 1 时多，磐安一氧气经营部用农用运输车装载 41 只气瓶到永康某气体公司充装二氧化碳，在将满瓶装回车上时，其中一只气瓶突然发生爆炸，造成一人死亡，一人受伤。死者葛某，现年 32 岁，在磐安县经营氧气乙炔站。据永康市事故调查组调查，该 41 只气瓶均未经检验和建档，未刻录气瓶标识，爆炸主要原因是钢瓶超期、充装前未检查。

任务 5　锅炉安全管理

锅炉爆炸是一种危害大、影响广的安全事故，极易造成人身伤亡事故，近年来，发生多起锅炉爆炸事故，如 2010 年 9 月 23 日 19 时 50 分左右，山西省吕梁市孝义市阳泉曲镇运峰铝业有限公司发生蒸汽锅炉爆炸事故，导致锅炉房旁的化验室倒塌，此事故共有 9 人遇难、4 人受伤。

锅炉是生产蒸汽的设备，它把燃料的化学能转变为热能，再利用热能产生蒸汽。锅炉按用途分为电站锅炉、工业锅炉、机车锅炉、船舶锅炉和生活锅炉，按结构分为水管锅炉、火管锅炉两种，前者是烟气在管内流动。有时又按压力分为低压、中压、高压与超高压锅炉四个等级。

一、锅炉的危险因素

锅炉在运行时，不仅要承受一定的温度和压力，而且要遭受介质的侵蚀和飞灰磨损，因此具有爆炸的危险。如果锅炉在设计制造及安装过程中存在缺陷或年久失修，或违反操作规程都可能出现严重的事故。压力容器类似锅炉，是承受压力的密闭容器。有些压力容器盛装可燃介质，一旦发生泄漏，这些可燃气体会立即与空气混合并达到爆炸极限，若遇到火源即可导致二次爆炸火燃烧等连锁反应，造成特大的火灾、爆炸和伤亡事故。

锅炉常见的危险因素有：

1. 水位异常

主要是在运行过程中发生缺水和满水。当严重缺水时，水冷壁管已部分干烧、过热，如果此时强行进水，温度很高的汽包和水冷壁管发生急冷，产生巨大的热应力，同时水大量汽化会造成管子大面积损坏甚至炉管爆裂。因此锅炉严重缺水时绝不能立即加水，应立即熄火停炉。满水也会使蒸汽压力严重波动造成锅炉损坏，此时应减少给水或及时排水，必要时也应停炉。

2. 汽水共腾

主要是锅炉水位波动幅度异常，水面翻腾程度大。原因是炉水中含盐量高，管壁结垢严重，水汽化受扰动使蒸汽系统压力严重波动，有时还可引起锅炉承压系统部件损坏，甚至造成炉管爆裂。

3. 炉膛爆炸

炉膛爆炸是指炉膛内发生可燃物瞬时爆燃的现象。其原因主要是点火前炉膛内存在可燃物，一般是点火不成功没有及时清理炉膛而留存下来的，当再次点火时就可导致炉膛内的可燃气体、可燃物发生爆燃。

由于压力容器是在压力状态下运行，内部介质又有可能是有毒可燃的，所以锅炉点火前必须通风置换，清除可燃物，使其浓度远远低于爆炸界限。压力容器一旦发生事故必须进行周密检查和必要的技术措施。

二、锅炉运行的安全管理

1. 锅炉安全附件

锅炉安全附件是锅炉运行中不可缺少的部分，主要是指压力表、水位计、安全阀、汽水阀、排污阀等附件。这些附件对锅炉安全运行极为重要，特别是压力表、水位计和安全阀，是锅炉操作人员进行正常操作的耳目,也是保证锅炉安全运行的基本附件,因此,通常被人们称为锅炉三大安全附件。

2. 安全管理

① 锅炉房,每层至少应有两个出口,分别设在两侧,门应向外开,在锅炉运行期间不准锁住或拴住,锅炉房内的工作室或生活室的门应向锅炉房内开。

② 锅炉运行要有操作规程、交接班制度、水质管理制度、定期检验制度等。

③ 运行锅炉应每年进行一次停炉内外部检验,每6年进行一次水压试验。

④ 蒸汽锅炉运行中遇有下列情况之一时,应立即停炉:

a. 锅炉水位降到规定的水位极限以下;

b. 不断加大向锅炉给水及采取其他措施,但水位仍继续下降;

c. 锅炉水位已经升到运行规程规定的水位上位极限以上;

d. 给水机械全部失效;

e. 水位表或安全阀全部失效;

f. 锅炉元件损坏,危及运行人员安全;

g. 燃烧设备损坏,炉膛倒塌或锅炉构架被烧红;

h. 其他异常运行情况。

三、锅炉安全操作规程

1. 点火操作

① 打开烟道挡板,启动风机进行机械通风 5～10min。

② 把点火把点着烧旺,送入油枪喷头前下方,开进油阀门,小心地点火。

③ 根据燃烧情况,调整油门、油门和送风量,使燃烧稳定进行。

④ 等火焰稳定、燃烧正常,炉膛温度有所上升以后,抽出点火把。

⑤ 点火速度不要太急促,特别是水容量大的和水循环较差的锅炉,炉温更应缓慢上升。

⑥ 如果出现灭火,应分析原因,排除故障,强制通风 5～10min 后,再进行点火,严防发生爆燃事故。

⑦ 严密监视水位的变化情况。适当加强通风和燃烧,开始升压或升温。

⑧ 若点火未着,应立即切断点火气源,重新强制通风 5～10min,再点火。

2. 锅炉升压(升温)操作

① 蒸汽锅炉当压力升至 0.05～0.1MPa 表压力时,冲洗水位表。

② 当压力升至 0.1～0.15MPa 表压力时,冲洗压力表存水弯管,以防止因污垢堵塞失灵。

③ 当压力升至 0.15～0.2MPa 表压力时,关闭上锅筒排空。

④ 当汽压上升至 0.2～0.3MPa 表压力时,检查应无渗漏现象,拧紧松动的人孔、手孔和法兰连接螺丝。操作时应侧身,所用扳手的长度不得超过 20 倍螺丝直径。

⑤ 当汽压升至 0.3～0.4MPa 表压力时,进行一次下部放水,放水引起水位降低时,应开启给水阀补水。

⑥ 热水炉温升达到 20℃时要进行排污串水一次,压力表要进行冲洗。正常开户升温过程不能少于 4h。

3. 蒸汽锅炉的暖管操作

① 先开启蒸汽管道上的所有疏水阀门，排出管道内积存和凝结水。

② 缓慢开启锅炉的主汽阀，至全开启，应加关半圈，以防因热胀而卡死。

③ 当看到疏水阀处排出干燥蒸汽时，即可结束暖管，并关闭疏水阀。

④ 在暖管过程中，应注意检查管道支架与膨胀节的情况，如发现异常情况，应停止暖管，查明原因，消除故障后再继续暖管。

4. 蒸汽锅炉的供汽操作

缓慢地开启主汽阀，当听不到蒸汽管道内异常声响后，再开大主汽阀。如管道内有水击声，应开大管道疏水阀，待凝结水排尽后，再重新开大主汽阀送汽。

5. 蒸汽锅炉的排污操作

① 先微开慢开阀，预热两个阀间管道，无冲击声时即可全开，然后打开快开阀少许，预热排污管道，无冲击声时将快开阀全关几次进行排污，排污完毕，先将快开阀关闭，再关慢开阀。

② 当两台以上锅炉共用一根排污总管时，严禁两台锅炉同时排污。同时注意渗漏现象。

6. 缺水事故的处理

① 如水位表中的水位低于最低安全水位线，又可见到水位时，应冲洗水位表确定水位的高低。

② 手动调节加大给水量。

③ 经过上述处理后，如水位仍继续下降，则应立即停炉，关闭主汽阀，继续向锅炉给水。

④ 如严重缺水，则不应向锅炉给水。应按紧急停炉处理方法处理，并迅速报告有关领导。

7. 满水事故的处理

① 立即关闭给水阀门，打开省煤器再循环阀门或旁路烟道。

② 开启排污阀、加强放水，但要注意水位表内水位，防止放水过量造成缺水事故。

③ 关小风闸门，减少油（汽）量和送风。

④ 开启主汽阀、分汽缸和蒸汽母管上的疏水阀门。

⑤ 待水位正常后，恢复正常燃烧。

8. 汽水共腾事故的处理

① 全开上锅筒的表面排污，同时可适当进行底部排污，加强给水，保证正常水位，以降低锅炉的含盐量。

② 打开过热器、蒸汽管路和分汽缸上的疏水阀门。

③ 应采取有效措施，改善炉水品质，增加对炉水分析次数，炉水品质未改善前，不允许增加锅炉负荷。

9. 蒸汽炉爆管事故的处理

① 炉管轻微破裂，如锅炉水位尚能维持正常，裂口不可能迅速扩大时，应加强给水，减负荷运行，并立即启用备用锅炉，待备用炉升火投入正常运行后再按正常停炉处理。如有数台锅炉并列供热，应将此炉与蒸汽母管隔断后做正常停炉处理。

② 炉管爆破，水位和汽压迅速下降时，应紧急停炉。如水位低于最低水位或不可见时，切忌向炉内进水，但要维持引风机运行，待排尽烟气和蒸汽后停止。

③ 停炉后，即关闭主汽阀。

10. 热水炉的爆管事故处理

① 热水炉发生爆管后，应立即停炉。
② 使水泵循环，继续给水，待炉内水温低于50℃时停止给水。

11. 烟道内二次燃烧事故的处理

① 立即停止向炉膛供给燃料，紧急停炉。
② 关闭烟道送风挡板和各孔门，严禁通风。
③ 采用蒸汽喷入烟道灭火或CO_2灭火器灭火。
④ 事故消除后，认真检查设备，如无异常可先通风5～10min，再按操作规程点火，重新点火，重新投入运行。

12. 燃烧室炉墙损坏事故的处理

一旦发现炉体外护板过热，应立即停炉检查，若是炉墙损坏，应立即修复。

13. 电源中断事故的处理

① 立即关闭燃烧器，打开省煤器再循环阀门。
② 立即关闭蒸汽联箱总阀，清扫油系统。
③ 查明停电原因和恢复时间，做好重新点炉的准备。

14. 热水锅炉汽化事故的处理

① 发生汽化事故时，立即减少锅炉的热负荷，即调成小火焰。
② 检查分析造成汽化事故的原因，并采取相应的措施，主要是加强补水和减少燃烧。
③ 经减少热负荷和加强补水以后，仍无效果时，应紧急停炉。

15. 锅炉灭火事故的处理

① 发现灭火，要立即关闭油（汽）阀门，打开旁路循环阀门（注意不要影响正常炉）。
② 风机运转5～10min以后，停止风机运转，关闭烟风挡板。
③ 若循环水泵也停运时，应检查锅炉水位，随时排出汽化蒸汽。
④ 分析灭火原因，并采取相应措施。

16. 紧急停炉的操作

需要紧急停炉时，可开大循环阀门，关闭油（汽）嘴，立即停火。

项目六
触电伤害预防

电力作为一种最基本的能源,是国民经济发展及广大人民日常生活不可缺少的东西,由于电本身看不见、摸不着,它具有潜在的危险性。只有掌握了用电的基本规律,懂得了用电的基本常识,按操作规程办事,电才能很好地为人民服务。否则,就会造成意想不到的电气故障,导致人身触电,电气设备损坏,甚至引起重大火灾等,轻则使人受伤,重则致人死亡。所以,必须高度重视用电安全问题。

任务 1　用电安全

一、电的危险性

我们的生产和生活离不开电,电能用途广泛,可用于照明、冶炼、电镀、电解、电热、通信和自动控制等。但是它又会对人类构成威胁。触电会造成人员伤亡,电气事故不仅会毁坏用电设备,还会引起火灾。

电气事故主要包括触电事故、电磁场伤害事故、静电事故、雷击事故、电路故障引发的电气火灾和爆炸事故、危及人身安全的电气线路事故。由于物体带电不像机械危险部位那样容易被人们觉察,因此电更具有危险性。电流对人体的伤害有三种形式:电击、电伤和电磁场伤害。

电击是指电流通过人体,破坏人的心脏、肺及神经系统的正常功能。

电伤是指电流的热效应、化学效应和机械效应对人体的伤害,主要是指电烧伤、电烙印、皮肤金属化。

电磁场伤害是指在高频磁场的作用下,人会出现头晕、乏力、记忆力减退、失眠、多梦等神经系统的症状。

一般认为,电流通过人体的心脏、肺部和中枢神经系统的危险性较大,特别是电流通过心脏时,危险性最大。所以从手到脚的电流途径最为危险,因为沿该条途径有较多的电流通过心脏、肺部等重要器官;其次是从一只手到另一只手的电流途径;第三是从一只脚到另一只脚电流途径。触电还容易因剧烈痉挛而摔倒,导致电流通过全身,并造成摔伤、坠落等二次事故。

按照人体触及带电体的方式和电流通过人体的途径，电击又可分为下列几种情况。

(1) 低压单相触电

即人体站在地面或其他接地导体上触及一相带电体的触电。大部分触电事故都是单相触电。

(2) 低压两相触电

即人体同时触及两相带电体的触电，这时由于人体受到的电压高达到220V或380V，所以危险性很大。

(3) 跨步电压触电

当带电体接地有电流流入地下时，电流在接地点周围土壤中产生电压降，人在接地点周围，两脚之间出现的电压即称跨步电压。由此引起的触电事故称为跨步电压触电。往往高压故障接地处或有大电流流过的接地装置附近，都可以出现较高跨步电压。

(4) 高压电击

对于高于1000V以上的高压电气设备，当人体过分接近它时，高压电可将空气电离，然后通过空气进入人体，此时还伴有高电弧，能把人烧伤。

通常电气设备都采用频率为50Hz的交流电，这是对人体很危险的频率。

(一) 电流对人体的伤害

当人体触及带电体时，电流通过人体，使部分或整个身体遭到电的刺激和伤害，引起电伤和电击。电伤是指人体的外部受到电的损伤，如电弧灼伤、电烙印等。当人体处于高压设备附近，且距离小于或等于放电距离时，在人与带电的高压设备之间就会发生电弧放电，人体在高达3000℃，甚至更高的电弧温度和电流的热、化学效应作用下，将会引起严重的甚至可以导致死亡的电弧灼伤。电击则指人体的内部器官受到伤害，如电流作用于人体的神经中枢，使心脏和呼吸系统机能的正常工作受到破坏，发生抽搐和痉挛、失去知觉等，也可能使呼吸器官和血液循环器官的活动停止或大大减弱，从而形成所谓假死。此时，若不及时采用人工呼吸和其他医疗方法救护，人将不能复生。

人触电时的受害程度与作用于人体的电压、人体的电阻、通过人体的电流值、电流的频率、电流通过的时间、电流在人体中流通的途径以及人的体质情况等因素有关，而电流值则是危害人体的直接因素。

(二) 影响触电危险程度的因素

触电的危险程度同很多因素有关：

① 通过人体电流的大小；

② 电流通过人体的持续时间；

③ 电流通过人体的不同途径；

④ 电流的种类与频率的高低；

⑤ 人体电阻的高低。

其中，以电流的大小和触电时间的长短为主要因素。

二、防止触电的技术措施

防止触电的技术措施如下：

① 绝缘、屏护和间距；

② 接地和接零；

③ 漏电保护；

④ 采用安全电压；
⑤ 加强绝缘。

1. 绝缘、屏护和间距

绝缘、屏护和间距是最为常见的安全措施。它是防止人体触及或过分接近带电体造成触电事故以及防止短路、故障接地等电气事故的主要安全措施。

绝缘：就是用绝缘物把带电体封闭起来。瓷、玻璃、云母、橡胶、木材、胶木、塑料、布、纸和矿物油等都是常用的绝缘材料。应当注意，很多绝缘材料受潮后会丧失绝缘性能，或在强电场作用下，会遭到破坏，丧失绝缘性能。

屏护：即采用遮拦、护罩、护盖箱匣等把带电体同外界隔绝开来。电器开关的可动部分一般不能使用绝缘，而需要屏护。高压设备不论是否有绝缘，均应采取屏护。这样不仅可防止触电，还可防止电弧伤人。

间距：就是保证必要的安全距离。间距除用于防止触电或过分接近带电体外，还能起到防止火灾、防止混线、方便操作的作用。在低压工作中，最小检修距离不应小于 0.1m。在高压无遮拦操作检修中，10kV、35kV、110kV、220kV、500kV 设备不停电时的安全距离分别是 0.7m、1.0m、1.5m、3m、5m。在架空线路中检修，人体或其所携带工具与临近带电导线的最小距离，10kV 及以下者不应小于 1.0m，35kV 者不应小于 2.5m。在架空线路附近吊装作业时，起重机具、吊物与线路之间的最小距离，1kV 以下者不应小于 1.5m，1～10kV 者不应小于 2m。

2. 接地和接零

接地：指与大地的直接连接，电气装置或电气线路带电部分的某点与大地连接、电气装置或其他装置正常时不带电部分某点与大地的人为连接都叫接地。

接地分为正常接地和故障接地。

正常接地：即人为接地。

故障接地：即电气装置或电气线路的带电部分与大地之间意外的连接。

保护接地：为了防止电气设备外露的不带电导体意外带电造成危险，将该电气设备经保护接地线与深埋在地下的接地体紧密连接起来的做法叫保护接地。

由于绝缘破坏或其他原因而可能呈现危险电压的金属部分，都应采取保护接地措施。如电机、变压器、开关设备、照明器具及其他电气设备的金属外壳都应予以接地。一般低压系统中，保护接地电阻应小于 4Ω。

保护接零：就是把电气设备在正常情况下不带电的金属部分与电网的零线紧密地连接起来。应当注意的是，在三相四线制的电力系统中，通常是把电气设备的金属外壳同时接地、接零，这就是所谓的重复接地保护措施，但还应该注意，零线回路中不允许装设熔断器和开关。

3. 装设漏电保护装置

为了保证故障情况下人身和设备的安全，应尽量装设漏电流动作保护器。它可以在设备及线路漏电时通过保护装置的检测机构取得异常信号，经中间机构转换和传递，然后促使执行机构动作，自动切断电源来起保护作用。

4. 采用安全电压

这是用于小型电气设备或小容量电气线路的安全措施。根据欧姆定律，电压越大，电流也就越大。因此，可以把可能加在人身上的电压限制在某一范围内，使得在这种电压下，通过人体的电流不超过允许范围，这一电压就叫作安全电压。安全电压的工频有效值不超过

50V，直流不超过 120V。我国规定工频有效值的等级为 42V，36V，24V，12V 和 6V。特别危险环境下的携带式电动工具应采用 42V；有电击危险环境中使用的手持照明灯和局部照明灯应采用 36V 或 24V 安全电压；凡金属容器内、隧道内、矿井内、特别潮湿处等工作地点狭窄、行动不便，以及周围有大面积接地导体的环境，使用手提照明灯时应采用 12V 安全电压，水下作业应采用 6V 安全电压。

5. 加强绝缘

加强绝缘就是采用双重绝缘或另加总体绝缘，即保护绝缘体以防止通常绝缘损坏后的触电。

任务 2　触电的伤害与急救

随着社会的不断进步，电能已经成为人们生产生活中最基本和不可代替的能源。"电"日益影响着工业的自动化和社会的现代化。然而，当电能失去控制时，就会引发各类电气事故，其中对人体的伤害即触电事故是各类事故中最常见的事故。

一、电流对人体的影响

电流对人体作用的规律，可用来定量地分析触电事故，也可以运用这些规律，科学地评价一些防触电措施和设施是否完善，科学地评定一些电气产品是否合格等。

（一）作用机理

电流通过人体时破坏人体内细胞的正常工作，主要表现为生物学效应。电流作用人体还包含有热效应、化学效应和机械效应。

电流的生物学效应主要表现为使人体产生刺激和兴奋行为，使人体活的组织发生变异，从一种状态变为另外一种状态。电流通过肌肉组织，引起肌肉收缩。由于电流引起神经细胞激动，产生脉冲形式的神经兴奋波，当这兴奋波迅速地传到中枢神经系统后，后者即发出不同的指令，使人体各部做相应的反应，因此，当人体触及带电体时，一些没有电流通过的部位也可能受到刺激，发生强烈的反应，重要器官的工作可能受到破坏。

在活的机体上，特别是肌肉和神经系统，有微弱的生物电存在。如果引入局外电流，生物电的正常规律将受到破坏，人体也将受到不同程度的伤害。

电流通过人体还有热作用。电流所经过的血管、神经、心脏、大脑等器官将因为热量增加而导致功能障碍。

电流通过人体，还会引起机体内液体物质发生离解、分解导致破坏。

电流通过人体，还会使机体各种组织产生蒸汽，乃至发生剥离、断裂等严重破坏。

（二）作用征象

小电流通过人体，会引起麻感、针刺感、压迫感、打击感、痉挛、疼痛、呼吸困难、血压异常、昏迷、心律不齐、窒息、心室颤动等症状。数安以上的电流通过人体，还可能导致严重的烧伤。

小电流电击使人致命的最危险、最主要的原因是引起心室颤动。麻痹和中止呼吸、电休克虽然也可能导致死亡，但其危险性比引起心室颤动要小得多。发生心室颤动时，心脏每分钟颤动 1000 次以上，但幅值很小，而且没有规律，血液实际上中止循环。心室颤动能够持续的时间是不会太长的。在心室颤动状态下，如不及时抢救，心脏很快将停止跳动，并导致生物性死亡。当人体遭受电击时，如果有电流通过心脏，可能直接作用于心肌，引起心室颤动；如果没有电流通过心脏，亦可能经中枢神经系统反射作用于心肌，引起心室颤动。

由于电流的瞬时作用而发生心室颤动时，呼吸可能持续 2～3min。在其丧失知觉之前，有时还能叫喊几声、有的还能走几步。但是，由于其心脏已进入心室颤动状态，血液已中止循环，大脑和全身迅速缺氧，病情将急剧恶化，如不及时抢救，很快将导致生物性死亡。

（三）作用因素

不同的人于不同的时间、不同的地点与同一根导线接触，后果将是千差万别的。这是因为电流对人体的作用受很多因素的影响。

1. 电流大小的影响

通过人体的电流越大，人的生理反应和病理反应越明显，引起心室颤动所用的时间越短，致命的危险性越大。按照人体呈现的状态，可将预期通过人体的电流分为三个级别。

（1）感知电流

在一定概率下，通过人体引起人有任何感觉的最小电流（有效值，下同）称为该概率下的感知电流。概率为 50% 时，成年男子平均感知电流约为 1.1mA，成年女子约为 0.7mA。

感知电流一般不会对人体构成伤害，但当电流增大时，感觉增强，反应加剧，可能导致坠落等二次事故。

（2）摆脱电流

当通过人体的电流超过感知电流时，肌肉收缩增加，刺痛感觉增强，感觉部位扩展。当电流增大到一定程度时，由于中枢神经反射和肌肉收缩、痉挛，触电人将不能自行摆脱带电体。在一定概率下，人触电后能自行摆脱带电体的最大电流称为该概率下的摆脱电流。

摆脱电流是人体可以忍受，一般尚不致造成不良后果的电流。电流超过摆脱电流以后，会感到异常痛苦、恐慌和难以忍受；如时间过长，则可能昏迷、窒息，甚至死亡。因此，可以认为摆脱电流是表明有较大危险的界限。

（3）室颤电流

通过人体引起心室发生纤维性颤动的最小电流称为室颤电流。电击致死的原因是比较复杂的。例如：高压触电事故中，可能因为强电弧或很大的电流导致的烧伤使人致命；低压触电事故中，正如前面说过的，可能因为心室颤动，也可能因为窒息时间过长使人致命。一旦发生心室颤动，数分钟内即可导致死亡。在小电流（不超过数百毫安）的作用下，电击致命的主要原因，是电流引起心室颤动。因此，可以认为室颤电流是短时间作用的最小致命电流。

2. 电流持续时间的影响

电击持续时间越长，则电击危险性越大。其原因有四。

① 电流持续时间越长，则体内积累局外电能越多，伤害越严重，表现为室颤电流减小。

② 心电图上心脏收缩与舒张之间约 0.2s 的 T 波（特别是 T 波的前半部），是对电流最为敏感的心脏易损期（易激期）。电击持续时间延长，必然重合心脏易损期，电击危险性增大。

③ 随着电击持续时间的延长，人体电阻由于出汗、击穿、电解而下降，如接触电压不变，流经人体的电流必然增加，电击危险性随之增大。

④ 电击持续时间越长，中枢神经反射越强烈，电击危险性越大。

3. 电流途径的影响

人体在电流的作用下，没有绝对安全的途径。电流通过心脏，会引起心室颤动乃至心脏停止跳动而导致死亡；电流通过中枢神经及有关部位，会引起中枢神经强烈失调而导致死亡；电流通过头部，严重损伤大脑，亦可能使人昏迷不醒而死亡；电流通过脊髓会使人截瘫；电流通过人的局部肢体亦可能引起中枢神经强烈反射而导致严重后果。

流过心脏的电流越多、电流路线越短的途径是电击危险性越大的途径。可用心脏电流因数粗略衡量不同电流途径的危险程度。心脏电流因数是表明电流途径影响的无量纲系数。如通过人体左手至脚途径的电流 I_0 与通过人体某一途径的电流 I 引起心室颤动的危险性相同，则该途径的心脏电流因数为不同途径的心脏电流因数，见表 6-1。

表 6-1 心脏电流因数

电流途径	心脏电流因数	电流途径	心脏电流因数
左手—左脚、右脚或双脚	1.0	背—右手	0.3
双手—双脚	1.0	胸—左手	1.5
右手—左脚、右脚或双脚	0.8	胸—右手	1.3
左手—右手	0.4	臀部—左手、右手或双手	0.7
背—左手	0.7		

4. 电流种类的影响

不同种类电流对人体伤害的构成不同，危险程度也不同，但各种电流对人体都有致命危险。

（1）直流电流的作用

在接通和断开瞬间，直流平均感知电流约为 2mA。300mA 以下的直流电流没有确定的摆脱电流值；300mA 以上的直流电流将导致不能摆脱或数秒至数分钟以后才能摆脱带电体。电流持续时间超过心脏搏动周期时，直流室颤电流为交流的数倍；电流持续时间 200ms 以下时，直流室颤电流与交流大致相同。

（2）100Hz 以上电流的作用

通常引进频率因数评价高频电流电击的危险性。频率因数是通过人体的某种频率电流与有相应生理效应的工频电流之比。100Hz 以上电流的频率因数都大于 1。当频率超过 50Hz 时，频率因数由慢至快，逐渐增大。

感知电流、摆脱电流与频率的关系可按图 6-1 确定。图 6-1 中，1、2、3 为感知电流曲线，1 线感知概率为 0.5%、2 线感知概率为 50%、3 线感知概率为 99.5%；4、5、6 为摆脱电流曲线，摆脱概率分别为 99.5%、50% 和 0.5%。

（3）冲击电流的作用

冲击电流指作用时间 0.1~10ms 的电流，包括方脉冲波电流、正弦脉冲波电流和电容放电脉冲波电流。冲击电流对人体的作用有感知界限、疼痛界限和室颤界限，没有摆脱界限。冲击电流的疼痛界限常用比能量 I^2t 表示。在电流流经四肢、接触面积较大的情况下，疼痛界限为 $50 \times 10^{-6} \sim 10 \times 10^{-6} A^2 \cdot s$。对于左手—双脚的电流途径，冲击电流的室颤界限见图 6-2。图 6-2 中，c_1 以下是不发生室颤的区域；c_1 与 c_2 之间是低度（概率 5% 以下）室颤危险的区域；c_2 与 c_3 之间是中等（概率 50%）室颤危险的区域；c_3 以上是高度（概率 50% 以上）室颤危险的区域。

5. 个体特征的影响

身体健康、肌肉发达者摆脱电流较大，室颤电流约与心脏质量成正比。患有心脏病、中枢神经系统疾病、肺病的人电击后的危险性较大。精神状态和心理因素对电击后果也有影响。女性的感知电流和摆脱电流约为男性的 2/3。儿童遭受电击后的危险性较大。

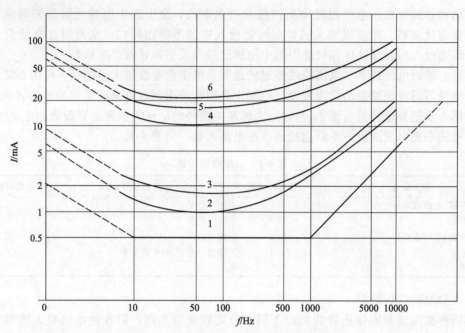

图 6-1 感知电流、摆脱电流-频率曲线

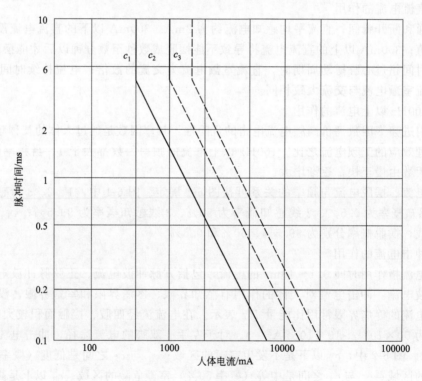

图 6-2 冲击电流的室颤界限

6. 人体电阻的影响

人体触电时,流过人体的电流(当接触电压一定时)由人体的电阻值决定,人体电阻越小,流过人体的电流越大,也就越危险。

人体电阻主要包括人体内部电阻和皮肤电阻。人体内部组织的电阻,虽然是不稳定的,但有一个共同的特点，就是电阻值与外加电压的大小基本上没有关系。一般人的平均电阻值是 $1000\sim1500\Omega$。

当皮肤有损坏时，则皮肤的绝缘层被击穿，人体电阻就只剩下内部电阻了。

潮湿、出汗、导电的化学物质和尘埃（如金属或炭质粉末）等都能使皮肤的电阻显著下降。若皮肤上有汗水，电阻就会变得很低，电流对人体的作用就会增大。

环境温度对人体的电阻也有很大影响。实验得知，人体在周围温度为 45℃ 时的电阻较在 18℃ 时减小一半以上。一个人若在 45℃ 的环境中停留 1h，他的电阻就会比做短时间停留时小，当他回到低温的环境中时，电阻又会突然增大。

二、触电事故种类、方式与规律

众所周知，触电事故是由电流形成的能量所造成的事故。为了更好地预防触电事故，首先我们应了解触电事故的种类、方式与规律。

（一）触电事故种类

按照触电事故的构成方式，触电事故可分为电击和电伤。

1. 电击

电击是电流对人体内部组织的伤害，是最危险的一种伤害，绝大多数（大约 85% 以上）的触电死亡事故都是由电击造成的。

电击的主要特征有：

① 伤害人体内部。

② 在人体的外表没有显著的痕迹。

③ 致命电流较小。

按照发生电击时电气设备的状态，电击可分为直接接触电击和间接接触电击。

① 直接接触电击。直接接触电击是触及设备和线路正常运行时带电体发生的电击（如误触接线端子发生的电击），也称为正常状态下的电击。

② 间接接触电击。间接接触电击是触及正常状态下不带电，而当设备或线路故障时意外带电的导体发生的电击（如触及漏电设备的外壳发生的电击），也称为故障状态下的电击。

2. 电伤

电伤是由电流的热效应、化学效应、机械效应等效应对人造成的伤害。触电伤亡事故中，纯电伤性质的及带有电伤性质的约占 75%（电烧伤约占 40%）。尽管约 85% 的触电死亡事故是电击造成的，但其中约 70% 的含有电伤成分。对专业电工自身的安全而言，预防电伤具有更加重要的意义。

（1）电烧伤

是电流的热效应造成的伤害，分为电流灼伤和电弧烧伤。

电流灼伤是人体与带电体接触，电流通过人体由电能转换成热能造成的伤害。电流灼伤一般发生在低压设备或低压线路上。

电弧烧伤是由弧光放电造成的伤害，分为直接电弧烧伤和间接电弧烧伤。前者是带电体与人体之间发生电弧，有电流流过人体的烧伤；后者是电弧发生在人体附近对人体的烧伤，包含熔化了的炽热金属溅出造成的烫伤。直接电弧烧伤是与电击同时发生的。

电弧放电时能量高度集中，弧柱中心区温度高达 10000℃ 左右，可造成大面积、大深度的烧伤，甚至烧焦、烧掉四肢及其他部位。大电流通过人体，也可能烘干、烧焦机体组织。高压电弧的烧伤较低压电弧严重，直流电弧的烧伤较工频交流电弧严重。

发生直接电弧烧伤时,电流进、出口烧伤最为严重,体内也会受到烧伤。与电击不同的是,电弧烧伤都会在人体表面留下明显痕迹,而且致命电流较大。

(2) 皮肤金属化

是在电弧高温的作用下,金属熔化、汽化,金属微粒渗入皮肤,使皮肤粗糙而张紧的伤害。皮肤金属化多与电弧烧伤同时发生。

(3) 电烙印

是在人体与带电体接触部位留下的永久性斑痕。斑痕处皮肤失去原有弹性、色泽,表皮坏死,失去知觉。

(4) 机械性损伤

是电流作用于人体时,由于中枢神经反射和肌肉强烈收缩等作用导致的机体组织断裂、骨折等伤害。

(5) 电光眼

是发生弧光放电时,红外线、可见光、紫外线对眼睛的伤害。电光眼表现为角膜炎或结膜炎。

(二)触电事故方式

按照人体触及带电体的方式和电流流过人体的途径,电击可分为单相触电、两相触电和跨步电压触电。

1. 单相触电

当人体直接碰触带电设备其中的一相时,电流通过人体流入大地,这种触电现象称为单相触电。对于高压带电体,人体虽未直接接触,但由于超过了安全距离,高电压对人体放电,造成单相接地而引起的触电,也属于单相触电。

低压电网通常采用变压器低压侧中性点直接接地和中性点不直接接地(通过保护间隙接地)的接线方式,这两种接线方式发生单相触电的情况如图6-3所示。

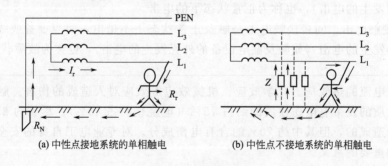

(a) 中性点接地系统的单相触电　　(b) 中性点不接地系统的单相触电

图 6-3　单相触电示意图

2. 两相触电

人体同时接触带电设备或线路中的两相导体,或在高压系统中,人体同时接近不同相的两相带电导体,从而发生电弧放电,电流从一相导体通过人体流入另一相导体,构成一个闭合回路,这种触电方式称为两相触电。

发生两相触电时,作用于人体上的电压等于线电压,这种触电是最危险的。

3. 跨步电压触电

当电气设备发生接地故障,接地电流通过接地体向大地流散,在地面上形成电位分布时,若人在接地短路点周围行走,其两脚之间的电位差,就是跨步电压。由跨步电压引起的人体触电，称为跨步电压触电。

下列情况和部位可能发生跨步电压电击：

① 带电导体，特别是高压导体故障接地处，流散电流在地面各点产生的电位差造成跨步电压电击；

② 接地装置流过故障电流时，流散电流在附近地面各点产生的电位差造成跨步电压电击；

③ 正常时有较大工作电流流过的接地装置附近，流散电流在地面各点产生的电位差造成跨步电压电击；

④ 防雷装置接受雷击时，极大的流散电流在其接地装置附近地面各点产生的电位差造成跨步电压电击；

⑤ 高大设施或高大树木遭受雷击时，极大的流散电流在附近地面各点产生的电位差造成跨步电压电击。

跨步电压的大小受接地电流大小、鞋和地面特征、两脚之间的跨距、两脚的方位以及离接地点的远近等很多因素的影响。人的跨距一般按 0.8m 考虑。

由于跨步电压受很多因素的影响以及由于地面电位分布的复杂性，几个人在同一地带（如同一棵大树下或同一故障接地点附近）遭到跨步电压电击时，完全可能出现截然不同的后果。

（三）触电事故规律

为防止触电事故，应当了解触电事故的规律。根据对触电事故的分析，从触电事故的发生率上看，可找到以下规律。

1. 触电事故季节性明显

统计资料表明，每年二、三季度事故多。特别是 6~9 月，事故最为集中。主要原因：一是这段时间天气炎热、人体衣单而多汗，触电危险性较大；二是这段时间多雨、潮湿，地面导电性增强，容易构成电击电流的回路，而且电气设备的绝缘电阻降低，容易漏电。其次，这段时间在大部分农村都是农忙季节，农村用电量增加，触电事故因而增多。

2. 低压设备触电事故多

国内外统计资料表明，低压触电事故远远多于高压触电事故。其主要原因是低压设备远远多于高压设备，与之接触的人比与高压设备接触的人多得多，而且都比较缺乏电气安全知识。应当指出，在专业电工中，情况是相反的，即高压触电事故比低压触电事故多。

3. 携带式设备和移动式设备触电事故多

携带式设备和移动式设备触电事故多的主要原因是：一方面，这些设备是在人的紧握之下运行，不但接触电阻小，而且一旦触电就难以摆脱电源；另一方面，这些设备需要经常移动，工作条件差，设备和电源线都容易发生故障或损坏；此外，单相携带式设备的保护零线与工作零线容易接错，也会造成触电事故。

4. 电气连接部位触电事故多

大量触电事故的统计资料表明，很多触电事故发生在接线端子、缠接接头、压接接头、焊接接头、电缆头、灯座、插销、插座、控制开关、接触器、熔断器等分支线、接户线处。主要是这些连接部位机械牢固性较差、接触电阻较大、绝缘强度较低以及可能发生化学反应的缘故。

5. 错误操作和违章作业造成的触电事故多

大量触电事故的统计资料表明，有 85% 以上的事故是由于错误操作和违章作业造成的。

其主要原因是安全教育不够、安全制度不严和安全措施不完善、操作者素质不高等。

6. 不同行业触电事故不同

冶金、矿业、建筑、机械行业触电事故多。由于这些行业的生产现场经常伴有潮湿、高温、现场混乱、移动式设备和携带式设备多以及金属设备多等不安全因素,以致触电事故多。

7. 不同年龄段的人员触电事故不同

中青年工人、非专业电工、合同工和临时工触电事故多。其主要原因是这些人是主要操作者,经常接触电气设备。而且,这些人经验不足,又比较缺乏电气安全知识,其中有的责任心还不够强,以致触电事故多。

8. 不同地域触电事故不同

部分省市统计资料表明,农村触电事故明显多于城市,发生在农村的事故约为城市的3倍。

从造成事故的原因上看,由于电气设备或电气线路安装不符合要求,会直接造成触电事故;由于电气设备运行管理不当,使绝缘损坏而漏电,又没有切实有效的安全措施,也会造成触电事故;由于制度不完善或违章作业,特别是非电工擅自处理电气事务,很容易造成电气事故;接线错误,特别是插头、插座接线错误造成过很多触电事故;高压线断落地面可能造成跨步电压触电事故等等。应当注意,很多触电事故都不是由单一原因,而是由两个以上的原因造成的。

触电事故的规律不是一成不变的。在一定的条件下,触电事故的规律也会发生一定的变化。例如,低压触电事故多于高压触电事故在一般情况下是成立的,但对于专业电气工作人员来说,情况往往是相反的。因此,应当在实践中不断分析和总结触电事故的规律,为做好电气安全工作积累经验。

三、触电急救

触电急救必须分秒必争,立即就地迅速用心肺复苏法进行抢救,并坚持不断地进行,同时及早与医疗部门联系,争取医务人员接替救治。在医务人员未接替救治前,不应放弃现场抢救,更不能只根据没有呼吸或脉搏擅自判定伤员死亡,放弃抢救。只有医生有权做出伤员死亡的诊断。

(一)脱离电源

触电急救,首先要使触电者迅速脱离电源,越快越好。因为电流作用的时间越长,伤害越重。

① 脱离电源就是要把触电者接触的那一部分带电设备的开关、刀闸或其他断路设备断开;或设法将触电者与带电设备脱离。在脱离电源中,救护人员既要救人,也要注意保护自己。

② 触电者未脱离电源前,救护人员不准直接用手触及伤员,因为有触电的危险。

③ 如触电者处于高处,解脱电源后会自高处坠落,因此,要采取预防措施。

④ 触电者触及低压带电设备,救护人员应设法迅速切断电源,如:拉开电源开关或刀闸,拔除电源插头等;或使用绝缘工具、干燥的木棒、木板、绳索等不导电的东西解脱触电者;也可抓住触电者干燥而不贴身的衣服,将其拖开,切记要避免碰到金属物体和触电者的裸露身躯;也可戴绝缘手套或将手用干燥衣物等包起绝缘后解脱触电者;救护人员也可站在

绝缘垫上或干木板上，绝缘自己进行救护。

为使触电者与导电体解脱，最好用一只手进行。

⑤ 如果电流通过触电者入地，并且触电者紧握电线，可设法用干木板塞到身下，与地隔离，也可用干木把斧子或有绝缘柄的钳子等将电线剪断。剪断电线要分相，一根一根地剪断，并尽可能站在绝缘物体或干木板上。

⑥ 触电者触及高压带电设备，救护人员应迅速切断电源，或用适合该电压等级的绝缘工具（戴绝缘手套、穿绝缘靴并用绝缘棒）解脱触电者。救护人员在抢救过程中应注意保持自身与周围带电部分必要的安全距离。

⑦ 如果触电发生在架空线杆塔上，如系低压带电线路，若可能立即切断线路电源的，应迅速切断电源，或者由救护人员迅速登杆，束好自己的安全皮带后，用带绝缘胶柄的钢丝钳、干燥的不导电物体或绝缘物体将触电者拉离电源；如系高压带电线路，又不可能迅速切断电源开关的，可采用抛挂足够截面的适当长度的金属短路线方法，使电源开关跳闸。抛挂前，将短路线一端固定在铁塔或接地引下线上，另一端系重物，但抛掷短路线时，应注意防止电弧伤人或断线危及人员安全。不论是何级电压线路上触电，救护人员在使触电者脱离电源时要注意防止发生高处坠落的可能和再次触及其他有电线路的可能。

⑧ 如果触电者触及断落在地上的带电高压导线，且尚未确证线路无电，救护人员在未做好安全措施（如穿绝缘靴或临时双脚并紧跳跃地接近触电者）前，不能接近断线点至 8～10m 范围内，防止跨步电压伤人。触电者脱离带电导线后亦应迅速带至 10m 以外后立即开始触电急救。只有在确证线路已经无电，才可在触电者离开触电导线后，立即就地进行急救。

⑨ 救护触电伤员切除电源时，有时会同时使照明失电，因此应考虑事故照明、应急灯等临时照明。新的照明要符合使用场所防火、防爆的要求。但不能因此延误切除电源和进行急救。

（二）脱离电源后的处理

1. 伤员的应急处置

触电伤员如神志清醒，应使其就地躺平，严密观察，暂时不要站立或走动。

触电伤员如神志不清，应就地仰面躺平，且确保气道通畅，并用 5s 时间，呼叫伤员或轻拍其肩部，以判定伤员是否意识丧失。禁止摇动伤员头部呼叫伤员。

需要抢救的伤员，应立即就地坚持正确抢救，并设法联系医疗部门接替救治。

2. 呼吸、心跳情况

触电伤员如意识丧失，应在 10s 内，用看、听、试的方法（见图 6-4），判定伤员呼吸心跳情况。

看：看伤员的胸部、腹部有无起伏动作。

听：用耳贴近伤员的口鼻处，听有无呼气声音。

试：试测口鼻有无呼气的气流。再用两手指轻试一侧（左或右）喉结旁凹陷处的颈动脉有无搏动。

若看、听、试结果，既无呼吸又无颈动脉搏动，可判定呼吸、心跳停止。

（三）急救方法

1. 心肺复苏

触电伤员呼吸和心跳均停止时，应立即按心肺复苏法支持生命的三项基本措施，即通畅

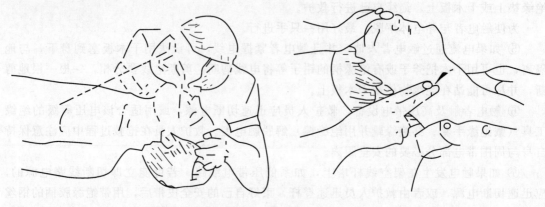

图 6-4 看、听、试

气道、口对口（鼻）人工呼吸、胸外按压（人工循环），正确进行就地抢救。

2. 通畅气道

① 触电伤员呼吸停止，重要的是始终确保气道通畅。如发现伤员口内有异物，可将其身体及头部同时侧转，迅速用一个手指或用两手指交叉从口角处插入，取出异物；操作中要注意防止将异物推到咽喉深部。

② 通畅气道可采用仰头抬颏法（见图 6-5）。用一只手放在触电者前额，另一只手的手指将其下颌骨向上抬起，两手协同将头部推向后仰，舌根随之抬起，气道即可通畅（判断气道是否通畅可参见图 6-6）。严禁用枕头或其他物品垫在伤员头下，头部抬高前倾，会更加重气道阻塞，且使胸外按压时流向脑部的血流减少，甚至消失。

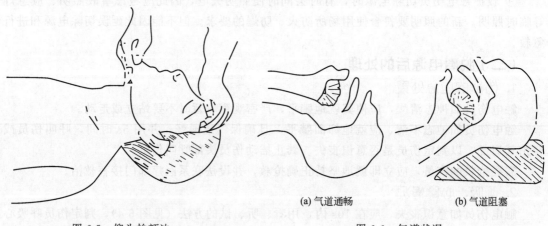

(a) 气道通畅　　(b) 气道阻塞

图 6-5　仰头抬颏法　　　　图 6-6　气道状况

3. 口对口（鼻）人工呼吸（见图 6-7）

① 在保持伤员气道通畅的同时，救护人员用放在伤员额上的手的手指捏住伤员鼻翼，救护人员深吸气后，与伤员口对口紧合，在不漏气的情况下，先连续大口吹气两次，每次 1～1.5s。如两次吹气后试测颈动脉仍无搏动，可判定心跳已经停止，要立即同时进行胸外按压。

② 除开始时大口吹气两次外，正常口对口（鼻）呼吸的吹气量不需过大，以免引起胃膨胀。吹气和放松时要注意伤员胸部应有起伏的呼吸动作。吹气时如有较大阻力，可能是头部后仰不够，应及时纠正。

③ 触电伤员如牙关紧闭，可口对鼻人工呼吸。口对鼻人工呼吸吹气时，要将伤员嘴唇紧闭，防止漏气。

4. 胸外按压

（1）正确的按压位置是保证胸外按压效果的重要前提

确定正确按压位置的步骤：

① 右手的食指和中指沿触电伤员的右侧肋弓下缘向上，找到肋骨和胸骨接合处的中点；

② 两手指并齐，中指放在切迹中点（剑突底部），食指平放在胸骨下部；

③ 另一只手的掌根紧挨食指上缘，置于胸骨上，即为正确按压位置（见图6-8）。

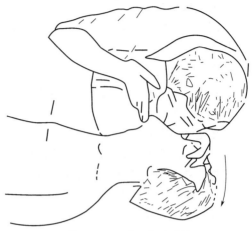

图 6-7 口对口人工呼吸

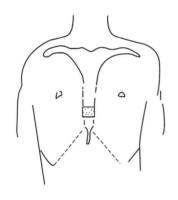 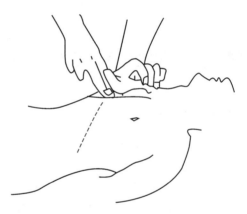

图 6-8 正确的按压位置

（2）正确的按压姿势是达到胸外按压效果的基本保证

正确的按压姿势：

① 使触电伤员仰面躺在平硬的地方，救护人员立或跪在伤员一侧肩旁，救护人员的两肩位于伤员胸骨正上方，两臂伸直，肘关节固定不屈，两手掌根相叠，手指翘起，不接触伤员胸壁；

② 以髋关节为支点，利用上身的重力，垂直将正常成人胸骨压陷3～5cm（儿童和瘦弱者酌减）；

③ 压至要求程度后，立即全部放松，但放松时救护人员的掌根不得离开胸壁（见图6-9）。

按压必须有效，有效的标志是按压过程中可以触及颈动脉搏动。

（3）操作频率

① 胸外按压要以均匀速度进行，每分钟80次左右，每次按压和放松的时间相等。

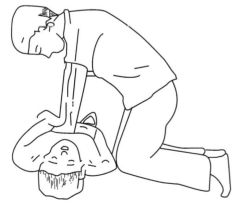

图 6-9 按压姿势与用力方法

② 胸外按压与口对口（鼻）人工呼吸同时进行，其节奏为：单人抢救时，每按压15次后吹气2次（15∶2），反复进行；双人抢救时，每按压5次后由另一人吹气1次（5∶1），反复进行。

（四）注意事项

① 救护人员应在确认触电者已与电源隔离，且救护人员本身所涉环境安全距离内无危险电源时，方能接触伤员进行抢救。

② 在抢救过程中，不要为方便而随意移动伤员，如确需移动，应使伤员平躺在担架上并在其背部垫以平硬阔木板，不可让伤员身体蜷曲着进行搬运。移动过程中应继续抢救。

③ 任何药物都不能代替人工呼吸和胸外心脏按压，对触电者用药或注射针剂，应由有经验的医生诊断确定，慎重使用。

④ 在抢救过程中，要每隔数分钟再判定一次，每次判定时间均不得超过5~7s。做人工呼吸要有耐心，尽可能坚持抢救4h以上，直到把人救活，或者一直抢救到确诊死亡时为止。如需送医院抢救，在途中也不能中断急救措施。

⑤ 在医务人员未接替抢救前，现场救护人员不得放弃现场抢救，只有医生有权做出伤员死亡的诊断。

任务3　静电的危害与防护

一、静电的危害

20世纪中期以后，电阻率很高的高分子材料如塑料、橡胶等制品的广泛应用和现代生产过程的高速化，使静电可以积聚到很高的程度。同时，静电敏感材料如轻质油品、火药、固态电子器件等的生产和使用，使静电造成的危害越来越突出。静电曾使电子工业年损失达百亿美元以上。静电放电还造成火箭、卫星发射失败及干扰航天器的运行。据日本的全国火灾统计，1962~1971年的10年间，每年因静电引起的火灾事故约为100起。在石油化工生产、储运过程中，静电曾引发较大的火灾爆炸事故。美国的石化工业1960~1975年由于静电造成的火灾爆炸事故达116起。1967年7月，美国Forrestal航空母舰上一架飞机因导弹屏蔽接头不合格引起静电火灾，造成7200万美元损失和134人伤亡。1969年底不到一个月时间内，荷兰、挪威、英国三艘20万吨超级油轮均因洗舱时产生的静电引发爆炸事故。1976年，挪威一艘载重×万吨油船因混合货舱在压舱水涌激时产生静电而连续发生三次强烈爆炸。我国近年来在石化企业曾发生30多起较大的静电事故，其中有数起损失达百万元以上，如上海某石化公司的甲苯罐、山东某石化公司的胶渣罐及抚顺某石化公司的航煤罐都因静电造成严重的火灾爆炸事故。在火工品、火炸药和弹药的技术处理中，静电火灾与爆炸事故也不胜枚举。

由于静电的产生是不可避免的，若产生的静电没有得到及时的泄放，便可能积聚起来。积聚的静电荷构成的电场对周围空间有电场力的作用，可吸引周围微粒而引起灰尘堆积、纤维纠结及污染物资等。当然，静电积聚最大的危害还是可产生火花放电，导致火灾、爆炸等严重事故。

总之，静电对化工安全生产造成极大的冲击，静电对化工企业的危害主要为如下几个方面。

（一）爆炸和火灾

爆炸和火灾是静电危害中最为严重的事故。在有可燃液体作业场所（如油料装运等），可能因静电火花放出的能量超过爆炸性混合物的最小引燃能量值，引起爆炸和火灾；在有可燃气体或蒸气、爆炸性混合物或粉尘、纤维爆炸性混合物（如氢、乙炔、煤粉、面粉等）的场所如果浓度已达到混合物爆炸的极限，可能因静电火花引起爆炸及火灾。静电造成爆炸或火灾事故的情况在石油、化工、橡胶、造纸印刷、粉末加工等行业中较为严重。

（二）静电电击

静电电击可能发生在人体接近带电物体时，也可发生在带静电的人体接近接地导体或其他导体时。电击的伤害程度与静电能量的大小有关，它所导致的电击，不会达到致命的程度，但是电击的冲击能使人失去平衡，发生坠落、摔伤，造成二次伤害。

（三）妨碍生产

① 生产过程中如不清除静电，往往会妨碍生产或降低产品质量。

② 静电对生产的危害有静电力学现象和静电放电现象两个方面。

③ 因静电力学现象而产生的故障有筛孔堵塞、纺织纱线纠结、印刷品的字迹深浅不均等。

④ 因静电放电现象产生的故障有：放电电流导致半导体元件及电子元件损毁或误动作，导致照相胶片感光而报废等。

二、静电危害的特点与形式

（一）静电危害的主要特点

① 静电危害的范围较广。在静电危险物资的储运过程中，一旦因静电放电而引发燃烧、爆炸事故，受损的往往不仅是某一设备，而是某一场所、某一区域，甚至更大范围内的安全都会受到威胁。

② 静电危害的危险大。在静电危险物资的储存场所及静电敏感材料生产、使用、运输过程中，构成静电危害的条件比较容易形成，有时仅仅一个火花就能引发一次严重的灾害。

③ 静电危害瞬间即完成，无法阻止，故只能采取积极的预防措施。

④ 静电的产生与积聚既看不见，也摸不着，容易被人们所忽视。

鉴于以上特点，杜绝静电危害应以预防为主，把灾害控制在事发以前，即积极采取各种防静电危害的措施，加强安全管理。在存放易燃易爆气体、粉尘、化学材料、爆炸物等工作环境门口和环境区内一定安装防爆人体静电消除器。

（二）静电危害的形式

静电放电时，除可引发燃烧、爆炸事故外，还可对人体造成瞬间冲击性电击，从而对人体心脏、神经等部位造成危害，引起人受惊跳起、做出猛烈反应、不舒适、精神紧张等。影响静电电击危害程度大小的因素很多，包括静电电流大小、通过的时间和时刻、通过的途径、电流种类，以及人体特征、健康状况、精神状况等。虽然，静电电击很难使人致命，但若不加强人员的安全防护，则可能因人受电击后产生的不恰当反应而导致严重的二次事故或妨碍作业。

三、形成静电危害的条件

静电虽然随时随地都会产生，但却不一定构成危害，因为静电危害的形成必须具备一定的条件。静电引发火灾、爆炸事故应具备以下条件，缺一不可。

（一）存在引发火灾、爆炸事故的危险物资

静电引发火灾、爆炸事故的必要条件，就是要有对静电敏感的物资，且静电放电的能量与火花足以将其引燃或引爆。对静电敏感、易发生静电火灾与爆炸事故的物资称为危险物资。仓储物资中，火箭弹、火炸药、电火工品、油料、化工危险品等都是危险物资。危险物资的危险程度是用最小静电点火能来衡量的。最小静电点火能即为能够点燃或引爆某种危险物资所需要的最小静电能量。影响最小静电点火能的因素很多，包括危险物资的种类与物理状态、静电放电的形式、环境的温湿度条件等。为了比较不同危险物资的最小静电点火能，规定使危险物资处于最敏感状态下被放电能量或放电火花点燃或引爆的最小能量为该危险物资的最小静电点火能。最小静电点火能是判断某些危险作业和工序是否会发生火灾、爆炸事故的重要依据之一，其单位为 mJ。当油料及酒精、二甲苯等挥发性物资散发蒸气在空气中的浓度达到一定比例范围时，遇到火源就会爆炸，此种混合物称爆炸混合物，此种浓度范围界限称为爆炸极限。当爆炸性混合物的浓度处于爆炸极限范围内，一旦产生静电火花，就可能引发爆炸事故。爆炸混合物的爆炸极限并非为定值，而是会随混合物的温度、压力及空气中含氧量的变化而变化，同时，与测试条件也有一定关系。

（二）有静电产生的条件

在仓储活动的各个环节中，静电的产生是不可避免的。比如，物资在装卸、输送过程中容易因摩擦而产生静电，油品在收、发、输送过程中也要产生静电，粉体、灰尘飞扬可产生静电，人员在作业中的操作、行走也会产生静电。

（三）有静电积聚的条件

对于任何材料，静电的积聚和泄漏是同时进行的，只有静电起电率大于静电泄漏率，并有一定量的积累，才能使带电体形成高电位，产生火花放电而构成危害。

静电积聚的大小与带电体的性质、起电率、环境温湿度等密切相关。带电体的性质不同，如是导体还是绝缘体，其积聚静电能力及放电能力差别很大。

绝缘体更易积聚静电，比如，仓储物资及设备绝缘体表面的电荷密度多数为 $26.5C/m^2$，此时空气中的电场强度将达到 30kV/cm，容易产生静电火花而引发燃烧、爆炸事故。

导体放电能力很强，一般情况下可将储存的静电量几乎一次全部变成放电能量而放出。而绝缘体由于电导率低，积聚的电荷不能在一次放电中全部消失，其静电场所储存的能量也不能一次集中释放，故危险性相对较小。但正是由于绝缘体积聚的电荷不能在一次放电中全部消失，而使带电绝缘体有多次放电的危险。

另外，当危险物资的最小静电点火能很小时，绝缘体上的静电火花也能引起危险物资的燃烧或爆炸。

静电起电率越高，就越容易积聚，比如，固体物料的高速剥离、油料的快速流动、物资在装卸搬运过程中与机械摩擦过大等均有较高的起电率，易积聚静电而构成危害。环境温、湿度越低，越容易积聚静电，特别是湿度的影响更为显著。

（四）静电放电的火花能量大于最小静电点火能

虽然仓储活动极易产生静电，但是，只有当产生的静电积聚起来，在一次放电中所释放的能量大于或等于危险物资最小静电点火能时，才会引发火灾、爆炸事故。

对于固体物资，如散露的火炸药、薄膜式电雷管的引信、已短路的桥丝式电火工品脚壳之间等导体与导体、绝缘体与绝缘体之间，当其静电的场强达到空气击穿场强时，就会发生火

花放电，使物体上积聚的静电能量以电火花的形式释放，如这时存在爆炸性混合物或易燃易爆的危险物资，则带电体的全部或部分静电能量就会通过电火花耦合给危险物资，若电火花的能量大于或等于危险物资最小静电点火能，就可能引燃或引爆危险物资而造成火灾、爆炸事故。

而对于液体物资，如油料的装卸过程中，会因流动、喷射、冲击等带电，若产生的电荷积聚起来形成一定的电场强度和电位，且其场强超过气体所能承受的场强时，气体就会被击穿而放电。

据放电形式不同可分为电晕放电、刷形放电和火花放电。电晕放电通常放电能量小而分散，不足以点燃轻油混合气体而危险性小；刷形放电是分布在一定的空气范围内，单位时间内释放的能量较小而危险性不大，但引发火灾、爆炸事故的概率高于电晕放电；而火花放电则是在瞬间内使静电能量集中释放，其电火花能量常能引燃、引爆轻油混合气体而危害很大。

四、防静电灾害的措施

（一）控制静电场所的危险程度

在静电放电的场所，必须有可燃物或爆炸性混合物的存在，才能形成静电火灾和爆炸事故。因此控制或排除放电场所的可燃物，就成为预防静电灾害的重要措施之一。

1. 用非可燃物取代易燃物

在石油化工等许多行业的生产工艺过程中，都要大量使用有机溶剂和易燃液体（如煤油、汽油和甲苯等），这样就给静电放电场合带来了很大的火灾危险性。在机件设备的清洗中，如果采用非燃烧性的碳酸钠、磷酸三钠、苛性钾、水玻璃的水溶液等取代煤油或汽油，就会大大减少机件洗涤过程中的静电危害。

2. 减少氧化剂含量

在有火灾和爆炸危险场所充填氮、二氧化碳或其他不活泼的气体，以减少气体、蒸气或粉尘爆炸性混合物中氧的含量，消除燃烧条件，防止火灾和爆炸。一般情况下，混合物中氧的含量不超过8%即不会引起燃烧。

对于镁、铝、锆、钛等粉尘爆炸性混合物，充填氮或二氧化碳是无效的，应采用充填氩、氦等惰性气体，才能防止火灾和爆炸。

国外10万吨以上的油轮和5万吨以上的混合货轮都要求安装充填不活泼气体系统。

（二）工艺控制

1. 根据带电序列选用不同材料

不同物体之间相互摩擦，物体上所带电荷的极性与它在带电序列中的位置有关，一般在带电序列中的两种物质摩擦，前者带正电，后者带负电。于是可根据这个特性，在工艺过程中，选择两种不同材料，与前者摩擦带正电，而与后者摩擦带负电，最后使物料上所形成的静电荷互相抵消，从而达到消除静电的效果。

根据带电序列适当选用不同材料而消除静电的方法称为正、负相消法。比如铝粉与不锈钢漏斗摩擦带负电，而与虫胶漏斗摩擦带正电，用这两种材料按比例搭配制成的漏斗，就可避免静电荷积聚的危险。

2. 选择不易起电材料

当物体的电阻率达到$10^9 \Omega \cdot cm$以上时，物体间只要相互摩擦或接触分离，就会带上几千伏以上的静电高压。因此在工艺和生产过程中,可选择电阻率在 $10^9\Omega\cdot cm$ 以下的物质材料,以减少摩擦带电。比如煤矿开采中,传输煤皮带的托辊是绝缘塑料制品,应换成金属或导电橡胶,就可避免静电荷的产生和积聚。

3. 降低摩擦速度或流速

降低摩擦速度或流速,可限制静电的产生。如在制造电影胶卷时,若底片快速地绕在转轴上,会产生几十千伏的静电高压,与空气放电,使胶片感光而留下斑痕;又如油品在灌装或输送过程中,若流速过快,就会增加油品与管壁的摩擦速度,从而产生较高的静电。因此,降低摩擦速度、限制流速对减少静电的产生非常重要。

一般输油管径为 1cm、5cm 和 10cm 时,其最大流速分别为 8m/s、3.6m/s 和 2.5m/s。

对于非烃类液体,管径不超过 12mm 的乙醚管道和管径不超过 25mm 的二硫化碳管道,最大流速均不应超过 1.5m/s。输送酯类、酮类、醇类液体的管道,如不发生喷射,允许最大流速不超过 10m/s。

(三) 接地

接地是消除静电危害最常见的方法,主要用来消除导体上的静电。在生产过程中,以下工艺设备应采取接地措施。

1. 加工、储存和运输设备

凡是用来加工、储存、运输各种易燃液体、可燃气体和粉体的设备,如储存池、储气罐、产品输送装置、封闭的运输装置、排注设备、混合器、过滤器、干燥器、升华器、吸附器、反应器等都必须接地。如果袋形过滤器由纺织品或类似物品制成,建议用金属丝穿缝并予以接地。

2. 辅助设备

注油漏斗、浮动罐顶、工作站台、磅秤、金属检尺等辅助设备均应接地。油壶或油桶装油时,应与注油设备跨接起来,并予以接地。

3. 管道

工厂及车间的氧气、乙炔等管道必须连接成一个整体,并予以接地。其他所有能产生静电的管道和设备,如油料输送设备、空气压缩机、通风装置和空气管道、特别是局部排风的空气管道,都必须连接成一体接地。平行管道相距 10cm 以内时,每隔 20m 应用连接线互相连接起来。

4. 油槽车

油槽车在行驶时,由于汽车轮胎与路面有摩擦,汽车底盘上会产生危险的静电电压。为了导走静电电荷,油槽车应带有金属链条,链条一端和油槽车底盘相连,另一端与大地接触。油槽车在装油之前,应同储油设备跨接并接地。

5. 工艺设备

在有产生和积累静电的固体和粉体作业中,如压延机、上光机,各种辊轴、磨、筛、混合器等工艺设备均应接地。

静电接地的连接线应保证足够的机械强度和化学稳定性,连接应当可靠,不得有任何中断之处。接地电阻最大不应超过 1000Ω。

(四) 增湿

有静电危险的场所,在工艺条件许可时,可以采用安装空调设备、喷雾器或挂湿布条的办法,提高空气相对湿度,消除静电的危险。用增湿法消除静电的效果是很显著的。例如,在某些粉体筛选过程中，相对湿度低于 50% 时，测得容器内静电电压为 40kV，当相对湿度增加到 80% 以上时，静电电压降低到 11kV 左右。

为了消除静电，在有静电危害的场所，如果生产条件允许，场所相对湿度应保持在 70% 以上较为适宜。如果相对湿度低于 30%，会产生强烈的静电，因此，相对湿度不应低于 30%。

（五）抗静电剂

抗静电剂是一种表面活性剂。在绝缘材料中如果加入少量的抗静电剂，就会增大材料的导电性和亲水性，使绝缘性能受到破坏，体表电阻率下降，促进绝缘材料上的静电荷被导走。抗静电剂的种类很多，概括起来有以下几种。

1. 无机盐类

这类抗静电剂包括碱金属和碱土金属的盐类，如硝酸钾、氯化钾、氯化钡、醋酸钾等。这类抗静电剂自身不能成膜，一般要求与甘油等成膜物质配合使用。

2. 表面活性剂类

这类抗静电剂包括脂肪族磺酸盐、季铵盐、聚乙二醇、多元醇等。其中离子型表面活性剂靠表面离子来增大导电性。

3. 无机半导体类

这类抗静电剂包括无机半导体盐，如亚铜、银、铋、铝等元素的卤化物。这类抗静电剂还包括导电炭黑等。

4. 电解质高分子聚合物类

这类抗静电剂自己能形成低电阻薄膜，是带有不饱和基的高分子聚合物，如苯乙烯季铵化合物等。

在聚酯薄膜行业，采用烷基二苯醚碘酸钾（DPE）作表面涂层，有良好的抗静电作用。

（六）静电中和器

静电中和器又称静电消电器，它是利用正、负电荷相中和的方法，达到消除静电的目的。

任务 4　雷电的危害与防护

大气中常常发生强烈闪光伴有巨大隆隆爆炸声的现象，这就是人们常说的雷电现象。雷电对人类的生活和生产活动产生巨大的影响，雷电威胁着人类的生命安全。近年来，我国石油化工企业数量增加、规模不断扩大，石化企业装置密集复杂，石化企业 DCS 控制室、仪器仪表和配电系统等现代化设备装置，普遍存在绝缘强度低、过电压耐受能力差和抗电磁干扰能力差等弱点，一旦受到直接雷击，石化企业损失惨重，甚至企业附近发生雷击，其造成的雷击过电压和脉冲磁场，通过辐射耦合等途径到达电子设备，也经常影响该企业的电子设备和电气控制系统的正常运行，甚至损坏生产装置。因此，做好石油化工企业的雷电防护，对保证人民生命和国家财产不受损失有着重要的意义。

一、雷电的基本知识

1. 雷暴云的起电

雷暴云中正负不同极性电荷区的形成过程，称为雷暴云的起电过程。雷暴云中存在着强烈的上升气流和各种尺度及不同相态的水成物粒子，通过扩散、离子捕获、粒子间的碰撞分离等过程，使不同尺度的粒子携带上不同极性的电荷，在气流和重力作用下不同极性电荷发生分离，形成正负不同极性的电荷区。当雷暴云中局地电场超过约400kV/m时，就可以产生闪电。

2. 雷电的分类

(1) 云闪

通常情况下，一半以上的闪电放电过程发生在雷暴云内的主正、负电荷区之间，称作云内放电过程，云内闪电与发生概率相对较低的云间闪电和云-空气放电一起被称作云闪。

(2) 地闪

另一类闪电则是发生于云体与地面之间的对地放电，称为地闪。一次完整的地闪过程定义为一次"闪电"，其持续时间为几百毫秒到1s不等。一次闪电包括一次或几次大电流脉冲过程，称为"闪击"，其中最强的快变化部分叫"回击"。闪击之间的时间间隔一般为几十毫秒。闪电放电可以辐射频带很宽的电磁波，从几赫兹到上百吉赫兹。

3. 雷击的几种形式

(1) 直接雷击

闪电直接击在建筑物、其他物体、大地或防雷装置上，产生电效应、热效应和机械力者。

(2) 感应雷击

闪电放电时在附近导体上产生的静电感应和电磁感应，它可能使金属部件之间产生火花。

(3) 雷电波侵入

由于雷电对架空线路或金属管道的作用，雷电波可能沿着这些管线侵入屋内，危及人身安全或损坏设备。

(4) 雷击电磁脉冲

是一种作为干扰源的雷电流及雷电电磁场产生的电磁场效应。指闪电直接击在建筑物防雷装置和建筑物附近所引起的效应。绝大多数是通过连接导体的干扰，如雷电流或部分雷电流、被雷电击中的装置的电位升高以及电磁辐射的耦合传导。

4. 雷击的一般选择性

① 有金属矿床的地区、江河湖海岸、地下水出口处、山坡与稻田接壤的地上和具有不同电阻率土壤的交界地段易遭雷击。

② 湖沼、低洼地区和地下水位高的地方也容易遭受雷击。此外地面上的设施状况，也是影响雷击选择性的重要因素。

③ 高耸建筑物、构筑物容易发生雷击，金属结构的建筑物、内部有大量金属体的厂房或者内部经常潮湿的房间，因导电性好，易发生雷击。

④ 在旷野，即使建筑物不高，但是由于它比较孤立、突出，因而也比较容易遭雷击，如田间的休息凉亭、草棚、水车棚、工具棚等。

⑤ 烟囱冒出的热气和烟囱排出的大量含有导电微粒和游离分子气团，它比空气易于导电，等于加高了烟囱，易引发雷击。

二、雷电的破坏作用

1. 雷电的电效应破坏作用

雷击放电电流可高达几十千安到几百千安，电压可高达几十万伏到几百万伏，瞬间释放功率可达$10^9 \sim 10^{12}$W以上。雷击脉冲电流可产生高达$1 \sim 10^3$Gs（高斯，$1\mathrm{Gs}=10^{-4}$T，下同）强大磁场。因此，对人类一切电气设备具有极强的破坏力。

2. 雷电流热电效应的破坏作用

强大的雷电流通过被雷击的物体时会发热，由于雷电流很大，通过时间极短，如果雷电击在树木或建筑物构筑物上，被雷击的物体将瞬间产生大量的热来不及散发，以致物体内部的水分大量变成蒸汽，并迅速膨胀，产生巨大的爆炸力，造成破坏。雷电通道的温度高达 6000～10000℃，甚至更高，极易造成火灾和爆炸。

3. 雷电流冲击波的破坏作用

雷电通道的温度高达几千到几万摄氏度，空气受热急剧膨胀，并以超声波的速度向四周扩散，产生强大的冲击波，使其附近的建筑物、人、畜受到破坏和伤害。

4. 雷电流电动力效应的破坏作用

雷电流通过导体时，其周围空间将产生强大的电磁场，在磁场里的载流导体受到电场的作用，而产生强大的电动力，这种电动力会造成各类导线或管道折断。

三、雷电的危害方式

1. 直击雷危害

雷电直接击在地面某一物体上，造成的危害。它能产生电效应、热效应、电动力效应，其能量大，具有巨大的破坏性。其发生占整个雷击事故的 10%～15%。

2. 感应雷危害

雷击放电时，在附近物体上会产生静电感应和电磁感应，它可能使金属部件之间产生火花放电。

（1）雷电的静电感应

当有雷雨云出现时，雷雨云下的地面及建筑物等，受雷雨云的电场作用而带上与雷雨云下端等量的异性电荷。当雷云放电时，雷雨云上的电荷与地面上的异性电荷迅速中和，雷云电场消失，而地面局部地区一些物体，如架空线路、金属管道、建筑物、构筑物等由于与大地间的电阻较大，静电感应产生的异性电荷来不及泄放，对地面就可产生很高的静电感应高压并可能产生放电。

（2）雷电电磁感应

由于雷电流为脉冲电流，在其冲击下，周围空间产生瞬变的强大电磁场，使附近导体上感应出很高电压，雷电的电磁感应对弱电设备危害极大（$B>0.03Gs$ 时可造成微电子设备误动作，$B>0.75Gs$ 时可造成假性损坏，$B>2.4Gs$ 时可造成永久性损坏）。

3. 雷电波侵入危害

由于雷电对架空线路或金属管道发生的作用，使雷电波沿着这些管线侵入到室内，危及人身安全或损坏设备。

4. 雷电高电压反击的危害

在遭受直击雷击的物体（金属体、树木、建筑物等）或防雷装置（接闪器、引下线、接地体、电涌保护器）等，在接闪雷电瞬间与大地间存在很高的电位差（电压），这电压对与大地相连接的金属物体发生闪击的现象为反击（微电子设备遭雷击损坏，60%是来至地电位反击），必须防止 SPG 地对 DOG 地电位的反击。

5. 球形雷

雷击放电火球或静电高压火球。

6. 雷击引发电气火灾和设备损坏主要原因

① 雷击各高压供电线路的而引入信息系统电源的雷电流和过电压。

② 雷电感应使供电和信息系统线路产生的感应过电压损坏系统。

③ 雷击建筑物或临近地区雷击放电，沿各种金属管线引入的过电压或过电流；同时雷击放电所产生的雷电电磁脉冲导致建筑物内信息系统由于空间电磁感应产生瞬态过电压或强磁场辐射而损坏。

④ 各类电气和信息设备接地系统技术处理不当，引起各设备接地系统出现电位差而产生高压反击。

⑤ 导致电气设备和线路的绝缘损坏，造成短路故障或漏电跳闸。

雷击对信息系统造成破坏，轻则系统死机或误动作，重则系统硬件永久性损坏或造成人身伤亡。

四、防雷措施

防雷是一个很复杂的问题，必须针对雷害入侵途径，对各类可能产生雷击的因素进行排除，采用综合防治——接闪、均压、屏蔽、接地、分流（保护），才能将雷害减少到最低限度。

（一）接闪装置

就是我们常说的避雷针、避雷带、避雷线或避雷网，接闪就是让在一定程度范围内出现的闪电放电，不能任意地选择放电通道，而只能按照人们事先设计的防雷系统的规定通道，将雷电能量泄放到大地中去。

（二）等电位连接

为了彻底消除雷电引起的毁坏性的电位差，就特别需要实行等电位连接，电源线、信号线、金属管道等都要通过过压保护器进行等电位连接，各个内层保护区的界面处同样要依此进行局部等电位连接，并最后与等电位连接母排相连。

（三）屏蔽

屏蔽就是利用金属网、箔、壳或管子等导体把需要保护的对象包围起来，使雷电电磁脉冲波入侵的通道全部截断。所有的屏蔽套、壳等均需要接地。

（四）接地

接地就是让已进入防雷系统的闪电电流顺利地流入大地，而不能让雷电能量集中在防雷系统的某处对被保护物体产生破坏作用，良好的接地才能有效地泄放雷电能量，降低引下线上的电压，避免发生反击。

（五）分流

分流就是在一切从室外来的导体与防雷接地装置或接地线之间并联一种适当的避雷器，当直击雷或雷击效应在线路上产生的过电压波沿这些导线进入室内或设备时，避雷器的电阻突然降到低值，近于短路状态，雷电电流就由此处分流入地了。

（六）电离防雷装置

电离防雷装置是利用雷云的感应作用，或采取专门的措施，在电离装置附近形成强电场，使空气电离。

五、化工生产防雷措施

（一）电气技术措施

1. 外部防护

① 所有的金属框架、塔、管道、容器、建筑内的设备、构架、钢窗等较大金属物和突

出屋面的放空管、风管等金属物，均应接到防雷电感应的接地装置上。金属屋面周边每隔18～24m应采用引下线接地一次。现场浇制的或由预制构件组成的钢筋混凝土屋面，其钢筋宜绑扎或焊接成闭合回路，并应每隔18～24m采用引下线接地一次。

② 平行敷设的管道、构架等长金属物，其净距小于100mm时应采用金属线跨接，跨接点的间距不应大于30m；异面交叉净距小于100mm时，在其交叉处亦应跨接，防止雷电反击。

③ 当长金属物的弯头、阀门、法兰盘等连接处的过渡电阻大于0.03Ω时，连接处应用金属线跨接。对不少于5根螺栓连接的法兰盘，在非腐蚀环境下，可不跨接。

④ 建筑内接地干线与防雷电感应接地装置的连接，不应少于两处。

⑤ 建筑内每层应做均压环，均压环与引下线有2点可靠连接。

2. 内部防护

① 电子信息系统设备中各种传输线路端口分别安装与之适配的浪涌保护器（SPD），抑制雷电过电压。

② 变电所（站）保护、控制系统设备的防雷主要考虑在远程通信的232口、485口及音频口加装光电隔离器。各通信口的屏蔽接地采用串接电容器再接地的方式，以防止雷电通过接地极串入通讯网。

③ 计算机设备的防雷按规程要求，改善机房的接地系统及屏蔽系统，各部门的网络服务器及交换机改用在线式的UPS，并加装浪涌电源保护器。网络连接中，可以在网络线的两端各加装一个网络防雷器。变电站故障录波系统的电脑主机电源改以直流电源为主，交流电源为备用电源，录波打印机电源采用直接使用交流站用电源。在交流电源上加装浪涌电源保护器。录波数据远传modem电话口可以加装音频隔离变压器来防止雷击。

3. 电气架空线路的保护

① 在电缆与架空线连接处，尚应装设避雷器。避雷器、电缆金属外皮、钢管和绝缘子铁脚、金具等应连在一起接地。

② 为了提高配电线路的耐雷水平，线路中应尽量选择瓷横担，对于现有铁横担线路，应更换成高一级的绝缘子。

③ 对于中性点不接地的配电线路，发生单相接地时，线路不会引起跳闸。防止相间短路是线路防雷的基本原则。

④ 10kV配电线路遭受雷击后，往往造成绝缘子击穿和导线烧断事故，尤其是对于多雷区的钢筋混凝土杆铁担的线路最为突出，所以在这些绝缘弱点必须有可靠的电气连接并与接地引下线相连。引下线可借助钢筋混凝土杆的钢筋焊连，接地电阻应小于30Ω。

⑤ 对于个别高的杆塔、铁横担、带有拉线的部分杆塔和终端杆等绝缘薄弱点、应装设避雷器。

⑥ 对于10kV配电线路相互交叉和与较低电压线路、通信线、闭路电视线交叉的线路，其交叉时上下导线间的垂直距离最小允许值应符合有关规程中规定的数值。如果工作距离较小空气间隙可能被雷电所击穿，使两条相互交叉的线路发生故障跳闸，并将引起线路继电保护的非选择性动作，从而可能扩大为系统事故。所以在线路交叉跨越地段的两端，有必要加装配合式保护间隙。

4. 变配电设备防护

① 配电变压器按现行规范采用阀型避雷器来保护。阀型避雷器要求越靠近变压器安装、保护效果越好，一般要求装在高压跌落保险的内侧。必须使避雷器的残压小于配电变压器的

耐压，才能有效地对变压器起保护作用。

② 避雷器的选择应与线路额定电压相符。若避雷器额定电压高于设备额定电压使设备遭受雷击时失去可靠保护；避雷器额定电压低于设备额定电压，在正常的过电压下避雷器频繁动作引起线路接地跳闸。

③ 当变压器容量在100kV·A及以上时，接地电阻应尽可能降低到4Ω以下；当变压器容量小于100kV·A时，接地电阻可达到10Ω及以下即可。对达不到上述要求的变压器，应进行接地网改造使其阻值下降，从而使雷电流流过接地线上引起的电位降低。

④ 在配变低压侧也装设保护装置。10kV配变只在进线处安装避雷器不能保护配变低压绕组，而且由于低压侧落雷也将造成雷电冲击电压直接通过计量装置加在低压绕组上，按变比感应到高压侧产生高电压、有可能首先击穿高压绕组。同时，雷电冲击电压通过低压线路侵入用户，造成家用电器的损坏。所以在配变低压侧应装设低压避雷器（以装设一组FYS型低压金属氧化物避雷器为宜）或500V的通信用放电间隙保护器，并将避雷器、变压器外壳和中性点可靠接地。

⑤ 在配电变压器进线处装设电抗器。电抗器可以利用进线制作，用进线绕成直径100mm、10～20匝的电感线圈，阻止雷电波的入侵，保护变压器。

⑥ 避雷器安装工艺要规范。避雷器接地要良好，接地线连接要可靠。

5. 电力电缆线路的防护

电力电缆由于其本身结构特点和与其他电气设施连接的要求，根据不同电压等级采取不同的防雷方法。

对于35kV及以下电压等级的电力电缆，基本上应采取在电缆终端头附近安装避雷器，同时终端头金属屏蔽、铠装必须接地良好。

对于110kV及以上的高压电缆，当电缆线路遭受雷电冲击电压作用时，在金属护套的不接地端或交叉互连处会出现过电压，可能会使护层绝缘发生击穿，应采取以下保护方案之一：

① 电缆金属护套一端互连接地，另一端接保护器。
② 电缆金属护套交叉互连，保护器 Y_0 接线。
③ 电缆金属护套交叉互连，保护器 Y 接线或△接线。
④ 电缆金属护套一端互连接地加均压线。
⑤ 电缆金属护套一端互连接地加回流线。

当今时代的防雷工作的重要性、迫切性、复杂性大大增加了，雷电的防御已从直击雷防护到系统防护，必须站到历史时代的新高度来认识和研究现代防雷技术，提高人类雷灾防御的综合能力。

（二）装置的防雷

1. 接地

① 雷击产生的强烈的热效应、机械效应，对化工生产装置及罐区内储存的易燃易爆物品均会产生巨大的破坏作用，极易造成易燃易爆物品的燃烧和爆炸，生产现场的一切设备和管道均应接地。

② 金属管道的出、入口，管道平行或交叉处，管道各连接处，应用导线跨接并使之妥善接地。

③ 化工生产装置内的金属屋顶，应沿周边相隔15m处用引下线与接地线相连。

④ 对于钢筋混凝土屋顶，在施工时，应把钢架焊成一个整体，并每隔15m用引下线与

接地线相连。

⑤ 为防止"雷电反击"发生，应使防雷装置与建筑物金属导体间的绝缘介质闪络电压大于反击电压。

⑥ 平行输送易燃液体的管道，相距小于10cm时，应沿管长每隔20m，用导线把管子连接起来。

⑦ 对化工装置及其建筑将其所用供电线路，全部采用电缆埋地引入供电。或将进入建筑物前50～100m的电线改为电缆埋地引入供电。

⑧ 在电缆与架空线连接处，装设阀型避雷器，并将避雷器、电缆金属外皮和绝缘体铁脚共同接地，接地电阻一般为5～30Ω。

2. 露天储罐的防雷

① 化工企业的气柜和储存易燃液体的储罐大部分为金属所制，一些高大的储罐在雷雨季节易遭雷击，应采用独立避雷针保护。

② 装有阻火器的地上卧式油罐的壁厚和地上固定顶钢油罐的顶板厚度等于或大于4mm时，不应装设避雷针。

③ 铝顶油罐和顶板厚度小于4mm的钢油罐，应装设避雷针（网）。

④ 避雷针（网）应保护整个油罐。

⑤ 浮顶油罐或内浮顶油罐不应装设避雷针，但应将浮顶与罐体用2根导线做连接。

六、人体防雷措施

1. 雷电活动时，应尽量少在户外或旷野逗留

如有条件，可进入有宽大金属构架或有防雷设施的建筑物，应尽量离开小山、小丘或隆起的小道，应尽量离开海滨、湖滨、河边、池旁，应尽量离开铁丝网、金属晒衣绳以及旗杆、烟囱、高塔、孤独的树木附近，还应尽量离开没有防雷保护的小建筑物或其他设施。

2. 在户内应注意雷电侵入波的危险

应离开照明线、动力线、电话线、广播线、收音机电源线、收音机和电视机天线，以及其相连的各种设备，以防止这些线路或设备对人体的二次放电。

还应注意关闭门窗，防止球形雷进入室内造成危害。

3. 跨步电压的防护

当雷电流经地面雷击点的接地体流入周围土壤时，会在它周围形成很高的电位，如有人站在接地体附近，就会受到雷电流所造成的跨步电压的危害。

为了防止跨步电压伤人，防直击雷接地装置距建筑物、构筑物出入口和人行道的距离不应少于3m。当小于3m时，应采取接地体局部深埋、隔以沥青绝缘层、敷设地下均压条等安全措施。

防雷是一个很复杂的系统工作，首先，要在装置的设计、施工中综合考虑，采用多种措施，做好整体防护，保证防雷设施完善，还要考虑投资成本及运行的经济性。其次要加强防雷设施的日常维护和检查，对化工塔、容器等关键部位的接地点要定期进行测试，发现问题，及时解决。

任务 5　电气火灾预防

所谓电气火灾一般是指由于电气线路、用电设备、器具以及供电设备出现故障导致的火

灾。如电热器具的炽热表面，在具备燃烧条件下引燃本体或其他可燃物造成的，包括由雷电引起的火灾。随着社会和经济的发展、科技的进步和人民生活水平的不断提高，电能已广泛应用到社会生产和社会生活。电气火灾给人民的生命财产造成的损失也与日俱增，重特大电气火灾事故频频发生，电气火灾已经成为火灾的"第一杀手"，严重威胁着人民的生命和财产安全。

一、电气火灾爆炸

由于电气方面的原因引起的火灾和爆炸事故，称为电气火灾爆炸。发生电气火灾和爆炸要具备两个条件：一是要有易燃易爆物质和环境，二是要有引燃条件。

1. 易燃易爆物质和环境

在生产和生活场所，广泛存在着易燃易爆易挥发物质，其中煤炭、石油、化工和军工等生产部门尤为突出。煤矿中产生的瓦斯气体，军工企业中的火药，石油企业中的石油、天然气，化工企业中的原料、产品，纺织、食品企业生产场所的可燃气体、粉尘或纤维等均为易燃易爆易挥发物质，并容易在生产、储存、运输和使用过程中与空气混合，形成爆炸性混合物。在一些生活场所，乱堆乱放的杂物、木结构房屋明设的电气线路等，都形成了易燃易爆环境。

2. 引燃条件

生产场所的动力、照明、控制、保护、测量等系统和生活场所的各种气设备和线路，在正常工作事故中常常会产生电弧、火花和危险的高温，这就具备了引燃或引爆的条件。

① 有些电气设备在正常工作情况下就能产生火花、电弧和危险高温。如电气开关的分合、运行中发电机和直流电机电刷和整流子间、交流绕线电机电刷与滑环间总有或大或小的火花、电弧产生，弧焊机就是靠电弧工作的；电灯和电炉直接利用电流发光发热，工作温度相当高，100W 白炽灯泡表面温度 170~216℃，100W 荧光灯管表面温度也在 100~200℃，而碘钨灯管温度高达 500~700℃。

② 电气设备和线路，由于绝缘老化、积污、受潮、化学腐蚀或机械损伤会造成绝缘强度降低或破坏，导致相间或对地短路、熔断器熔体熔断、连接点接触不良、铁芯铁损过大。电气设备和线路由于过负荷或通用不足等原因都可能产生火花、电弧或危险高温。另外静电、内部过电压和大气过电压也会产生火花和电弧。

如果生产和生活场所存在易燃易爆物质，当空气中的含量超过其危险浓度，在电气设备和线路正常或事故状态下产生的火花、电弧或在危险高温的作用下，就会造成电气火灾或爆炸。

石油化工企业因电气火灾带来的危害是相当严重的。首先是电气设备本身的损坏、人身伤亡以及随之而来的大面积停电停产；其次在紧急停电中，又可能酿成新的灾害，带来无法估量的损失。因此，石油化工企业特别要注意和防止因电气火灾给生产带来的严重危害。

二、电气火灾爆炸危险区域的划分

1. 电气火灾爆炸危险区域的分类

为防止因电气设备、线路火花、电弧或危险温度引起火灾爆炸事故，按发生火灾爆炸的危险程度以及危险物品状态，将火灾和爆炸危险区域划分为三类八区。并按不同类别和分区采取相应措施，预防电气火灾和爆炸事故的发生。

第一类（爆炸性气体环境）是指爆炸性气体、可燃液体蒸气或薄雾等可燃物质与空气混合形成爆炸性混合物的环境根据爆炸性混合物出现的频繁程度和持续时间划分为 0 区、1

区、2区三个区域。

第二类（爆炸性粉尘环境）是爆炸性粉尘和可燃纤维与空气形成的爆炸性粉尘混合物环境。根据爆炸性粉尘混合物出现的频繁程度和持续时间划分为10区、11区二个区域。

第三类（火灾危险环境）是指生产、加工、处理、运转或储存闪点高于环境温度的可燃液体，不可能形成爆炸性粉尘混合物的悬浮状、堆积状可燃粉尘或可燃纤维以及其他固体状可燃物质，并在数量上和配置上能引起火灾危险的环境。根据火灾事故发生的可能性和后果，以及危险程度及物质状态的不同划分为21区、22区、23区三个区域。火灾爆炸危险区域的划分详见表6-2。

表6-2　火灾爆炸危险区域的划分

类别	区域	火灾爆炸危险环境
第一类爆炸性气体环境	0区	连续出现或长期出现爆炸性气体混合物的环境
	1区	在正常运行时可能出现爆炸性气体混合物的环境
	2区	在正常运行时不可能出现爆炸性气体混合物的环境
第二类爆炸性气体环境	10区	连续出现或长期出现爆炸性粉尘环境
	11区	有时会将积留下的粉尘扬起而偶然出现爆炸性粉尘混合物环境
第三类爆炸性气体环境	21区	具有闪点高于环境温度的可燃液体，在数量和配置上能引起火灾危险的环境
	22区	具有悬状、堆积状的可燃粉尘或可燃纤维，虽不能形成爆炸混合物，数量和配置上能引起火灾危险的环境
	23区	具有固体状可燃物质，数量和配置能引起火灾危险的环境

注：正常运行指正常的开车、运转、停车，易燃物质产品的装卸，密闭容器盖的开闭，安全阀、排放阀以及所有工厂设备各都在其设计参数范围内工作的状态。

2. 与爆炸危险区域相邻场所的等级划分

与爆炸危险区域相邻厂房之间隔墙应是密实坚固的非燃性实体，隔墙上的门应由坚固的非燃性材料制成，且有密封措施和自动关闭装置，其相邻厂房等级划分见表6-3。

表6-3　与爆炸危险区域相邻场所的等级划分

危险区域等级		用有门的墙隔开相邻场所的等级		附注
		一道有门隔墙	两道有门隔墙（通过走廊或套间）	
气体	0区		1区	两道隔墙门框之间的净距离不应少于2m
	1区	2区	非危险场所	
	2区	非危险场所	非危险场所	
粉尘	10区		11区	
	11区	非危险场所	非危险场所	

3. 危险区域范围的确定

火灾爆炸危险区域范围的确定，应根据爆炸性混合物持续存在的时间和出现的频繁程度，危险物品的种类、数量、物化性质，通风条件，生产条件，以及由于通风而形成的聚积和扩散，危险气体或蒸气的密度、数量、产生的速度和放出的方向、压力等因素来确定。

在建筑物内部，危险区域范围宜以厂房为单位确定。在危险区域范围内，应根据危险区域的种类、级别，并考虑到电气设备的类型和使用条件，选用相应的电气设备。

三、化工生产企业电气安全

（一）化工企业生产特点

化工生产企业，在国民经济中起着举足轻重的作用，这类企业的有着显著的生产特点：

① 化工生产的物料绝大多数具有潜在危险性。

② 化工生产使用的原料、中间体和产品绝大多数具有易燃易爆、有毒有害、腐蚀等危险性。如氯乙烯、氯气等。

③ 生产工艺过程复杂，工艺条件苛刻。

④ 生产规模大型化，生产过程连续性强，生产过程自动化程度高，大量采用DCS、ESD、现场总线等国际先进水平的自动化控制技术。

这些特点对企业电力系统的安全供电提出了很高的要求，使企业的发供电系统具有以下几个显著特征：

① 供电系统容量大。一般装机容量在200MV·A以上，是国家电力网中的用电大户。

② 自发电能力较强。自备发电机容量一般在100MW以上。

③ 电力网结构复杂，供电电压等级多。变配电所多且分布散，高压输电线路纵横交错，电缆配电系统庞大。

④ 用电负荷大多数为一、二类负荷，对企业内部电力网的安全供电要求很高。使企业电网不仅具有电力行业的基本特点，而且还有针对化工行业的特性。

（二）化工生产企业电气事故隐患辨识及其分类

由于化工企业生产的特点以及化工供电安全的特殊性，容易发生事故，且有的事故，如火灾、爆炸、凝固、凝聚等如果处理不及时，措施不当，就有可能导致灾难性甚至是毁灭性的后果，对于企业职工的生命及国家财产危害很大。有时即使是简单的电气故障或参数波动，也有可能给化工生产带来远远超过电气设备本身损失的严重后果。

对于化工行业的电气安全，不宜孤立分析，必须予以全面综合的考虑，对整个系统的危险隐患进行全面、仔细的辨识。

1. 企业中人为方面的电气事故隐患

（1）电气运行操作人员电气误操作

误操作是导致人为设备事故和人身死亡事故的主要根源，确保电气操作的准确性是企业电力系统保证安全经济运行的一项重要工作。认真分析电气误操作事故隐患的原因，采取行之有效的防范对策，对确保化工企业电力系统安全运行具有很重要的意义。存在电气误操作事故隐患的原因虽然多种多样，但归纳起来可分为：

① 电气运行操作人员技术素质不高。

② 不遵守倒闸操作的规定，习惯性违章。

③ 防误闭锁装置不完善或管理不严。

④ 操作人员精神状态不佳，忙中出错。

（2）企业电工在带电作业过程中的事故隐患

在企业职工带电作业过程中，由于电工作业的特殊性，电气设备的故障现象以及有关技术参数都必须在带电时才能进行检测和分析。因此绝大部分电气设备事故的处理工作都是在现场带电的情况下进行分析处理的。

电工在带电作业过程中事故隐患的原因分析：

① 单凭经验工作。
② 违章作业。
③ 绝缘能力降低或火线碰壳。
④ 不利环境。特别是安装在有导电介质和酸、碱液等腐蚀介质，以及潮湿、高温等恶劣环境中的导线、电缆及电气设备，其绝缘容易老化、损坏，还会在设备外层附着一层带电物质而造成漏电。
⑤ 缺乏多方面的电气知识。
⑥ 电气设备维护保养不善。

2. 电气设备使用过程中导致火灾和爆炸的隐患

电气火灾和爆炸事故是电火花及电弧引起的火灾和爆炸。在化工企业的火灾和爆炸事故中，电气火灾和爆炸事故占有很大比例，仅次于明火。电气火灾和爆炸事故一旦发生，将会造成人身安全的严重危害和企业及国家财产的重大损失。

电气火灾和爆炸形成的原因分析：

① 电火花及电弧引起的火灾和爆炸。电气火灾和爆炸事故中由电火花引起的电气火灾占很大的比重。一般电火花温度很高，特别是电弧，温度可高达 6000℃。

因此，它们不仅能引起可燃物燃烧，而且能使金属熔化、飞溅，构成危险的火源。

电火花能否构成火灾危险，主要取决于火花能量，当该火花能量超过周围空间爆炸混合物的最小引燃能量时，即可能引起爆炸。

② 电气装置的过度发热，产生危险温度引起的火灾和爆炸。

电气设备运行时总是要发热的，电流通过导体时要消耗一定的电能，其大小为 $\Delta W = I^2 Rt$，这部分电能使导体发热，温度升高。

电流通路中电阻 R 越大，时间 t 越长，则导体发出的热量越多，一旦到达危险温度，在一定条件下即可能引起火灾。

3. 化工企业用电安全环境方面的电气事故隐患

（1）企业供电安全方面的事故隐患

作为化工企业，其显著特点是规模化连续性生产，生产装置多、工艺复杂、技术密集，采用 DCS 集散系统等国际先进水平的自动化控制技术。物料多为易燃易爆、有毒有害物质，生产设备经常在高温高压环境下，工作条件极为苛刻。

由于化工企业生产的特点以及化工供电安全的特殊性，在这样复杂电网的安全供电问题上就存在着许多事故隐患。如：存在保安电源供电不足，引起双回路切换系统失效，造成停电，引发生产安全事故的危险；存在变压器油箱泄漏，油量不足，或使用周期过长，油质下降引起变压器故障停电，引发安全事故的危险等等。

（2）企业生产过程中静电危害引起的事故隐患

一方面，在大部分化工生产企业生产过程中，所用介质大多数都是易燃、易爆物品，它们的最小点火能量大都较低，有时一个小小的静电火花便会引燃周围泄漏出的可燃性物质而导致事故。因此，对于大型化工企业来说，各个操作环节都可能导致静电的产生并积聚。

另一方面，在现场勘察的过程中发现有些企业生产过程中涉及多种腐蚀性介质，特别是生产现场强酸、强碱、强腐蚀性的化学物质较多，从而导致生产现场电气设备的接地保护线常常出现腐蚀、生锈、断裂、甚至脱落的现象。

危险环境和场所以及电气装置设备接地系统中隐患的存在使系统中存在着静电危害引起的事故隐患。

(3) 企业生产过程中由雷电危害引起的事故隐患

企业生产过程中所用介质大多为易燃、易爆物品，它们的最小点火能量大都较低，就存在着直接雷击很可能引起火灾爆炸。

企业生产过程中使用了多种大型自动化控制系统，就存在着雷电感应损坏 DCS 等自动化控制系统等方面的事故隐患。随着化工产业的飞速发展，工业过程相互关联与控制更加紧密，对相应的过程信息与检测管理提出了更高的要求，现代化工生产大量运用了集散控制技术等先进的现代化技术。

由于集散控制系统中工大量的微电器件普遍存在绝缘强度低、耐电涌能力低等致命弱点，在雷暴季节就有常遭雷击侵害的隐患，轻则造成几台仪表计算机输入输出模块部分击坏，重则造成整个工艺装置控制系统瘫痪，被迫停工检修，导致巨大的损失。

四、化工电气安全技术管理

（一）设备安全管理

1. 高温防护

化工企业在高温场所内的电气设备应提高防护等级，加强高温安全防护措施。对高温场所内的电气设备实行日检查制，确保设备的散热效果良好。

2. 湿度控制

潮湿环境内的高低压配电室及计算机机房等，需安装温湿度仪和空调，实时监测室内温湿度，同时加强巡检力度，及时开启空调调温除湿。

3. 降低粉尘危害

可以通过密闭设备来生产，这样可以防止粉尘四处扩散。无法充分密闭的车间，在不影响生产的前提下，尽可能地利用半封闭罩、隔离室等办法来隔离粉尘与电气设备，把粉尘控制于局部范围中，防止粉尘的四散。

4. 预防腐蚀

环境中的化学腐蚀介质包括：氯气、氯化氢、腐蚀粉尘等。化工电器防腐蚀主要通过采用密封式或封闭式结构来提高其防腐蚀性能。电器具有可靠的进出导线密封装置。外露部件在设计和工艺上均采取防腐蚀措施。

5. 防止爆炸

用于爆炸性危险环境内的电气设备须选用防爆电气设备。

防爆电气设备根据环境及介质的不同分为Ⅰ类、Ⅱ类、Ⅲ类；根据结构型式的不同主要有隔爆型、增安型等。

当电气设备内产生电火花及危险高温，引燃壳内的爆炸性气体混合物时，隔爆型电气设备的隔爆外壳应能承受内部的爆炸压力而不破损；同时隔爆外壳的接合面应能将向壳外传播的爆炸火焰减弱至不能点燃周围的爆炸性气体混合物。

增安型电气设备是对正常条件下不会产生电弧或电火花的电气设备，采取进一步的安全措施，提高其安全程度，防止电气设备内部产生电弧、电火花及危险高温。没有了点燃源，就不会发生爆炸事故。

6. 避雷与接地

化工企业内须建立安全可靠的接地网。

避雷是在建筑物或设备顶部安装避雷带或避雷针，通过安全可靠的避雷引下线与地下的接地网相连,将雷电流引入大地。

消除静电是将可能产生静电的设备通过接地引线把产生的静电导入大地。

化工企业内所有不带电的导电设备和带电设备的不带电金属外壳都须通过接地引线与地下的接地网可靠相连,当有意外漏电事故发生时,接地引线将漏电电流导入大地,保障人员安全。

(二)安全管理技术

1. 安全检查表法

利用检查条款,按照相关标准、规范等对已知危险类别、设计缺陷以及与一般电气设备、操作、管理有关的潜在危险性和有害性进行判别检查。

2. 预先危险分析

也称初始危险分析,是在每项电气操作或设备检修之前,对系统存在的危险类别、出现条件、事故后果等进行概略地分析,尽可能评价出潜在的危险性。

3. 事件树分析法(FTA)

是从一个初因事件开始,按照事故发展过程中事件出现与不出现,交替考虑成功与失败两种可能性,然后再把这两种可能性又分别作为新的初因事件进行分析,直到分析最后结果为止。

4. 故障类型及影响分析(FMEA)

是根据电气系统可以划分为子系统、设备和元件的特点,按实际需要将电气系统进行分割,然后分析各种可能发生故障类型及其产生影响,以便采取相应对策,提高电气系统的安全可靠性。

5. 危险度评价法

通过对电压、电流、容量、温度和操作等五个项目分别赋值记分,由累计分值确定单元危险度。

(三)人员的管理

① 单位领导要重视电气安全管理,可以将电气系统各环节分别确立第一责任人,达到每一环节都有安全负责人,确保国家的安全生产法规与相关规章制度能够切实落到实处。

② 员工必须掌握安全技术、法律规章与劳动防护工作常识,熟悉自身岗位的运行方式、技术水平,把握操作时的隐患与危险环节,并能够熟练运用一定的防护手段。

③ 制定与完善相关规章制度,如电气安全管理规定、电气安全规程等,并宣传普及、贯彻执行。

④ 制度性地对电气系统所有环节实施安全检查,每个星期不能少于一回,对隐患排查、整改,使设备、消防器材与应急设施等保持完善备用的状态。

⑤ 不隐瞒隐患,对已经发生的电气事故要及时报告,并维持现场情况,分析了解情况与原因,对相关责任人不能姑息,保证责任落实到人。

[案例 6-1]

山东博丰××工贸有限公司母液沉降罐除锈爆炸事故

1. 事故经过

2007 年 7 月 27 日 8 时 55 分左右,山东博丰××工贸有限公司发生爆炸事故,造成 2 人死亡。山东博丰××工贸有限公司位于敬仲镇工业区，职工人数100人，主要产品为甲醛、乙醛、季戊四醇，副产甲酸钠、甲酸钙。2007年7月23日，公司生产经理齐某联系无资质施工队负责人许某为本公司一新建的季戊四醇母液沉降罐进行除锈防腐。双方签订安全合同后，7月25日下午许某带领操作工陈某、陈某开始除锈作业。7月27日早上，许某安排陈某、陈某轮流进罐作业，二人在未启用罐底部空气压缩机的情况下进行防腐作业。8时55分左右，该罐突然发生爆炸，造成2人受伤，后经抢救无效死亡。

2. 事故原因

山东博丰××工贸有限公司在防腐施工前及防腐作业过程中，未按规定对罐内前期涂刷的防腐涂料挥发的可燃气体进行检测分析，且施工人员违规使用非防爆照明灯具、抽风机等电器，致使罐内达到爆炸极限的可燃气体遇电火花发生爆炸。

3. 防范措施

① 进入受限空间作业前，应按规定对受限空间的可燃气体进行检测分析。

② 施工人员在爆炸性作业场所必须使用防爆电气设备和照明灯具。

③ 加强职工安全教育培训，增强安全意识，提高安全技能。

项目七
检修现场伤害预防

2017年11月30日新疆某石化公司炼油厂进行重油催化裂化装置油浆蒸汽发生器检修时,在拆除设备封头过程中管束崩出,造成5人死亡,3人重伤。2017年2月17日,吉林省某石油化工股份有限公司作业人员在安装原料水罐V102远传液位计动火作业中,引爆罐内可燃气体,发生爆炸事故,造成3人死亡,直接经济损失约590万元。2017年11月18日河南某石化机械设备有限公司做设备检修、换热器管束清洗作业时,发生硫化氢中毒事故,造成3人死亡,6人中毒。

从以上案例可以发现,化工企业由于其生产工艺、物料特殊性,与其他企业相比具有高温、高压和易燃易爆性、腐蚀性、剧毒性等特点,无论在日常生产,还是在装置检修、改造作业中,如有不慎极易发生火灾、爆炸、中毒等伤人亡人事故。可以说在化工企业检修作业,每一个点都存在着危险源。

① 检修现场各类不安全因素比较集中,时常存在事故隐患。例如人员较集中、器材设备堆放杂乱、临时检修电源和脚手架、运输车辆多而通道宽度有限等。

② 历史教训告知我们:检修现场是多人伤害事故、机械伤害事故、触电事故、高空坠落事故等事故的高发区。要实现"零伤害"的既定目标,就必须加强检修现场的安全管理。

③ 在检修现场时常要用到一些易燃易爆品、有毒品、易碎品等危化品。因此,必须严加管制、控制和规范使用。

④ 检修期间,一些吊装孔、井、坑、沟等被打开使用,一旦管理提示不及时,极易发生高空坠落事故。

⑤ 为保证工期,几个作业小组争场地、空间、通道的事时有发生,甚至立体垂直作业、交叉作业、混合作业等,极易发生伤害他人的事故。

明确安全施工文明作业的具体要求、关注工作人员的行为表现、检修安全工作的不断改进是化工企业安全管理中的一个重要组成部分。检修现场安全控制的主要项目有:易燃易爆等危化品保管、存放、使用管理;在防火重点部位的作业管理;在密闭或半密闭空间、受限空间作业的管理;高空作业、吊装作业的管理;电气检修、试车的作业管理;作业环境和安全通道管理。

任务 1　生产装置检修的安全管理

化工生产装置检修过程中,由于生产工艺和设备复杂、设备与管道中残存危害物质种类多,极易导致火灾爆炸、中毒和化学灼伤事故。因此生产装置在停车、检修施工、复工过程中最容易发生事故。HAZOP发明人Trevor Kletz曾在一篇论文里写道,根据石油化工行业近500起事故案例,分析出的事故相对频率显示,在某种程度上,半数以上的事故与维修有关:停工占15%,开工占14%,维修占10%,由于设备故障采取措施避免停工占11%。

与其他行业的检修相比,化工企业检修具有作业频繁、作业复杂、技术性强、危险性大的特点。安全检修不仅要确保检修作业的安全,防止重大事故发生,保护职工的安全和健康,而且还要促进检修作业按时、按质、按量完成,确保检修质量,使设备投入运行后操作稳定、运转率高、杜绝事故和污染环境,为安全生产创造良好的条件。因此,加强装置检修过程的安全管理,避免或减少检修安全事故,是实现化工企业安全生产的重要环节。

一、总则

① 为加强对化工生产企业的安全生产监督管理,规范化工装置检修行为,保障人员安全,确保生产装置正常运行和检修施工作业安全,特制定本规定。

② 本规定适用于有关单位使用化学品从事化工生产活动的各种工艺装置及相关设备检修施工作业。

③ 本规定所称检修是指对化工装置及相关设备进行的检维修、拆除、停开车的各类施工作业项目。

二、一般规定

(一)检修项目管理

① 装置检修单位应明确检修工作负责人和安全管理责任人,建立安全管理制度,落实安全责任制,明确责任人。

② 装置检修须制定专题方案,方案中应有具体的安全卫生防范保障措施内容。

③ 装置检修对外委托施工的,施工单位应具有国家规定的相应资质证书,并在其资质等级许可范围内开展检修施工业务。

④ 在办理检修项目委托手续和签订工程施工合同时,须交待安全措施和签订安全责任书。

⑤ 对待检修的装置要开展危害识别、风险评价和实施必要的控制措施。对安全风险程度较高的检修项目或一些重大项目,须制定相应的安全技术措施(安全措施、扫线方案、盲板位置、网络进度等),并应做到"五定",即定施工方案、定作业人员、定安全措施、定工程质量、定网络进度。

⑥ 装置检修的各项目作业,须严格执行操作票或作业许可证(包括进出料、停开泵、加拆盲板和施工、检修、动火、用电、动土、高处作业、进塔入罐、射线、探伤等票证)制度和相应的安全技术规范。并根据安全制度和技术规范的要求制定适用于本单位的作业规定和相应的票证,明确各作业、签发人员的职责及票证的有效性。

（二）作业安全基本要求

① 装置检修单位须按检修施工方案中安全技术措施的要求，向全体施工作业人员进行安全技术交底，特别要交待清楚安全措施和注意事项，并做好安全交底记录。

② 装置检修单位应对检修作业人员进行与作业内容相关的安全教育。凡两人以上作业，须指定其中一人负责安全。特种作业人员应按国家规定，持证上岗。

③ 检修作业人员必须严格执行有关安全保护规定，进入装置现场前，须穿戴好劳动安全保护用品，并对检修作业所用工机具、防护用品（脚手架、跳板、绳索、葫芦、行车、安全行灯、行灯变压器、电焊机、绝缘鞋、绝缘手套、验电笔、防毒面具、防尘用品、安全帽、安全带、安全网、消防器材等）安全可靠性进行检查、确认。

④ 有作业票证安全管理要求的，检修作业人员必须持相关作业票证方可进入装置现场作业。

⑤ 检修作业人员须达到"三懂三会一能"要求：懂本作业岗位的火灾危险性，懂火灾的扑救方法，懂火灾的预防措施；会正确报警，会使用现有的消防器材等，会扑救初期火灾；能正确使用现有的防护器具和急救器具。

⑥ 动火、用电、动土、高处作业、进塔入罐、射线探伤等各类作业的监护人员必须履行安全职责，对作业和完工现场进行全面检查（如消灭火种、切断电源、清理障碍等），并认真做好作业过程中的监护工作。

（三）动火安全要求

① 装置检修动火作业实行单位内部的动火作业许可证管理制度。

② 动火工作必须按照下列原则从严掌握：有条件拆下的构件，如法兰、油管等应拆下来移至安全场所；可以采用不动火的方式代替同样能够达到效果时，尽量采用代替的方法处理；尽可能地把动火时间和范围压缩到最低限度。

③ 凡涉及危险化学品的动火作业，应采取隔离措施，并进行清洗、置换，取样分析合格后方可动火作业；地面如有可燃物、空洞、窨井、地沟、水封等，应检查分析，距用火点15m以内的，应采取清理或封盖等措施；对于用火点周围有可能泄漏易燃、可燃物料的设备，应采取有效的空间隔离措施。

④ 动火作业应有专人监火，动火作业前应清除动火现场及周围的易燃物品，或采取其他有效的安全防火措施，配备足够适用的消防器材。

⑤ 拆除管线的动火作业，应先查明其内部介质及其走向，并制订相应的安全防火措施。

⑥ 在道路沿线（25m以内）进行动火作业时，遇装有危险化学品的火车通过或停留时，应立即停止作业。

⑦ 动火作业前，应检查电焊、气焊、手持电动工具等动火工器具本质安全程度，保证安全可靠。

⑧ 动火作业完毕，动火人和监火人以及参与动火作业的人员应清理现场，监火人确认无残留火种后方可离开。

（四）电气和起重、吊装作业安全要求

① 参加检修人员必须熟悉供电系统设备原理，明确检修的目的和项目，听从检修负责人的指挥，保质、保量、按时完成任务，凡饮酒、患病及精神不佳者，不得参加检修。

② 严格执行停、送电制度，操作时，一人操作，一人监护，停电后，验电，放电，短路，接地，闭锁，并挂"有人工作，严禁合闸"牌。

③ 严格执行工作许可制，施工负责人得到准许工作指示，并确定所有该停电的线路设备返送电电源均已拉开，完成工作票要求的安全技术措施后，方可向工作人员下达许可命令。

④ 严格执行工作终结制度，工作负责人必须检查工作地点，确保无遗留物，通知全部人员撤离，拆除接地线，检查无误后，向工作许可人员汇报，然后持工作票和检修终结报告，向值班人员汇报。

⑤ 线路设备检修前，必须再一次核实线路，并再次验电，放电，接地，短路。

⑥ 工作前清理现场规定范围以内杂物，负责人必须指明哪路已停电，哪路已带电，以及工作中注意事项。

⑦ 作业人员工作前严禁喝酒，在负责人布置工作人员分工、讲述措施、注意事项、指派各小组监护人等工作时，必须认真听，细心记，并在检修任务书上签名。

⑧ 电气设备停电后，即使是故障停电，未拉开隔离开关前，严禁进入遮栏，未做好安全措施前不得接触设备，设备拆除，接地后，视为有电，再次工作必须重新履行措施。

⑨ 严禁带电工作，施工人员及其所用绳索工具等正常活动范围内不小于1.5m，相邻裸导体必须停电。

⑩ 起重、吊装作业，须按安全技术规范严格执行。

⑪ 载重车辆、25t以上吊车进入现场，原则上只允许停在检修道上，严禁压坏地下设施和堵塞消防通道。

⑫ 对立体交叉作业、大型吊车作业现场，施工单位须制定可靠的安全技术措施和方案。

⑬ 严禁用生产设备、管道、构架及生产性构筑物作起重吊装锚点，与其他设备、容器、管道、阀门、电线等保持一定的安全距离，以免造成碰撞、损坏。

⑭ 脚手架材料和脚手架搭设须符合规范要求，经施工单位检查验收合格并挂有准许使用的标识牌后，方可使用。在雨雪天脚手架作业时应采取有效的防滑措施。

⑮ 高处作业人员应系用与作业内容相适应的安全带，安全带应系挂在施工作业上方的牢固构件上，安全带应高挂（系）低用。

⑯ 禁止高空抛扔物件、工具和杂物，工机具、材料、自行车和工业垃圾等物品要按指定地点摆放。

三、检修前的安全要求

（一）装置检修前的准备工作

① 装置停工后交付检修前，应组织有关职能部门、相关单位对装置停工情况进行检查确认。各检修单位安全负责人按停工和检修方案组织全面检查，并做好装置检修前的各项安全准备工作。

② 装置现场下水井、地漏、明沟的清洗、封闭，必须做到"三定"（定人、定时、定点）检查。下水井井盖必须严密封闭，泵沟等应建立并保持有效的水封。

③ 须对装置内电缆沟做出明显标志，禁止载重车辆及吊车通行及停放。

（二）装置检修前须切断进出装置物料，并退出装置区

① 应将物料全部回收到指定的容器内，不允许任意排放易燃、易爆、有毒、有腐蚀物料。

② 不得向大气或加热炉等设备容器中排放可燃、爆炸性气体。

③ 易燃、易爆、有毒介质排放要严格执行国家工业卫生标准。
④ 具有制冷特性介质的设备容器管线等设施，停工时要先退干净物料再泄压，防止产生低温损坏设备。

（三）检修装置须进行吹扫、清洗、置换合格

① 设备容器和管道的吹扫、清洗、置换要制定工艺方案，指定专人负责，有步骤地开关阀门。
② 凡含有可燃、有毒、腐蚀性介质的设备、容器、管道，须进行彻底的吹扫、置换，使内部不含有残渣和余气，取样分析结果应符合安全技术要求。
③ 置换过程中，应将各设备与管线上的阀全部打开，保证蒸汽、氮气和水等介质的压力和蒸塔、蒸罐时间，防止短路，确保不留死角。
④ 吹扫置换过程中，应禁止明火作业及车辆通行，以确保安全。
⑤ 吹扫前应关闭液面计、压力表、压力变送器、安全阀，关严或脱开机泵的前后截止阀及放空阀，防止杂质吹入泵体。应将换热器内的存水放尽，以防水击损坏设备。
⑥ 要做到不流、不爆、不燃、不中毒、不水击，确保吹扫、置换质量。

（四）盲板的加、拆管理

① 必须指定专人负责，统一管理。
② 须按检修施工方案中的盲板流程图，执行加、拆盲板作业。
③ 加、拆盲板要编号登记，防止漏堵漏拆。
④ 盲板的厚度必须符合工艺压力等级的要求。
⑤ 与运行的设备、管道及系统相连处，须加盲板隔离，并做好明显标识。
⑥ 对槽、罐、塔、釜、管线等设备容器内存留易燃、易爆、有毒有害介质的，其出入口或与设备连接处应加装盲板，并挂上警示牌。

四、检修期间的安全要求

① 装置检修施工期间各级安全负责人、专（兼）职安全人员必须到装置现场进行安全检查监督。对各个作业环节进行现场检查确认，使之处于安全受控状态。
② 对装置现场固定式（可燃气、H_2S、CO、NH_3、Cl_2 及其他有毒有害气体等）报警仪探头，要进行妥善保护。
③ 对存有易燃、易爆物料容器、设备、管线等施工作业时，须使用防爆（如木、铜质等无火花）工具，严禁用铁器敲击、碰撞。
④ 打开设备人孔时，应使其内部温度、压力降到符合安全要求，并从上而下依次打开。在打开底部人孔时，应先打开最底部放料排渣阀门，待确认内部没有残存物料时方可进行作业，要防止堵塞现象。人孔盖在松动之前，严禁把螺丝全部拆开。在拆卸设备之前，须经相关人员检查、确认后，才允许拆开，以防残压伤人。
⑤ 禁止使用汽油或挥发性溶剂洗刷机具、配件、车辆和洗手、洗工作服。严禁将可燃污液、有毒有害物质排入下水道、明沟和地面。
⑥ 对损坏、拆除的栏杆、平台处，须加临时防护措施，施工完后应恢复原样。
⑦ 检修现场设备拆卸后敞开的管口应严防异物落入，要有严密牢固的封堵安全措施。
⑧ 遇有异常情况，如物料泄漏、设施损坏等，应停止一切施工作业，并采取相应的应急措施。
⑨ 进入装置检修作业的机动车辆和施工机械，必须按规定办理相关手续（特别通

行证），车辆安全阻火设施齐全，符合国家标准，按指定路线限速行驶，按指定位置停放。

五、检修完成交付开车安全要求

① 装置单位安全生产负责人是开车方案的组织者，对装置安全开车全面负责。装置开车前，应组织有关职能部门、相关单位对装置进行全面系统的开车前检查，并签字确认。

② 确保装置检修所有项目已完工，尾项和存在问题已整改落实，并得到验证确认。

③ 已对岗位人员进行上岗培训和安全交底工作，并经考试合格。

④ 装置内通信、通道、通风、梯子、平台栏杆、照明和消防器具等一切安全和劳动保护设施已处于备用、完好状态。

⑤ 安全阀、压力表、报警仪和静电接地、连接件及静电消除器等设备安全附件完好、进入投用状态。

⑥ 装置吹扫置换、贯通、试压、试漏和气密性试验合格，安全装置调试复位，机、泵等传动设备须完成单机试运，每一步骤都应严格按照规定程序进行。未经过试压、验收的设备、管道、仪表等不能投入生产，以确保设备安全投运。

⑦ 确认各塔、容器的人孔封闭和隔离盲板拆装、单向阀的方向正确。催化剂、吸附剂等装填完毕。

⑧ 凡需要投用的设备、容器、管道，必须达到安全使用条件，各铭牌、证件齐全。

⑨ 进料前，确认水、汽、风、电进装置，投用所有仪表、流程图及控制点进行核对，对现场所有控制阀进行开关信号确认，保证所有控制阀均正常。

⑩ 现场下水井、地漏、明沟必须保持通畅，并做到定人、定时、定点检查。明沟、平台、设备、管线外表的油污、物料必须冲洗干净，避免开车过程中出现意外。

⑪ 保持消防通道、疏散通道畅通，不得在疏散通道上安装栅栏、堆放物品、摆放施工机具等，所有障碍物已清理。

⑫ 开车场地严禁存放爆炸物，从严控制危险化学品和有毒有害物资的储存，遇有紧急排放、泄漏、事故处理等异常情况，应立即停止作业。

⑬ 装置开车后，按开车方案进出装置物料。接受易燃易爆物料的密闭设备和管道，在接受物料前必须按工艺要求进行置换，分析确认合格后，方可再引开车介质。

⑭ 接受物料时应缓慢进行，注意排凝，防止出现冲击或水击现象。接受蒸汽时要先预热、放水，逐渐升温升压。

⑮ 引易燃易爆物料时，严格控制动火作业、车辆通行。

⑯ 装置开车应做到不跑、不冒、不窜、不漏，不随地排放余气、残渣和化学品。垃圾废物料等应集中堆放、处理。

任务2　装置的安全停车

2016年9月20日，位于山东烟台某工业园内的一家化工企业在按年度计划停车检修期间，一个12m³粗M产品中间缓冲罐发生爆裂，造成8名工作人员受伤，抢救无效死亡4人。2016年9月21日，位于江苏盐城滨海县沿海工业园内的一家化工企业在拆除设备过程中，引发部分尾料燃烧。

由于化工生产使用的原料、产生的中间产品和生成的最终产品都为有毒、有害、易燃易爆且腐蚀性强的危险化学品,在开停车操作过程中容易突发事故,引发职工中毒或造成火灾、爆炸,因此必须加强化工装置的安全开、停车管理,而开、停车生产操作也成为衡量操作工人水平高低的一个重要标准。

一、常规停车

(一)常规停车定义

常规停车是指化工装置试车运行一段时间后,因装置检修、预见性的公用工程供应异常或前后工序故障等所进行的有计划的主动停车。

(二)化工装置常规停车应按以下要求做好准备工作

① 编制停车方案,参加停车人员均经过培训并熟悉停车方案。

② 停车操作票、工艺操作联络票等各种票证齐全,并下发岗位。

③ 停车用的工(器)具、劳动防护用品齐备,如专用停车工具、通信工具、事故灯、防护服等。

④ 停车后的置换清洗方案、停车阀位图等。

⑤ 停车用的各种记录表、记录本等。

(三)化工装置常规停车方案主要内容

① 停车的组织、人员与职责分工。

② 停车的时间、步骤、工艺变化幅度、工艺控制指标、停车顺序表以及相应的操作票证。

③ 停车所需的工具和测量、分析等仪器。

④ 化工装置的隔绝、置换、吹扫、清洗等操作规程。

⑤ 化工装置和人员安全保障措施和事故应急预案。

⑥ 化工装置内残余物料的处理方式。

⑦ 停车后的维护、保养措施。

(四)化工装置常规停车应注意的事项

① 指挥、操作等相关人员全部到位。

② 必须填写有关联络票并经生产调度部门及相关领导批准。

③ 必须按停车方案规定的步骤进行。

④ 与上下工序及有关工段(如锅炉、配电间等)保持密切联系,严格按照规定程序停止设备的运转,大型传动设备的停车,必须先停主机、后停辅机。

⑤ 设备卸压操作应缓慢进行,压力未泄尽之前不得拆动设备;注意易燃、易爆、易中毒等危险化学品的排放和散发,防止造成事故。

⑥ 易燃、易爆、有毒、有腐蚀性的物料应向指定的安全地点或储罐中排放,设立警示标志和标识;排出的可燃、有毒气体如无法收集利用应排至火炬烧掉或进行其他无毒无害化处理。

⑦ 系统降压、降温必须按要求的幅度(速率)先高压后低压的顺序进行,凡需保压、保温的,停车后按时记录压力、温度的变化。

⑧ 开启阀门的速度不宜过快,注意管线的预热、排凝和防水击等。

⑨ 高温真空设备停车必须先消除真空状态,待设备内介质的温度降到自燃点以下时,才可与大气相通,以防空气进入引发燃爆事故。

⑩ 停炉操作应严格依照规程规定的降温曲线进行，注意各部位火嘴熄火对炉膛降温均匀性的影响；火嘴未全部熄灭或炉膛温度较高时，不得进行排空和低点排凝，以免可燃气体进入炉膛引发事故。

⑪ 停车时严禁高压串低压。

⑫ 停车时应做好有关人员的安全防护工作，防止物料伤人。

⑬ 冬季停车后，采取防冻保温措施，注意低位、死角及水、蒸汽、管线、阀门、疏水器和保温伴管的情况，防止冻坏。

⑭ 用于紧急处理的自动停车联锁装置，不应用于常规停车。

二、紧急停车

（一）紧急停车定义

紧急停车是指化工装置运行过程中，突然出现不可预见的设备故障、人员操作失误或工艺操作条件恶化等情况，无法维持装置正常运行造成的非计划性被动停车。

紧急停车分为局部紧急停车、全面紧急停车。局部紧急停车是指生产过程中，某个（部分）设备或某个（部分）生产系统的紧急停车；全面紧急停车是指生产过程中，整套生产装置系统的紧急停车。

（二）紧急停车处置预案

针对化工装置紧急停车的不可预见性，公司应根据设计文件和工艺装置的有关资料，全面分析可能出现紧急停车的各种前提条件，提前编制好有针对性的停车处置预案。紧急停车处置预案应主要包括以下内容：

① 能够导致化工装置紧急停车的危险因素辨识和分析。

② 导致紧急停车的关键控制点和预先防范措施。

③ 各种工况下化工装置紧急停车时的人员调度程序、职责分工、紧急停车操作顺序和工艺控制指标。

④ 紧急停车后的装置维护措施。

⑤ 紧急停车后的人员安全保障措施。

（三）化工装置紧急停车时的注意事项

除参照化工装置常规停车应注意事项第③~⑬项的规定执行外，还应注意以下几点：

① 发现或发生紧急情况，必须立即按规定向生产调度部门和有关方面报告，必要时可先处理后报告。

② 发生停电、停水、停气（汽）时，必须采取措施，防止系统超温、超压、跑料及机电设备的损坏。

③ 出现紧急停车时，生产场所的检修、巡检、施工等作业人员应立即停止作业，迅速撤离现场。

④ 发生火灾、爆炸、大量泄漏等事故时，应首先切断气（物料）源，尽快启动事故应急救援预案。

（四）防止化工装置紧急停车措施

发生紧急停车后，公司应深入分析工艺技术、设施设备、自动控制和安全联锁停车（ESD）系统等方面存在的问题，认真总结停车过程中和停车后各项应对措施的有效性和安全性，采取措施加以改进，避免或减少各类紧急停车事件的发生。

附：化工装置开停车管理制度

一、目的

本标准规定了化工生产装置大检修停开车过程的管理方法和程序。

二、范围

本制度适用于本厂大检修过程化工生产装置停开车的管理。

三、职责与分工

1. 生产厂长为化工生产装置停开车管理的主管领导。

2. 各车间主任负责化工生产装置停开车方案的组织编制和实施。

3. 生产车间负责化工生产装置停开车方案的具体落实。

四、管理内容与要求

1. 化工生产装置大检修开始前一个月，装置所在车间应编制完成停开车方案，一式三份，由车间主任签字后报送生产科。

2. 停开车方案以生产车间为单位进行编写。

3. 停开车方案由生产科组织安环科、设备动力科、维修组等有关部门进行审核，于大检修开始前半个月审核完毕，报厂长批准，批准后由生产科组织实施。

4. 停开车方案的审核程序

4.1 生产科接到生产车间报送的停开车方案后，按5.1内容进行审核，审核结束签字后转交安环科。

4.2 安环科接到停开车方案后，按5.2内容进行审核，审核结束签字后转设备动力科。

4.3 设备动力科接到停开车方案后，按5.3内容进行审核，审核结束签字后转交生产科。

4.4 对各部室审核中提出的需要横向衔接的问题，由生产科负责协调解决。

4.5 审核全部结束后，由生产厂长将停开车方案报送厂长签字批准。

5. 各部门审核内容

5.1 生产科审核内容

5.1.1 停车

5.1.1.1 停车时间

5.1.1.2 停车前的准备工作及必备条件

5.1.1.3 停车主要注意事项

5.1.1.4 停车顺序示意图

5.1.1.5 停车的关键操作步骤

5.1.1.6 清洗、置换、排放示意图

5.1.1.7 生产装置清洗、置换、放空分析点一览表

5.1.1.8 盲板安装示意图

5.1.2 开车

5.1.2.1 开车时间

5.1.2.2 开车前的准备工作及必备条件

5.1.2.3 开车中的主要注意事项

5.1.2.4 水试车步骤及要求

5.1.2.5 开车顺序示意图

5.1.2.6 开车操作步骤

5.1.2.7 大检修后工艺、设备、管线变更记录
5.2 安环科审核内容
5.2.1 停车
5.2.1.1 停车前的准备工作及必备条件
5.2.1.2 注意事项
5.2.1.3 停车顺序示意图
5.2.1.4 清洗、置换的主要注意事项
5.2.1.5 清洗、置换、放空分析点一览表
5.2.1.6 盲板的安装
5.2.1.7 清洗、置换、排放示意图
5.2.1.8 "三废"排放
5.2.2 开车
5.2.2.1 开车前的准备工作及必备条件
5.2.2.2 开车顺序示意图
5.2.2.3 开车中主要注意事项
5.2.2.4 气密性试压步骤和要求
5.2.2.5 单体传动试车步骤和要求
5.2.2.6 拆除盲板
5.2.2.7 水试车步骤及要求
5.2.2.8 开车操作步骤
5.2.2.9 大检修工艺、设备、管线的变更记录
5.3 设备动力科审核内容
5.3.1 停车
5.3.1.1 停车前的准备工作及必备条件
5.3.1.2 计划停车时间
5.3.1.3 停车顺序示意图
5.3.1.4 公用工程停送时间
5.3.1.5 阴井隔离情况
5.3.1.6 设备、管线清洗、置换
5.3.1.7 交付检修
5.3.2 开车
5.3.2.1 开车前的准备工作及必备条件
5.3.2.2 开车时间
5.3.2.3 公用工程输送时间
5.3.2.4 气密性试压步骤和要求
5.3.2.5 单体传动试车步骤和要求
5.3.2.6 水试车步骤及要求
5.3.2.7 大检修后工艺、设备、管线的变更记录

5.4 审核时间停开车方案于大检修开始前半个月全部审核完毕。

6. 车间按审批后的停开车方案组织实施，待装置停车操作全部完成，由岗位负责人、班长、车间主任现场检查，确认签字。一份留生产科，一份车间存查。

7. 生产车间汇总各岗位停车确认表后，向生产科申请办理大检修准修证。

8. 大检修准修证由生产科组织安环科、设备动力科等进行现场检查，合格后联合签发。

9. 化工生产装置大检修结束后，生产车间应做好开车前的一切准备工作。在装置检查、验收全部合格后，填写岗位开车确认表，一式两份，由岗位负责人、班长、车间主任现场检查，确认签字。

10. 生产车间汇总各岗位开车确认表后，向生产科申请办理大检修准开申请书。

11. 大检修准开证由生产科组织安环科、设备动力科等进行现场检查，合格后联合签发。

12. 生产车间接到签发的大检修准开证后，按照化工生产装置停开车方案的要求进行开车。

任务 3　临时用电作业

化工企业检维修施工现场由于用电设备种类多、电容量大、工作环境不固定、露天作业、临时使用等特点，在电气线路的敷设，电器元件、电缆的选配及电路的设置等方面容易存在短期行为，极易引发触电伤亡事故，甚至导致火灾爆炸和电气事故。例如 2004 年 9 月 17 日，某石油化工公司在某石化分公司 60 万吨/年连续重整装置的抢修施工作业中，发生一起触电事故，造成 2 人死亡。因此，加强临时用电管理，落实临时用电安全技术措施，是保证化工企业检维修施工安全的一个重要工作。

化工企业临时用电安全管理规定

1. 目的

为了加强临时用电安全管理，保证施工现场用电安全，防止火灾爆炸和电气事故发生，制定本规定。

2. 范围

本规定适用于化工公司所辖区域内的临时用电安全管理。

3. 术语和定义

3.1　开关箱

末级配电装置的通称，亦可兼作用电设备的控制装置。

3.2　潮湿环境

环境相对湿度大于 75% 为潮湿环境。

3.3　特别潮湿环境

环境相对湿度接近 100% 时为特别潮湿环境。

4. 管理职责

4.1　机动部

4.1.1　负责临时用电设备技术管理。

4.1.2　负责对临时用电设施进行检查和监督。

4.2　安全环保部

4.2.1　负责审批临时用电作业的《一级用火作业许可证》。

4.2.2　负责对施工现场临时用电作业和设施进行检查和监督。

4.3　配送电单位（车间）

4.3.1 负责根据《用火作业许可证》审批《临时用电作业许可证》。

4.3.2 负责检查变电所至施工现场第一个开关箱的临时用电设备和线路是否符合安全技术规范要求。

4.3.3 负责对施工现场开关箱的供电、断电。

4.3.4 负责安装、拆除变电所输出端的配电线路接头。

4.4 生产单位（车间）

4.4.1 负责办理临时用电作业的《用火作业许可证》。

4.4.2 负责检查开关箱存放在指定地点。

4.4.3 负责检查电气线路、设备符合安全技术规范要求。

4.5 施工单位

4.5.1 负责编制施工现场临时用电组织设计，制定落实安全用电措施和电气防火措施。

4.5.2 负责检查临时用电线路、设备符合有关安全技术规范要求。

4.5.3 负责安装、维护和拆除本单位的临时用电设施和线路。

5. 临时用电审批

5.1 在运行的生产装置、罐区和具有火灾爆炸危险场所内一般不允许接临时电源。确属生产、检维修施工需要时，施工单位必须向作业所辖生产单位（车间）申请办理《用火作业许可证》，并持《电工作业操作证》（证件年审时，持加盖单位公章的复印件）到配送电单位（车间）申请办理《临时用电作业许可证》(表7-1)。

5.2 对在防爆区域内长期施工或需提前办理《临时用电作业许可证》的用电作业，生产单位（车间）可办理接电用的《二级用火作业许可证》，方便施工单位办理《临时用电作业许可证》，施工单位开关箱必须存放在《二级用火作业许可证》上注明的非防爆区域。

配送电单位（车间）送电至《二级用火作业许可证》上注明的开关箱，然后，施工单位必须凭施工用的《一级用火作业许可证》方可从该开关箱送电至防爆区域内施工点用电。

施工单位电工必须每天根据实际用电需要进行送电；每次用火结束后，施工单位电工要及时打下开关断电，用火监护人与施工单位电工共同检查确认开关箱的断开状态。

施工单位每天用电结束后必须及时通知配送电单位（车间）切断电源，次日再由施工单位电工对临时用电设施和线路检查合格后联系变电所电工送电，在有效期内不需重新办理《临时用电作业许可证》。

5.3 对装置大修或经划定区域的基建项目，《临时用电作业许可证》的有效时间分别为3天和7天，节假日不提高用火级别。

5.4 对在防爆区域内需要专门开具《用火作业许可证》进行接电的作业（如抽水、抽油、试压、包铝皮、化学清洗、临时照明、清洗换热器、开搅拌机、开卷扬机等用电），最高用火级别为一级。

5.5 在防爆区域使用符合防爆等级的照明器时，可凭《二级用火作业许可证》办理《临时用电作业许可证》，但现场使用开关箱时，必须办理《一级用火作业许可证》。

5.6 在防爆区域使用符合防爆等级的电泵作生产试验时，可凭《二级用火作业许可证》办理《临时用电作业许可证》。

6. 临时用电管理

6.1 配送电单位（车间）和施工单位在送电前要对临时用电线路、电气设备及《临时用电作业许可证》中的安全措施进行检查落实并确认签字，达到安全送电要求后，方可送电；

对施工单位使用不符合国家安全技术规范要求的电气设备和线路，配送电单位（车间）

可拒绝送电。

6.2 施工单位必须严格按时限用电,超过时限必须重新办理《临时用电作业许可证》。

6.3 施工单位不得私自向其他单位转供电,不得变更临时用电地点和工作内容,不得随意增加用电负荷,一旦发现违章用电,配送电单位(车间)可即停止供电。

6.4 电工必须持《电工作业操作证》上岗操作,安装、巡检、维修、拆除临时用电设备和线路以及排除电气故障,必须由电工完成,并有人监护。

6.5 资产属配送电单位(车间)所有的电气设备和线路,必须由配送电单位(车间)电工操作,严禁施工单位电工作业。

6.6 配送电单位(车间)应建立《临时用电送/停电登记表》(表7-2),记录每次临时用电的施工单位名称、送/停电时间和通知人(电工)。

6.7 临时用电设备和线路应按供电电压等级和容量正确使用,所用的电气元件应符合国家规范标准要求,临时用电电源施工、安装应严格执行电气施工安全规范,并接地良好。

6.8 漏电保护器每天使用前必须启动漏电试验按钮试跳一次,试跳不正常时严禁继续使用。

6.9 临时用电完毕后,施工单位必须及时通知配送电单位(车间)停电,由配送电单位(车间)拆除变电所输出端的电气线路接头,并在交接班本上做好记录。其他单位不得私自拆除,私自拆除而造成的后果由拆除单位负责。

6.10 有自备电源的施工单位其自备电源不得接入电网电源,使用自备电源(包括蓄电池)必须办理相应用火级别的《用火作业许可证》。

6.11 临时用电线路不得穿越污油池、含油污水井,开关箱和电焊机等用电设备应距离含油污水井等火灾爆炸危险点15m以上,不能满足要求时,必须采取有效的安全措施。

6.12 配送电单位(车间)应每天不少于两次巡回检查,建立检查记录并将隐患及时通知施工单位处理,确保临时供电设施完好。对重大隐患和发生威胁安全的紧急情况,配送电单位(车间)有权紧急停电处理。

6.13 施工单位对临时用电设施要指定电工维护管理,必须每天进行不少于两次的巡回检查,并做好日常巡检和电气设备的安装、调试、维修、拆除等工作记录,确保临时用电设施完好。

7. 临时用电安全技术要求

7.1 配电线路

7.1.1 临时用电的电源线必须采用橡胶护套绝缘电缆,不得接近热源和直接绑挂在金属架构上。

在防爆区域内不得有电源线接头;其他区域电源线接头必须绝缘良好且不得接触潮湿地面。

7.1.2 电缆线路中必须包含全部工作芯线和用作保护零线或保护线的芯线,电缆芯线数根据负荷及其控制电器的相数和线数确定:三相四线时,采用五芯电缆;三相三线时,采用四芯电缆;单相二线时,采用三芯电缆。

7.1.3 对需要埋地敷设的电缆线路应设有"走向标志"和"安全标志"。电缆埋地深度不应小于0.7m,穿越道路时应加设相应强度的防护套管。

7.1.4 临时用电架空线应采用绝缘铜芯线,绑扎线必须采用绝缘线;架空线最大弧垂与地面距离,在施工现场不低于2.5m,穿越机动车道不低于5m;架空线应架设在专用电杆上,严禁架设在树木、脚手架上。

7.2 开关箱

7.2.1 施工现场开关箱必须标明使用单位和编号,箱体有防雨措施,箱门应能牢靠关闭,并悬挂停、送电牌。

7.2.2 临时用电设施必须安装符合规范要求的漏电保护器,移动式、手持式电动工具应符合"一机一闸一保护"。

7.2.3 开关箱的金属箱体、金属电器安装板必须与保护零线(PE线)做电气连接。

7.2.4 开关箱的电源进线端严禁采用插头和插座做活动连接。

7.3 电焊机

7.3.1 电焊机应放置在防雨、干燥和通风良好的地方。

7.3.2 电焊机的二次侧线应采用防水橡皮护套铜芯软电缆,不得采用金属构件或结构钢筋代替二次线的地线。

7.3.3 使用电焊机焊接时必须穿戴防护用品,严禁露天冒雨从事电焊作业。

7.3.4 电焊机外壳应可靠接地,不得多台串联接地。

7.3.5 电焊机的裸露导电部分应装安全保护罩。

7.3.6 电焊把钳必须绝缘良好。

7.4 手持式电动工具

7.4.1 手持式电动工具应加装单独的电源开关,严禁1台开关接2台及2台以上电动设备。

7.4.2 使用手持式电动工具因故离开现场暂停工作或遇突然停电时,应拉开电源开关。

7.4.3 在潮湿场所和金属架构上操作时,其开关箱和控制箱应设置在作业场所外面。

7.5 照明

7.5.1 有爆炸和火灾危险的场所,按危险场所等级选用防爆型照明器;潮湿场所,选用密闭型防水照明器。

7.5.2 照明灯具的金属外壳必须与保护零线(PE线)相连接,照明开关箱内必须装设隔离开关、短路、过载保护电器和漏电保护器。

7.5.3 使用行灯时,应符合下列要求:

a) 电源电压不大于36V;在特别潮湿场所或塔、釜、槽、罐、锅炉等金属容器内,电源电压不得大于12V。

b) 灯泡外部有金属保护网。

c) 灯头与灯体结合牢固,灯头无开关。

d) 灯体与手柄应坚固、绝缘良好并耐热耐潮湿。

7.5.4 照明变压器必须使用双绕组型安全隔离变压器,一、二次均应装熔断器,金属外壳要与保护零线(PE线)连接。

7.6 接地和保护

7.6.1 电气设备的金属外壳必须与保护零线(PE线)连接。

7.6.2 保护零线(PE线)必须采用绝缘导线,保护零线(PE线)上严禁装设开关或熔断器,严禁通过工作电流,且严禁断线。

7.6.3 工作零线(N线)必须通过漏电保护器,通过漏电保护器的工作零线(N线)与保护零线(PE线)之间不得再做电气连接。

8. 临时用电票证管理

8.1 《临时用电作业许可证》一式四联,第一联由配送电单位(车间)审批人保存,第二联由配送电班组保存，第三联由施工单位电工保存，第四联由供电单位财务部门保存。

8.2 《临时用电作业许可证》是临时用电作业的依据，不得涂改、代签，要妥善保管，保存期为一年。

8.3 配送电单位（车间）应对《用火作业许可证》进行登记、备查。

9. 检查和考核

9.1 本规定由安全环保部、机动部负责检查和考核。

9.2 施工单位违反本规定的，依照《承包商安全管理规定》和《承包商考核办法》予以考核；造成事故的，还要追究有关单位和个人的责任。

9.3 配送电单位（车间）和生产单位（车间）违反本规定的，依照《安全、环保专业管理考核办法》予以考核。

9.4 本规定未尽事宜按国家有关标准、规范、法规执行。

10. 支持性文件

10.1 《石油化工建设工程施工安全技术规范》(GB 50484—2008)。

10.2 《施工现场临时用电安全技术规范》(JGJ 46—2005)。

11. 相关记录

临时用电安全作业证（表7-1）。

表7-1 临时用电安全作业证

申请单位		申请人					作业证编号		
作业时间	自 年 月 日 时 分始至 年 月 日 时 分止								
作业地点									
电源接入点					工作电压				
用电功率及设备									
作业人					电工证号				
危害辨识									
序号	安全措施								确认人
1	安装临时线路人员持有电工作业操作证								
2	在防爆场所使用的临时电源、电气原件达到相应的防爆等级要求								
3	临时用电的单项和混用线路采用五线制								
4	临时用电线路在装置内不低于2.5m，道路不低于5m								
5	临时用电线路架空进线未采用裸线，未在树或脚手架上架设								
6	暗管埋设及地下电缆线路设有"走向标志"和"安全标志"，电缆埋深大于0.7m								
7	现场临时用配电盘、箱有防雨措施								
8	临时用电设施装有漏电保护器，移动工具、手持工具"一机一闸一保护"								
9	用电设备、线路容量、负荷符合要求								
10	其他安全措施： 编制人：								
实施安全教育人									
作业单位意见	签字： 年 月 日 时 分								
配送电单位意见	签字： 年 月 日 时 分								
审批部门意见	签字： 年 月 日 时 分								
完工验收：	签字： 年 月 日 时 分								

临时用电送/停电登记表（表7-2）。

表7-2 石油化工公司临时用电送/停电登记表

序号	施工单位名称	开关箱编号	操作内容		日期和时间	施工单位电工签名	配送电单位执行人
			送电	停电			

说明：在"操作内容"栏上相应的送电/停电项目内划"√"。

附加说明

本规定由安全环保部提出并归口。

本规定起草部门：安全环保部。

本规定解释权归安全环保部。

本规定起草人：×××。

任务 4 拆卸作业

由于化工生产的特殊性，生产现场或装置内可能存在着或多或少的危险物料，在设备检修拆除过程中，具有拆除难度大、危险因素多等不利因素，若风险识别不到位、防范措施不落实，就很可能发生火灾、爆炸、中毒、环境污染等事故。例如 2017 年 11 月 5 日，广东省佛山市一化工公司在拆除旧设备时发生爆炸事故，造成 1 人死亡、3 人轻伤。

必须加强化工拆除施工中的安全管理，确保拆除施工能够顺利进行，要求相关企业及作业人员必须提高警惕，避免发生事故。

一、化工装置拆除作业安全注意事项

易爆、易燃、有毒、易污染环境化工装置的拆除具有拆除难度大、危险因素多等不利因素，为加强拆除施工中的安全管理，确保拆除施工能够顺利进行，需成立装置拆除工程指挥部，负责整个拆除工程的施工组织。

① 工程施工前，必须按"施工组织设计"或"安全技术措施"，向全体施工人员进行安全技术交底，并做好安全交底记录。

具体项目交底时，须交代清楚安全措施和注意事项。作业前，应对安全措施落实情况进行检查确认。参加装置拆除的人员，须进行同作业内容相关的安全教育。

凡两人以上作业，须指定一人负责安全。

② 对需拆除的装置要进行危害识别、风险评价和实施必要的控制措施。对一些重大项目，须制定相应的安全技术措施（安全措施、扫线方案、盲板位置、网络进度等），并应做到"五定"，即定施工方案、定作业人员、定安全措施、定工程质量、定网络进度。

③ 需要外部力量协助时，要办理项目委托手续和签订工程施工合同，并须交待安全措施和签订安全协议书。

装置交付拆除前，应组织各职能部门、相关单位进行装置交付安全确认，在确认安全的条件下方可把装置交付给作业单位施工。

④ 装置拆除各项目作业，须严格执行作业许可证（包括盲板抽堵、检修、动火、临时用电、动土、高处作业、受限空间作业等票证）制度和相应的安全技术规范。各施工操作人员须持票证才能作业。

⑤ 装置拆除前，须切断进出装置物料，并应退出装置区。

a. 不允许任意排放易燃、易爆、有毒、有腐蚀物料。

b. 不得向大气或反应釜等设备容器中排放可燃、爆炸性气体。

c. 具有制冷特性介质的设备、容器、管线等设施，停工时要先退干净物料再泄压，防止产生低温损坏设备。

⑥ 装置拆除前，须进行吹扫、清洗、置换合格。

a. 设备容器和管道的吹扫、清洗、置换要指定专人负责。

b. 凡含有可燃、有毒、腐蚀性介质的设备、容器、管道应进行彻底的吹扫、置换，使内部不含有残渣和余气，取样分析结果应符合安全技术要求。

c. 过程中，应将各设备与管线上的阀全部打开，保证蒸汽和水等介质的压力和蒸釜时间，确保不留死角。

d. 吹扫置换及拆除过程中，应禁止明火作业及车辆通行，以确保安全。

e. 吹扫前应关闭液面计、压力表、压力变送器、安全阀，关严机泵的前后截止阀及放空阀，防止杂质吹入泵体。应将反应釜夹套内的存水放尽，以防水击损坏设备。

f. 要做到不流、不爆、不燃、不中毒、不水击，确保吹扫、置换质量。

⑦ 盲板的加、拆管理。

a. 必须指定专人负责，统一管理。

b. 须按拆除方案中的盲板流程图，执行加、拆盲板作业。

c. 加、拆盲板要编号登记，防止漏堵漏拆。

d. 盲板的厚度必须符合工艺压力等级的要求。

e. 与运行的设备、管道及系统相连处，须加盲板隔离，并做好明显标识。

f. 对槽、罐、釜、管线等设备容器内存留易燃、易爆、有毒有害介质的，其出入口或与设备连接处应加装盲板，并挂上警示牌。

⑧ 凡需拆除的设备、容器、管道，必须达到动火条件，以保证施工安全。

a. 动火管理实行动火作业许可证制度，动火作业必须持有效的动火作业许可证。

b. 凡在含有可燃介质的设备容器、管道上动火，应首先切断物料来源加堵盲板，经吹扫、清洗、置换后打开人孔通风换气，并经取样化验分析合格后，方可动火。

c. 严格执行"三不动火"原则，即没有经批准有效的动火作业许可证不动火、防火安全措施不落实不动火、没有动火监护人或动火监护人不在场不动火。

d. 动火前应由专人进行检测分析，并做好记录。

e. 装置动火现场不得搭设易燃物，确有需要，须落实相应的保障措施。

f. 高处动火作业应采取防止火花飞溅的遮挡措施，应对地沟、阀门井、下水井进行水封处理，对低层的设备、管道、阀门、仪表等应采取遮挡或封闭措施。

g. 明火作业周围必须清除一切可燃物，作业周围不允许排放可燃液体或可燃气体。

h. 施工现场氧气瓶、乙炔瓶与明火间距保持10m以上，氧气瓶与乙炔瓶间距保持5m以上，不得放在烈日下暴晒或接近火源。

⑨ 装置拆除期间各级安全负责人、专（兼）职安全人员必须到装置现场进行安全检查监督。对各个作业环节进行现场检查确认，使之处于安全受控状态。

⑩ 动火、临时用电、动土、高处作业、受限空间等各类作业监护人，必须履行安全职责，认真监护，对作业和完工现场进行全面检查（如消灭火种、切断电源、清理障碍等）。

⑪ 进入装置、现场人员，必须严格执行有关劳动保护规定，穿戴好劳动保护用品，严禁携带烟火。

⑫ 各作业人员须达到"三懂三会一能"。

a. 懂本作业岗位的火灾危险性，懂火灾的扑救方法，懂火灾的预防措施；

b. 会正确报警，会使用现有的消防、器材，会扑救初期火灾；

c. 能正确使用现有的防护器具和急救器具。

⑬ 须对施工作业所用工机具、防护用品（脚手架、跳板、绳索、行车、安全行灯、行灯变压器、电焊机、绝缘鞋、绝缘手套、电笔、防毒面具、防尘用品、安全帽、安全带、安全绳、消防器材等）安全可靠性进行检查、确认。

⑭ 装置交付拆除前，必须对装置内电缆沟做出明显标志，禁止载重车辆及吊车通行及停放。

⑮ 拆除装置现场下水井、地漏、明沟的清洗、封闭，必须做到"三定"（定人、定时、定点）检查。下水井井盖必须严密封闭，泵沟等应建立并保持有效的水封。

⑯ 大修期间，对装置现场固定式可燃气体报警仪探头，要进行妥善保护。

⑰ 对存有易燃、易爆物料的容器、设备、管线等施工作业时，须使用防爆（如：木、铜质等无火花）工具，严禁用铁器敲击、碰撞。

⑱ 打开设备人孔时，应使其内部温度、压力降到安全条件以下，且在打开人孔时，应

先打开最底部放料排渣阀门，待确认内部没有残存物料时方可进行作业，警惕有堵塞现象。

人孔盖在松动之前，严禁把螺丝全部拆开。

在拆卸设备之前，须经相关人员检查、确认，对所存酸、碱、乙醇、甲苯、原油、蒸汽、水确实处理干净后，才允许拆开，以防残压伤人。

⑲ 禁止使用汽油或挥发性溶剂洗刷工具、配件、车辆和洗手、洗工作服。严禁将可燃污液、有毒有害物质排入下水道、明沟和地面。

⑳ 对损坏、拆除的栏杆、平台处，须加临时防护措施，施工完后应恢复原样。

㉑ 起重、吊装作业，须按安全技术规范严格执行。

a. 对重大起重作业方案以及起重工作所采用起重设备的技术规范、标准，应在施工组织设计中明确规定。

b. 须经过安装、试车、运行的起重设备及其电力、照明、取暖等接线，行驶轨道或路面、路基的状况及号志的设置等一切有关部分，均应由有关的专门技术人员进行检查和试验，出具书面证明确认设备安全可靠后，方可投入使用。

c. 对起重设备的停置、燃料或附属材料的存放等一切有关环境及措施，应事先予以查验或提出规定要求，以确保安全。

d. 起重设备的操作人员和指挥人员应经专业技术培训，并经实际操作及有关案值规程考试合格、取得合格证后方可独立上岗作业，其合格证种类应与所操作（指挥）的起重机类型相符合。起重设备作业人员在作业中应当严格执行起重设备的操作规程和有关的安全规章制度。

e. 起重设备、吊索具和其他起重工具的工作负荷，不准超过铭牌规定。

f. 一切重大物件的起重、搬运工作应由有经验的专人负责，作业前应向参加工作的全体人员进行技术交底，使全体人员均熟悉起重搬运方案和安全措施。起重搬运时只能由一人指挥，必要时可设置中间指挥人员传递信号。起重指挥信号应规范。

㉒ 临时用电要保证漏电开关、电缆、用电器具完好。

a. 临时用电的配电器必须加装漏电保护器，其漏电保护的动作电流和动作时间必须满足上下级配合要求。

b. 移动工具、手持式电动工具应一机一闸一保护。

c. 临时用电的单相和混用线路均不得超负荷使用。

d. 现场临时用电配电箱、配电盘要有防雨措施。用电线路的装、拆必须由电工组负责作业。

e. 放置在施工现场的临时用电箱应挂设"已送电""已停电"标志牌。

f. 电焊机接线要规范，电焊把线就近搭接在焊件上，把线及二次线绝缘必须完好，不得将裸露地线搭接在装置、设备的框架上，不得穿过下水或在运行设备（管线）上搭接焊把线。

g. 临时用电线路架空布线时，不得采用裸线，架空高度在装置区内不得低于2.5m，穿越道路不得低于5m；横穿道路时要有可靠的保护措施，严禁在树上或脚手架上架设临时用电线路，严禁用金属丝绑扎，临时用电的电缆横穿马路路面的保护管应采取固定措施。

h. 行灯电压不得超过36V，在特别潮湿的场所或釜、罐、槽等金属设备内作业的临时照明灯电压不得超过12V，严禁使用碘钨灯。

㉓ 脚手架材料和脚手架搭设须符合规范要求，经施工单位检查验收合格并挂有准许使用的标识牌后，方可使用。

在雨、雪天脚手架作业时应采取有效的防滑措施。

㉔ 高处作业人员应系用与作业内容相适应的安全带，安全带应系挂在施工作业上方的牢固构件上，安全带应高挂（系）低用。

㉕ 禁止高空抛物件、工具和杂物，工机具、材料、自行车和工业垃圾等物品要按指定地点摆放。

㉖ 拆除现场设备拆卸后敞开的管口应严防异物落入，要有严密牢固的封堵安全措施。

㉗ 遇有异常情况，如物料泄漏、设施损坏等，应停止一切施工作业，并采取相应的应急措施。

㉘ 进入现场施工作业的机动车辆和施工机械，必须按规定办理相关手续（特别通行证），车辆安全阻火设施齐全，符合国家标准，按指定路线限速行驶，按指定位置停放。

二、事故案例分析

（一）典型事故案例

[案例 7-1]

山西省太原市××化工有限公司"1·1"硫化氢中毒事故

2008年1月1日，山西省太原市××化工有限公司发生硫化氢中毒事故，最终造成3人死亡。

该公司为从事煤焦油加工的危险化学品生产企业，主要产品为工业萘、沥青等。事发前，该企业因环保原因，已长期处在半停产状态，拟进行搬迁，仅有少部分管理人员和工人在岗，负责设备维护和检修。

为拆迁做准备，1月1日，该公司的焦油加工车间组织清理燃料油中间储罐，该储罐是一个长7.1m、直径2.3m的卧式罐。16时许，在没有对作业储罐进行隔离，也没有对罐内有毒、有害气体和氧气含量进行分析的情况下，一名负责清理的工人仅佩戴过滤式防毒口罩（非隔离式防护用品）就进入燃料油中间储罐进行清罐作业，进罐后即中毒晕倒。负责监护的工人和附近另外一名工人盲目施救，没有佩戴任何安全防护用品就相继进入罐内救人，也中毒晕倒。3人救出后抢救无效死亡。事后（1月4日），从与发生事故储罐相连的两个产品储罐取样分析，硫化氢含量分别高达 $56\mu L/L$ 和 $30\mu L/L$。

据初步分析调查，作业人员在清理储罐时，未将燃料油中间储罐与其他储罐隔离，未按照安全作业规程进行吹扫、置换、通风，未对罐内有毒、有害气体和氧含量进行检测。使用安全防护用品错误，存在有毒、有害气体作业时应使用隔离式防护用品，造成硫化氢中毒。现场人员盲目施救，施救人员在没有佩戴安全防护用品的情况下进罐救人，造成伤亡扩大。

[案例 7-2]

山西省太原市××科贸有限公司"1·7"爆炸事故

2008年1月7日，山西省太原市××科贸有限公司在拆除废旧化工原料储罐时发生爆炸事故，造成4人死亡、4人受伤。

发生事故的废旧化工原料储罐原属××化工厂，××化工厂破产后资产划归××市国有资产管理处，为了进行房地产开发，××市国有资产管理处委托××科贸有限公司拆除废旧化工原料储罐。发生爆炸事故的储罐为室内建造的半地下室储罐区，内有 $50m^3$ 和 $60m^3$ 两种储罐共 24 个，原用于储存甲苯、二甲苯、汽油、酒精等危险化学品。

1月7日14时许，××科贸有限公司在储罐区进行储罐拆除作业，在未对储罐（部分储罐处于敞开状态）进行置换，未对库房地沟和地面大量残油进行清理，未对作业场所进行动火分析、办理动火作业许可证的情况下，其雇用的 7 名民工分两组使用气割工具，进行动火拆除作业时发生爆炸，爆炸引起库区部分房顶坍塌，6 人被埋在库房里，1 名工人被爆炸冲击波作用飞出库房外面。作业的 7 名民工中，有 3 人死亡、1 人重伤、3 人轻伤。爆炸冲击波将储罐区一外墙冲倒，将围墙外另 1 名工人砸死。

据初步分析调查，由于储罐区室内通风不畅，造成储罐散发的易燃易爆气体在室内积聚；××科贸有限公司无资质违章施工；在拆除废弃储罐时，未对作业场所进行动火分析、办理动火作业许可证，没有安排专人现场监护，违反操作规程，盲目动火，引起罐区厂房积聚的易燃易爆气体发生爆炸。

[案例 7-3]

云南省昆明市××国际化工股份有限公司三环分公司 "1·13" 硫黄仓库爆炸事故

2008 年 1 月 13 日，云南省昆明市××国际化工股份有限公司三环分公司（危险化学品生产企业）硫黄仓库发生爆炸，造成 7 人死亡、7 人重伤、25 人轻伤。

1 月 13 日 2 时 45 分，该公司储存硫黄的仓库内，昆明市东站工商服务公司（铁路运输装卸承包单位）的 53 名工人开始从事火车硫黄卸车作业，作业过程是从火车卸下并拆开硫黄包装袋，将硫黄分别倒入平行于铁路、与地面平齐的 34 个料斗中，硫黄通过料斗落在地坑中的输送机皮带上，用输送机传送皮带将硫黄送入硫黄库。3 时 40 分，作业过程中地坑硫黄粉尘突然发生爆炸，爆炸冲击波将料斗、硫黄库的轻型屋顶、皮带输送机、斗式提升机等设施毁坏，造成 7 人死亡、7 人重伤、25 人轻伤。

据初步调查分析，事故发生的重要原因：一是天气干燥，空气湿度低，硫黄粉尘容易爆炸；二是作业时正值深夜，风速低，空气流动性差，造成局部空间内（皮带运输机地坑）硫黄粉尘浓度增大，达到爆炸极限，由现场产生的点火能量引发爆炸。引发爆炸事故的能量源正在调查确认中。

[案例 7-4]

1月15日，浙江省金华市××实业有限公司发生火灾事故，造成 4 人死亡

2008 年 1 月 15 日 5 时 30 分许，浙江省金华市××实业有限公司的二甲基环硅氧烷（DMC）、二甲基硅油和白油分离系统废渣池着火，引起池内废渣和油水混合物沸腾外溢，引燃池边盛装二甲基硅油和二甲基环硅氧烷的塑料桶内物料。由于废渣池地势高，着火的物料流淌蔓延至成品简易仓库，引燃储存仓库中的硅油半成品（约 500t）和成品（约 200t），近百吨燃烧的物料流淌并包围地势较低的办公楼等建筑物。事故造成 4 人死亡。

据初步调查分析，事故原因是该实业有限公司在 2007 年 12 月 7 日擅自改变生产工艺，将水改为白油用于冷却清洗废渣，废渣池边真空泵不防爆，操作人员在关停真空泵时产生火

花,引燃废渣池中的轻组分和白油发生火灾。事故还暴露出工厂现场管理混乱、布置不合理的问题。

(二)事故暴露的主要问题

上述事故暴露出当前一些化工企业和危险化学品生产企业有章不循、违章作业,从业人员安全意识淡薄的现象仍然十分严重;安全生产责任制和安全管理制度不落实,不重视安全工作,安全管理不到位,隐患排查治理不深入、不细致等问题依然存在。主要表现在:

1. 有章不循、违章作业现象突出

山西省太原市××化工有限公司安全管理严重不到位,虽然公司制定了进入密闭空间作业的安全规定,但不执行;不能正确使用防护用品;在没有对作业储罐进行有毒、有害气体和氧含量检测分析,没有采取有效的防护措施的情况下,违章进入危险作业场所作业,导致事故发生。

2. 擅自改变生产工艺

浙江金华市××实业有限公司为解决冷却清洗废水环保处理难的问题,没有经过科学、周密的论证,特别是没有经过安全论证,擅自将废渣冷却清除介质由水改为白油,又加之工厂布置不合理,现场管理混乱,物料乱堆乱放,危险场所用电设备不防爆,造成较大事故发生。

3. 安全培训不到位,从业人员安全意识差

在上述事故中,企业管理人员和作业人员对作业场所存在的危险性认识不足,安全意识差,违章作业;发生人员遇险时,盲目施救,致使事故中人员伤亡进一步扩大。

4. 对冬季化工安全生产的特点认识不够,没有采取必要的安全防护措施

一些企业没有认真分析冬季气候变化对化工生产安全的影响,对气候干燥易产生静电和粉尘容易爆炸的风险重视不够。另外,岁末年初,一些化工企业抢任务赶工期,忽视安全生产,放松安全管理。没有充分估计到临近春节从业人员的思想变化,管理松懈,思想麻痹,违章作业,造成事故多发。

任务 5 进入受限空间作业

受限空间作业涉及的领域广、行业多,作业环境复杂,危险有害因素多,容易发生安全事故,造成严重后果;作业人员遇险时施救难度大,盲目施救或救援方法不当,又容易造成伤亡扩大。根据原国家安全监管总局统计,2001年到2009年8月,我国在受限空间中作业因中毒、窒息导致的一次死亡3人及以上的事故总数为668起,死亡人数达到2699人,每年平均300多人。

石油化工企业在装置新建、改造、生产、抢修、检维修过程中,需要经常进入受限空间作业。作业过程中,如果防范措施不到位,就有可能发生火灾、爆炸、中毒、窒息等事故。因麻痹大意、违章作业导致的事故数不胜数。

一、进入受限空间作业范围

根据《化学品生产单位特殊作业安全规范》(GB 30871—2014),受限空间是指化学品生产单位的各类塔、釜、槽、罐、炉膛、锅筒、管道、容器以及地下室、窨井、坑(池)、下水道或其他封闭、半封闭场所。

受限空间作业是进入或探入化学品生产单位的受限空间进行的作业。

二、危害因素

因为受限空间内可能盛装过或积存有毒有害、易燃易爆物质，如果工艺处理不彻底，或者对需要进入的设备未有效隔离，导致可燃气体、有毒有害气体残留或窜入等，若作业时对作业活动的危险性认识不足，采取措施不力，违章操作等，就可能发生着火、爆炸、中毒窒息事故。

受限空间内可能有各种机械动力、传动、电气设备，若处理不当、操作失误等，可能发生机械伤害、触电等事故。

当在受限空间内进行高空作业时，可能造成高空坠落事故。

三、受限空间作业安全要求

1. 受限空间作业实施作业许可证管理

受限空间作业实施作业许可证管理，作业前应办理《受限空间作业许可证》。

2. 安全隔绝

① 受限空间与其他系统连通的可能危及安全作业的管道应采取有效隔离措施。

② 管道安全隔绝可采用插入盲板或拆除一段管道进行隔绝，不能用水封或关闭阀门等代替盲板或拆除管道。

③ 受限空间相连通的可能危及安全作业的孔、洞应进行严密的封堵。

④ 受限空间带有搅拌器等用电设备时，应在停机后切断电源，上锁并加挂警示牌。

3. 清洗或置换

受限空间作业前，应根据受限空间盛装（过）的物料特性，对受限空间进行清洗或置换，并达到下列要求：

① 氧含量一般为18%～21%，在富氧环境下不得大于23.5%。

② 有毒气体（物质）浓度应符合 GBZ 2.1—2007 的规定。

③ 可燃气体浓度：当被测气体或蒸气的爆炸下限大于等于4%时，其被测浓度不大于0.5%（体积分数）；当被测气体或蒸气的爆炸下限小于4%时，其被测浓度不大于0.2%（体积分数）。

4. 通风

应采取措施，保持受限空间空气良好流通。

① 打开人孔、手孔、料孔、风门、烟门等与大气相通的设施进行自然通风。

② 必要时，可采取强制通风。

③ 采用管道送风时，送风前应对管道内介质和风源进行分析确认。

④ 禁止向受限空间充氧气或富氧空气。

5. 监测

① 作业前30min内，应对受限空间进行气体采样分析，分析合格后方可进入。

② 分析仪器应在校验有效期内，使用前应保证其处于正常工作状态。

③ 采样点应有代表性，容积较大的受限空间，应采取上、中、下各部位取样。

④ 作业中应定时监测，至少每2h监测一次，如监测分析结果有明显变化，则应加大监测频率；作业中断超过30min应重新进行监测分析，对可能释放有害物质的受限空间，应连续监测。情况异常时应立即停止作业，撤离人员，经对现场处理，并取得分析合格后方可

恢复作业。

⑤ 涂刷具有挥发性溶剂的涂料时，应做连续分析，并采取强制通风措施。

⑥ 采样人员探入受限空间采样时应采取"6."中规定的防护措施。

6. 个体防护措施

受限空间经清洗或置换不能达到"3."的要求时，应采取相应的防护措施方可作业。

① 在缺氧或有毒的受限空间作业时，应佩戴隔离式防护面具，必要时作业人员应拴带救生绳。

② 在易燃易爆的受限空间作业时，应穿防静电工作服、工作鞋，使用防爆型低压灯具及不发生火花的工具。

③ 在有酸碱等腐蚀性介质的受限空间作业时，应穿戴好防酸碱工作服、工作鞋、手套等护品。

④ 在产生噪声的受限空间作业时，应佩戴耳塞或耳罩等防噪声护具。

7. 照明及用电安全

① 受限空间照明电压应小于等于36V，在潮湿容器、狭小容器内作业电压应小于等于12V。

② 使用超过安全电压的手持电动工具作业或进行电焊作业时，应配备漏电保护器。在潮湿容器中，作业人员应站立在绝缘板上，同时保证金属容器接地可靠。

③ 临时用电应办理用电手续，按GB/T 13869规定架设和拆除。

8. 监护

① 受限空间作业，在受限空间外应设有专人监护。

② 进入受限空间前，监护人应会同作业人员检查安全措施，统一联系信号。

③ 在风险较大的受限空间作业，应增设监护人员，并随时保持与受限空间作业人员的联络。

④ 监护人员不得脱离岗位，并应掌握受限空间作业人员的人数和身份，对人员和工器具进行清点。

9. 其他安全要求

① 在受限空间作业时应在受限空间外设置安全警示标志。

② 受限空间出入口应保持畅通。

③ 多工种、多层交叉作业应采取互相之间避免伤害的措施。

④ 作业人员不得携带与作业无关的物品进入受限空间，作业中不得抛掷材料、工器具等物品。

⑤ 受限空间外应备有空气呼吸器（氧气呼吸器）、消防器材和清水等相应的应急用品。

⑥ 严禁作业人员在有毒、窒息环境下摘下防毒面具。

⑦ 难度大、劳动强度大、时间长的受限空间作业应采取轮换作业。

⑧ 在受限空间进行高处作业应按《高处作业安全规范》的规定进行，应搭设安全梯或安全平台。

⑨ 在受限空间进行动火作业应按《动火作业安全规范》的规定进行。

⑩ 作业前后应清点作业人员和作业工器具。作业人员离开受限空间作业点时，应将作业工器具带出。

⑪ 作业结束后，由受限空间所在单位和作业单位共同检查受限空间内外，确认无问题后方可封闭受限空间。

四、职责要求

1. 作业负责人的职责

① 对受限空间作业安全负全面责任。

② 在受限空间作业环境、作业方案和防护设施及用品达到安全要求后，可安排人员进入受限空间作业。

③ 在受限空间及其附近发生异常情况时，应停止作业。

④ 检查、确认应急准备情况，核实内外联络及呼叫方法。

⑤ 对未经允许，试图进入或已经进入受限空间者进行劝阻或者责令退出。

2. 监护人员的职责

① 对受限空间作业人员的安全负有监督和保护的职责。

② 监护人要由受限空间所在单位安排，要熟悉受限空间情况。

③ 监护人在作业期要坚守岗位，不得兼做其他工作。

④ 了解可能面临的危害，对作业人员出现的异常行为能够及时警觉并做出判断。与作业人员保持联系和交流，观察作业人员的状况。

⑤ 当发现异常时，立即向作业人员发出撤离警报，并帮助作业人员从受限空间逃生，同时立即呼叫紧急救援。

⑥ 掌握应急救援的基本知识。

3. 作业人员的职责

① 负责在保障安全的前提下进入受限空间实施作业任务。作业前应了解作业的内容、地点、时间、要求，熟知作业中的危害因素和应采取的安全措施。

② 确认安全防护措施落实情况。

③ 遵守受限空间安全作业规范，正确使用受限空间作业安全设施与个体防护用品。

④ 应与监护人员进行必要的、有效的安全、报警、撤离等双向信息交流。

⑤ 服从作业监护人的指挥，如发现作业监护人员不履行职责时，应停止作业并撤出受限空间。

⑥ 在作业中如出现异常情况或感到不适、呼吸困难时，应立即向作业监护人发出信号，迅速撤离现场。

4. 审批人员的职责

① 审查《受限空间作业许可证》的办理是否符合要求。

② 到现场了解受限空间内外情况。

③ 督促检查各项安全措施的落实情况。

五、《受限空间安全作业证》的管理

① 《受限空间安全作业证》由作业单位负责办理，格式见表 7-3。

② 《受限空间安全作业证》所列项目应逐项填写，安全措施栏应填写具体的安全措施。

③ 《受限空间安全作业证》应由受限空间所在单位负责人审批。

④ 一处受限空间、同一作业内容办理一张《受限空间安全作业证》，当受限空间工艺条件、作业环境条件改变时，应重新办理《受限空间安全作业证》。

⑤ 《受限空间安全作业证》一式三联，第一联由作业单位负责人留存，第二联由受限空间所在单位留存，第三联由安全监察部存查，《受限空间安全作业证》保存期限至少为 1 年。

表 7-3 受限空间安全作业证

申请单位		申请人		作业证编号	
受限空间所属单位		受限空间名称			
作业内容		受限空间内原有介质名称			
作业时间	自　年　月　日　时　分始至　年　月　日　时　分止				
作业单位负责人					
监护人					
作业人					
涉及的其他特殊作业					
危害辨识					
分析	分析项目	有毒有害介质	可燃气	氧含量	时间	部位	分析人
	分析标准						
	分析数据						

序号	安全措施	确认人
1	对进入受限空间危险性进行分析	
2	所有与受限空间有联系的阀门、管线加盲板隔离,列出盲板清单,落实抽堵盲板责任人	
3	设备经过置换、吹扫、蒸煮	
4	设备打开通风孔进行自然通风,温度适宜人员作业;必要时采用强制通风或佩戴空气呼吸器,不能用通氧气或富氧空气的方法补充氧	
5	相关设备进行处理,带搅拌机的设备已切断电源,电源开关处加锁或挂"禁止合闸"标志牌,设专人监护	
6	检查受限空间内部已具备作业条件,清罐时(无需用/已采用)防爆工具	
7	检查受限空间进出口通道,无阻碍人员进出的障碍物	
8	分析盛装过可燃有毒液体、气体的受限空间内的可燃、有毒有害气体含量	
9	作业人员清楚受限空间内存在的其他危险因素,如内部附件、集渣坑等	
10	作业监护措施:消防器材(　),救生绳(　),气防装备(　)	
11	其他安全措施:　　　　　　　　　　　　编制人:	

实施安全教育人			
申请单位意见			签字:　　年　月　日　时　分
审批单位意见			签字:　　年　月　日　时　分
完工验收			签字:　　年　月　日　时　分

事故案例

[案例 7-5]

2008年2月23日上午8时左右,承包商山东××安装建设有限公司对大化集团气化装置的煤灰过滤器(S1504)内部进行除锈作业。在没有对作业设备进行有效隔离、没有对作业容器内氧含量进行分析、没有办理进入受限空间作业许可证的情况下,作业人员进入煤灰过滤器进行作业，约10点30分，1名作业人员窒息晕倒坠落作业容器底部，在施救过程中另外3名作业人员相继窒息晕倒在作业容器内。随后赶来的救援人员在向该煤灰过滤器中注入空气后，将4名受伤人员救出，其中3人经抢救无效死亡，1人经抢救脱离生命危险。

[案例 7-6]

2011年4月18日，山东××化工有限公司将惰性气打入气柜至8400 m^3后，气柜进口水封加水封住，全厂开始停车检修。4月18日开始对用旧的旋风除尘器内部进行防火水泥浇筑作业，计划工期4天。4月19日旋风除尘器并入工艺系统，即：出口已通过下游的废热锅炉、洗气塔及煤气总管与气柜相连；进口与上游5台造气炉相连。4月21日6:30，工人进入旋风除尘器内部作业。约8:00，在设备顶部作业的工人发现一名设备内部作业人员趴在用于作业临时扎制的架子上，呼唤没有反应，便立即汇报。在等待救援的过程中，另2名人员也出现中毒症状。基建科科长接到汇报后，向厂领导进行了汇报，并打120急救电话报警，随后厂领导等人也赶到现场展开事故救援。

在设备内部作业的1名人员被紧急送到医院，经抢救无效死亡；另2名人员处于重伤昏迷状态进行医院治疗。

[案例 7-7]

2012年2月23日上午11时40分左右，××钢铁股份有限公司三加压站转炉煤气柜在改造大修过程中发生煤气中毒事故，造成6人死亡、7人受伤。据初步分析，该起事故发生的原因是：施工人员在不了解回流管道内存在煤气的情况下，将加压站至煤气柜回流管盲板处的法兰螺栓拆除，导致盲板下移，致使回流管道内的煤气倒灌进入煤气柜，造成煤气柜内作业人员煤气中毒。

任务6　动火作业

动火作业易燃易爆场所是指GB 50016、GB 50160、GB 50074中火灾危险性分类为甲、乙类区域的场所。在化学品生产单位生产检修过程中经常要进行动火作业。如果防范措施落实不到位，就可能发生灼烫、中毒、窒息、火灾爆炸等恶性事故。

2017年国家安全生产监督管理总局发布通告，2010年以来有6起重特大事故、2015年以来有13起较大事故由电气焊动火作业引发，其中涉及危化品或罐体装置的占多数。其中，2017年2月17日，吉林省松原市松原石化有限公司江南厂区在汽柴油改质联合装置酸性水罐动火作业过程中发生闪爆事故，造成3人死亡；2017后3月20日，河南省济源市××金铅股份有限公司××冶炼厂在停产检修的阳极泥预处理车间亚硒酸塔槽顶部切割锈死阀门时发生爆炸，造成3人死亡。

这些事故暴露出部分企业存在安全生产责任不落实，安全意识、法律意识淡薄，安全管理混乱等问题，具体表现为：一是违反安全规程，违规指挥；二是不落实动火制度，不采取防护措施，违章作业；三是企业无相关资质、聘用无特种作业资格证人员盲目蛮干；四是现场应急处置不当，导致事故扩大。

一、动火作业定义

使用气焊、电焊、喷灯等焊割工具，在煤气、氧气的生产设施、输送管道、储罐、容器和危险化学品的包装物、容器、管道及易燃易爆危险区域内的设备上，能直接或间接产生明火的施工作业。

二、动火作业分类

动火作业分为一级动火作业、二级动火作业和三级动火作业三类。

1. 一级动火作业

① 工业及民用煤气生产设施（储罐、容器等）$DN \geqslant 200mm$ 煤气输送管道的本体及与本体水平净距1m范围内动火作业。

② $DN \geqslant 80mm$ 氧气输送管道动火作业。

③ A级易燃易爆区域动火作业。

2. 二级动火作业

① 工业及民用煤气生产设施（储罐、容器等）$DN < 200mm$ 煤气输送管道的本体及与本体水平净距1m范围内动火作业。

② $DN < 80mm$ 氧气输送管道动火作业。

③ B级易燃易爆区域动火作业。

3. 三级动火作业

除一级动火作业和二级动火作业以外的动火作业。

三、动火作业许可证的管理

① 特殊动火、一级动火、二级动火的《动火作业证》（以下简称《作业证》）应以明显标记加以区分。

② 《作业证》办证人须按《作业证》的项目逐项填写，不得空项。然后根据动火等级，按规定的审批权限办理审批手续，最后将办理好的《作业证》交动火项目负责人。

③ 办理好《作业证》后，动火作业负责人应到现场检查动火作业安全措施落实情况，确认安全措施可靠并向动火人和监火人交代安全注意事项后，方可批准开始作业。

④ 《作业证》实行一个动火点、一张动火证的动火作业管理。

⑤ 《作业证》不得随意涂改和转让，不得异地使用或扩大使用范围。

⑥ 《作业证》一式三联，二级动火由审批人、动火人和动火点所在车间操作岗位各持一份存查；一级和特殊动火《作业证》由动火点所在车间负责人、动火人和主管安全（防火）部门各持一份存查；《作业证》保存期限至少为1年。

⑦ 特殊动火作业和一级动火作业的《作业证》有效期不超过8h。二级动火作业的《作业证》有效期不超过72h，每日动火前应进行动火分析。

⑧ 动火作业超过有效期限，应重新办理《作业证》。

《动火作业证》如表7-4所示。

四、动火分析及合格标准

① 凡是在易燃易爆装置、管道、储罐、阴井等部位及其他认为应进行分析的部位动火时，动火作业前必须进行动火分析。

② 动火分析的取样地点要有代表性。

③ 进入煤气设备内部工作时，安全分析取样时间不得早于动火前30min，检修动火工作中每2h必须重新取样分析。工作中断后恢复工作前30min，须重新取样分析。如现场分

析手段无法实现上述要求者,应由分级审批安全主管负责人签字同意,另做具体处理。

表 7-4 动火作业证

申请单位		申请人		作业证编号	
动火作业级别		动火方式			
动火地点					
动火时间	自 年 月 日 时 分始至 年 月 日 时 分止				
动火作业负责人			动火人		
动火分析时间	年 月 日 时		年 月 日 时	年 月 日 时	
分析点名称					
分析数据					
分析人					
涉及的其他特殊作业					
危害辨识					
序号	安全措施				确认人
1	动火设备内部构件清理干净,蒸汽吹扫或水洗合格,达到用火条件				
2	断开与动火设备相连接的所有管线,加盲板( )块				
3	动火点周围的下水井、地漏、地沟、电缆沟等已清除易燃物,并已采取覆盖、铺沙、水封等手段进行隔离				
4	罐区内动火点同一围堰和防火间距内的油罐不同时进行脱水作业				
5	高处作业已采取防火花飞溅措施				
6	动火点周围易燃物已清除				
7	电焊回路线已接在焊件上,把线未穿过下水井或其他设备搭接				
8	乙炔气瓶(直立放置)、氧气瓶与火源间的距离大于 10m				
9	现场配备消防蒸汽带( )根,灭火器( )台,铁锹( )把,石棉布( )块				
10	其他安全措施: 编制人:				
生产单位负责人		监火人		动火初审人	
实施安全教育人					
申请单位意见	签字: 年 月 日 时 分				
安全管理部门意见	签字: 年 月 日 时 分				
动火审批人意见	签字: 年 月 日 时 分				
动火前,岗位当班班长验票	签字: 年 月 日 时 分				
完工验收	签字: 年 月 日 时 分				

④ 动火分析合格判定。

a. 如使用测爆仪或其他类似手段时,动火分析的检测设备必须经被测对象的标准气体样品标定合格,被测的气体或蒸气浓度应小于或等于爆炸下限的 20%。

b. 使用其他分析手段时,被测的气体或蒸气的爆炸下限大于等于 4% 时,其被测浓度小于等于 0.5%;当被测的气体或蒸气的爆炸下限小于 4% 时,其被测浓度小于等于 0.2%。

c. 动火分析合格后,动火作业须经分级审批的安全主管负责人签字后方可实施。

五、动火作业安全防火要求

① 动火作业必须办理《动火作业证》。进入设备内、高处等进行动火作业，还应执行进设备内和高处作业的相关规定。

② 高处进行动火作业，其下部地面如有可燃物、空洞、阴井、地沟、水封等，应检查并采取措施，以防火花溅落引起火灾爆炸事故。

③ 在地面进行动火作业，周围有可燃物，应采取防火措施。动火点附近如有阴井、地沟、水封等应进行检查，并根据现场的具体情况采取相应的安全防火措施，确保安全。

④ 五级风以上（含五级风）天气，禁止露天动火作业。因生产需要确需动火作业时，动火作业应升级管理。

⑤ 动火作业应有专人监火。动火作业前应清除动火现场及周围的易燃物品，或采取其他有效的安全防火措施，配备足够适用的消防器材。

⑥ 动火作业前，应检查电、气焊工具，保证安全可靠。

⑦ 使用气焊焊割动火作业时，氧气瓶与乙炔气瓶间距应不小于5m，二者距动火作业地点均应不小于10m，并不准在烈日下暴晒。

⑧ 在铁路沿线的动火作业，如遇装有化学危险物品的火车通过或停留时，必须立即停止作业。

⑨ 凡在有可燃物或难燃物构件的冷却塔、脱气塔、水洗塔等内部进行动火作业时，必须采取防火隔绝措施，以防火花溅落引起火灾。

⑩ 生产不稳定，设备、管道等腐蚀严重不准进行带压不置换动火作业。

⑪ 动火作业时，安全、消防主管部门、车间主管领导、动火作业与动火作业设施所在单位（管理权限的分厂）的安全员应到现场监督检查安全防火措施落实情况。危险性较大的动火作业可请专职消防队到现场监护。

⑫ 凡盛有或盛过化学危险物品的容器、设备、管道等生产、储存装置，必须在动火作业前进行清洗置换，经分析合格后方可动火作业。

⑬ 拆除管线的动火作业，必须先查明其内部介质及其走向，并制定相应的安全防火措施。

⑭ 在生产、输送、使用、储存氧气的设备上进行动火作业，其氧含量不得超过23%。

⑮ 动火作业前，应通知动火作业设施所在单位（管理权限的分厂）生产调度部门及其他相关部门，应制定相应的异常情况下的应急措施。

⑯ 带压动火作业过程中，必须设专人负责监视压力不低于3000Pa，严禁负压动火作业。

⑰ 动火作业现场的通排风要良好，以保证泄漏的气体能顺畅排走。

⑱ 动火作业完毕应清理现场，确认无残留火种后方可离开。

六、动火作业职责要求

1. 动火作业负责人

实施动火作业车间领导或外委项目负责人担任动火作业负责人，对动火作业负全面责任，必须在动火作业前详细了解作业内容和动火部位及周围情况，制定、落实动火安全措施，交代作业任务和防火安全注意事项。

2. 动火人

动火人在动火作业前须核实各项内容是否落实,审批手续是否完备,若发现不具备条件时,有权拒绝动火。动火前应主动向监火人呈验《动火作业许可证》,经双方签名并注明动火时间后,方可实施动火作业。

3. 监火人

监火人应由动火地点、设施管理权限单位指定责任心强、掌握安全防火知识的人员担任。未划分管理权限的地点、设施动火作业,由动火作业单位指派监火人。

监火人必须持公司统一的标志上岗,负责动火现场的监护与检查,随时扑灭动火飞溅的火花,发现异常情况应立即通知动火人停止动火作业。

在动火作业期间,监火人必须坚守岗位,动火作业完成后,应会同有关人员清理现场,清除残火,确认无遗留火种后方可离开现场。

4. 安全监督员

实施动火作业单位和动火地点、设施所在单位(管理权限的分厂)安全员应负责检查本标准执行情况和安全措施落实情况,随时纠正违章作业。

5. 动火作业的审批人

① 一级动火作业的审批人是公司安全、消防主管部门,二级动火作业的审批人是分厂安全、消防主管部门。

② 工业及民用煤气、氧气生产设施(储罐、容器等)和输送管道的动火作业由安全主管部门先审核后送消防主管部门复审审批。

③ 易燃易爆区域的动火作业由消防主管部门先审核后送安全主管部门复审审批。

④ 审批人在审批动火作业前必须熟悉动火作业现场情况,确定是否需要动火分析,审查动火等级、安全保障措施。在确认符合要求后方可批准。

任务 7　高处作业

高处作业在化工企业的各类基建项目、设备检修维护项目中普遍存在,因其作业的高风险,产生的人身伤害事件较多。2011 年 9 月 23 日,某石化公司乙烯厂高压聚乙烯车间发生一起高空坠落事故,事故造成 1 人死亡;2017 年 10 月 13 日,某集团股份有限公司化工厂自行车棚棚顶阳光板拆除作业过程中,发生一起高处坠落事故,造成 1 名作业人员死亡。

新疆塔西南炼油化工厂董×等对中石油集团公司、油田公司及其他企业因高处作业引起的事故进行分析,统计发现 2003~2015 年中石油炼化板块发生高处坠落事故 10 起,占亡人事故比重的 12%;2012~2015 年油田公司发生与高处作业(含平台作业)的有关事件约 17 起。

高处作业一旦发生事故,危害较大,作业人员有效识别隐患并削减风险,化工生产单位更要完善管理中存在的缺陷,这是保证化工企业特种作业安全开展的关键。

一、高处作业概念

1. 高处作业

《化学品生产单位特殊作业安全规范》(GB 30871—2014)将其定义为:在坠落高度基准面 2m 以上(含 2m)有可能坠落的高处进行的作业。

2. 坠落高度基准面

是指通过最低坠落着落点的水平面，即坠落下去的地面，如地面、楼面、楼梯平台、相邻较低建筑物的屋面、基坑的底面等。最低坠落着落点，是指在作业位置可能坠落到的最低点。高处作业高度，是指作业区各作业位置至相应坠落高度基准面之间的垂直距离中的最低值。

3. 可能坠落范围（图7-1）

是指以作业位置为圆心，R 为半径所作的圆。高处作业可能坠落范围半径R，根据高处作业高度 h 不同，分别是：

① 当高度 h 为 2～5m 时，半径 R 为 3m；
② 当高度 h 为 5～15m 时，半径 R 为 4m；
③ 当高度 h 为 15～30m 时，半径 R 为 5m；
④ 当高度 h 为 30m 以上时，半径 R 为 6m。

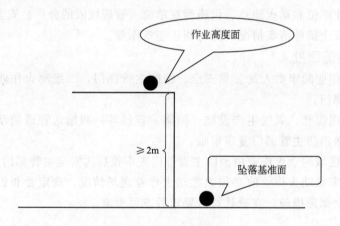

图 7-1　可能坠落范围

4. 特殊高处作业

把在特殊和恶劣条件下的高处作业称为特殊高处作业。特殊高处作业包括强风、高温、雪天、雨天、夜间、带电、悬空、抢险的高处作业。

5. 高处坠落

在施工现场高处作业中，如果未防护、防护不好或作业不当都可能发生人或物的坠落。人从高处坠落的事故，称为高处坠落事故，物体从高处坠落砸着下面人的事故，就是物体打击事故。

二、高处作业的基本类型

设备检修施工中的高处作业主要包括临边、洞口、攀登、悬空、交叉五种基本类型。

1. 临边作业

临边作业是指施工现场作业中，工作面边沿无围护设施或围护设施高度低于80cm时的高处作业。临边高度越高，危险性就越大。

2. 洞口作业

洞口作业是指孔与洞口旁边的高处作业，包括施工现场及通道旁深度2m及2m以上的桩孔、人孔、沟槽与管道洞孔边沿上的作业。

3. 攀登作业

攀登作业是指借助等高用具或等高设施在攀登条件下进行的高处作业。

4. 悬空作业

悬空作业是指在周边临空状态下进行的高处作业。

5. 交叉作业

交叉作业是指在施工现场的上下不同层次,于空间贯通状态下同时进行的高处作业。

三、高处作业施工安全的专项规定

1. 临边作业的安全防护

临边作业的安全防护,主要有以下两种:

① 设置防护栏杆。凡是临边作业都应在临边设置防护栏杆。

对于主体工程上升阶段的顶层楼梯口应随工程结构施工进度安装正式防护栏杆。如临街道路为行人密集区,除防护栏杆外,敞口立面必须采取密目式安全网进行全封闭。

② 设置安全门或活动防护栏杆。各种垂直运输接料平台,在平台口应设置安全门。

③ 凡是临边作业都应在临边设置防护栏杆;防护栏杆应由上、下两道横杆及柱杆组成,上杆离地 1~1.2m,下杆离地 0.5~0.6m,一般横杆长度大于 2m 时,必须加设栏杆柱。

栏杆柱的固定及其与横杆的连接应能经受任何方向的 1000N 的外力。

防护栏杆必须自上而下用安全立网封闭,或在栏杆下边设置严密固定的高度不低于 18cm 的挡脚板。

基坑周边、未安装栏杆或挡板的阳台、料台与卸料平台周边、无外防护的屋面与框架楼层周边、分段施工的楼梯口和梯段边处以及垂直运输接料平台的两侧边等所有临边都必须设防护栏杆。坡度大于 1:2.2 的屋面应设 1.5~1.8m 的防护栏杆。

④ 设置安全门或活动防护栏杆,各种垂直运输接料平台两侧应设防护栏杆加密目网,封闭平台口应设安全门或活动防护栏杆。

2. 洞口作业的防护

洞口防护根据具体情况采取设置防护栏杆、加盖板、张挂安全网与装栅门等措施。

① 楼板、屋面和平台面积上短边尺寸小于 25cm 但大于 2.5cm 的孔洞,必须用坚实的盖板盖设。盖板应能防止挪动移位。

② 楼板面等处边长为 25~50cm 的洞口、安装预制构件时的洞口以及缺件临时形成的洞口,可用竹、木等做盖板,盖住洞口。

盖板须能保持四周搁置均衡,并有固定其位置的措施。

③ 边长为 50~150cm 的洞口,必须设置以扣件扣接钢管而成的网格,并在其上满铺竹笆或脚手板,也可采用贯穿于混凝土板内的钢筋构成防护网,钢筋网格间距不得大于 20cm。

④ 边长在 150cm 以上的洞口,四周设防护栏杆,洞口下张设安全平网防护。

⑤ 墙面等处的竖向洞口,凡落地的洞口应加装开关式、工具式或固定式的防护门,门栅网格的间距不应大于 15cm,也可采用防护栏杆,下设挡脚板。电梯井内应每隔两层并最多隔 10m 设一道安全网。

⑥ 下边沿至楼板或底面低于 80cm 的窗台等竖向洞口,如侧边落差大于 2m 时,应加设 1.2m 高的临时护栏。

⑦ 施工现场通道附近的各类洞口与坑槽等处，除设置防护设施与安全标志外，夜间还应设红灯警示。

3. 攀登作业的安全防护

① 使用梯子攀登作业时，梯脚底部应坚定，不得垫高使用，并采取包扎、钉胶皮、锚固或夹牢等防护措施。

② 作业人员应从规定的通道上下，不得在阳台之间等非规定过道进行攀登，也不得任意利用吊车臂架的施工设施进行攀登。上下梯子时必须面向梯子，且不得手持器物。

4. 悬空作业的防护

① 悬空作业除应有牢靠的立足外，并必须视具体情况，配置防护栏网、栏杆或其他安全设施。悬空作业所用的索具、脚手板、吊篮、吊笼、平台等设备，均需经过技术鉴定或检查后方可使用。

② 钢结构的构件应尽可能在地面组装，并应将进行临时固定、电焊、高强螺栓连接等操作的高空安全设施，随构件同时上吊就位。

高空吊装预应力钢筋混凝土屋架、桁架等大型构架前，也应搭设悬空作业中所需的安全设施。拆卸时的安全措施也应一并考虑和落实。

③ 悬空安装大模板、吊装第一块预制构件、吊装单独的大中型预制构件时，必须站在操作平台上操作。吊装中大模板和预制构件以及石棉水泥板等屋面板上，严禁站人和行走。

④ 安装管道时必须有已完结构或操作平台为立足点，严禁在安装中的管道上站立人和行走。悬空构件的焊接，必须在满铺脚手板的支架或操作平台上操作。

⑤ 焊接立柱和墙体钢筋时，不得站在钢筋骨架上或攀登骨架上下，焊接 3m 以上的柱钢筋，必须搭设操作平台。

⑥ 在高处外墙安装门、窗，无外脚手架时应张挂安全网；无安全网时，操作人员应系好安全带，其保险钩应挂在操作人员上方的可靠物件上。

⑦ 进行各项窗口作业时，操作人员的重心应位于室内，不得在窗台上站立，必要时应系好安全带进行操作。

5. 交叉作业的防护

① 交叉作业时，注意不得在同一垂直方向上操作。下层作业的位置，必须处于以上层高度确定的可能坠落范围半径之外。不符合以上条件时，应设置安全防护棚。

② 结构施工自二层起，凡人员进出的通道口（包括井架、施工用电梯的进出通道口），均应搭设安全防护棚。高度超过 24m 层次上的交叉作业，应设双层防护。

③ 由于上方施工可能坠落物件或处于起重机臂杆回转范围之内的通道，在其受影响的范围内，必须搭设顶部能防止穿透的双层防护棚。

④ 进入施工现场要走指定的或搭有防护棚的出入口，不得从无防护棚的楼口出入，避免坠物砸伤。

四、高处作业危害与预防

（一）高空坠落

1. 高空坠落原因

① 高空作业思想不集中或开玩笑、追逐、嬉闹。

② 精神状态不佳，如因睡眠、休息不足而精神不振，酒后进行登高作业。
③ 高空作业地点无栏杆。
④ 操作人员操作不当。
⑤ 高空作业不戴工具袋手抓物件而失足坠落。
⑥ 高空作业不扎安全带。
⑦ 通道上摆放过多物品。
⑧ 脚手架不按规定搭设，梯子摆放不稳。

2. 高空坠落形式

① 人在移动过程中被绊而失身坠落。
② 在钢架、脚手架、爬梯上下攀爬失手而坠落。
③ 在管道、小梁行走时脚步不稳（如打滑、踩空）身体失控坠落或踩中易滚动或不稳定物件而坠落。
④ 跨越未封闭或封闭不严孔洞、沟槽、井坑而失足坠落。
⑤ 脚手架上的脚手板、梯子、架子管因变形、断裂而失稳导致人员坠落。
⑥ 触电、物件打击或其他方式导致人员坠落。
⑦ 操作中用力过猛或猛拉猛甩不受力物件。
⑧ 踩塌轻型屋面板而导致人员坠落。

3. 预防高处坠落的安全要求

① 工作前进行安全分析，并组织安全技术交底。
② 对患有职业禁忌症和年老体弱、疲劳过度、视力不佳人员等，不准进行高处作业。
③ 穿戴劳动保护用品，正确使用防坠落用品与登高器具、设备。
④ 用于高处作业的防护措施，不得擅自拆除。
⑤ 作业人员应从规定的通道上下，不得在非规定的通道进行攀登，也不得任意利用吊车臂架等施工设备进行攀登。

（二）高空落物

1. 高空落物原因分析

① 起重机械超重或误操作造成机械损坏、倾倒、吊件坠落。
② 各种起重机具（钢丝绳、卸卡等）因承载力不够而被拉断或折断导致落物。
③ 用于承重的平台承载力不够而使物件坠落。
④ 起吊过程吊物上零星物件没有绑扎或清理而坠落。
⑤ 高空作业时拉电源线或皮管时将零星物件拖带坠落或行走时将物件碰落。
⑥ 在高空持物行走或传递物品时失手将物件跌落。
⑦ 在高处切割物件材料时无防坠落措施。
⑧ 向下抛掷物件。

2. 防止高空落物伤人安全措施

① 对于重要、大件吊装必须制定详细吊装施工技术措施与安全措施，并有专人负责，统一指挥，配置专职安监人员。
② 非专业起重工不得从事起吊作业。
③ 各个承重临时平台要进行专门设计并核算其承载力，焊接时由专业焊工施焊并经检

查合格后才允许使用。

④ 起吊前对吊物上杂物及小件物品清理或绑扎。
⑤ 从事高空作业时必须佩工具袋，大件工具要绑上保险绳。
⑥ 加强高空作业场所及脚手架上小件物品清理、存放管理，做好物件防坠措施。
⑦ 上下传递物件时要用绳传递，不得上下抛掷，传递小型工件、工具时使用工具袋。
⑧ 尽量避免交叉作业，拆架或起重作业时，作业区域设警戒区，严禁无关人员进入。
⑨ 切割物件材料时应有防坠落措施。
⑩ 起吊零散物品时要用专用吊具进行起吊。

五、作业票证的办理

必须加强高处作业安全防护，落实相关安全措施。从事高处作业的单位应办理《作业证》，落实安全防护措施后方可作业。

1. 一级高处作业

一级高处作业和在坡度大于 45°的斜坡上面的高处作业，由车间负责审批。

2. 二级、三级高处作业

二级、三级高处作业及下列情形的高处作业由车间审核后，报厂相关主管部门审批。
① 在升降（吊装）口、坑、井、池、沟、洞等上面或附近进行高处作业。
② 在易燃、易爆、易中毒、易灼伤的区域或转动设备附近进行高处作业。
③ 在无平台、无护栏的塔、釜、炉、罐等化工容器、设备及架空管道上进行高处作业。
④ 在塔、釜、炉、罐等设备内进行高处作业。
⑤ 在临近有排放有毒、有害气体、粉尘的放空管线或烟囱及设备高处作业。

3. 特级高处作业

特级高处作业及下列情形的高处作业，由单位安全部门审核后，报主管安全负责人审批。
① 在阵风风力为 6 级（风速 10.8m/s）及以上情况下进行的强风高处作业。
② 在高温或低温环境下进行的异温高处作业。
③ 在降雪时进行的雪天高处作业。
④ 在降雨时进行的雨天高处作业。
⑤ 在室外完全采用人工照明进行的夜间高处作业。
⑥ 在接近或接触带电体条件下进行的带电高处作业。
⑦ 在无立足点或无牢靠立足点的条件下进行的悬空高处作业。

4. 作业负责人

应根据高处作业的分级和类别向审批单位提出申请，办理《作业证》。《作业证》一式三份，一份交作业人员，一份交作业负责人，一份交安全管理部门留存，保存期 1 年。

5. 《作业证》

有效期 7 天，若作业时间超过 7 天，应重新审批。对于作业期较长的项目，在作业期内，作业单位负责人应经常深入现场检查，发现隐患及时整改，并做好记录。若作业条件发生重大变化，应重新办理《作业证》。《高处安全作业证》见表 7-5，高处作业风险分析及安全措施见表 7-6。

表 7-5　高处安全作业证

申请单位		申请人		作业证编号	
作业时间	自　年　月　日　时　分始至　年　月　日　时　分止				
作业地点					
作业内容					
作业高度		作业类别			
作业单位		监护人			
作业人		涉及的其他特殊作业			
危害辨识					

序号	安全措施	确认人
1	作业人员身体条件符合要求	
2	作业人员着装符合工作要求	
3	作业人员佩戴合格的安全帽	
4	作业人员佩戴安全带,安全带高挂低用	
5	作业人员携带有工具袋及安全绳	
6	作业人员佩戴:A. 过滤式防毒面具或口罩;B. 空气呼吸器	
7	现场搭设的脚手架、防护网、围栏符合安全规定	
8	垂直分层作业中间有隔离设施	
9	梯子、绳子符合安全规定	
10	石棉瓦等轻型棚的承重梁、柱能承重负荷的要求	
11	作业人员在石棉瓦等不承重物作业所搭设的承重板稳定牢固	
12	采光、夜间作业照明符合作业要求,(需采用并已采用/无需采用)防爆灯	
13	30m 以上高处作业配备通信、联络工具	
14	其他安全措施:　　　　　　　　　　　　　　　　　　　　　编制人:	

实施安全教育人			
生产单位作业负责人意见	签字:　　　　　　年　月　日　时　分		
作业单位负责人意见	签字:　　　　　　年　月　日　时　分		
审核部门意见	签字:　　　　　　年　月　日　时　分		
审批部门意见	签字:　　　　　　年　月　日　时　分		
完工验收	签字:　　　　　　年　月　日　时　分		

表 7-6　高处作业风险分析及安全措施

序号	风险分析	安全措施	确认人
1	作业人员不熟悉作业环境或不具备相关安全技能	作业人员必须经安全教育,熟悉现场环境和施工安全要求,按《高处作业证》内容检查确认安全措施落实到位后,方可作业	
2	作业人员未佩戴防坠落防滑用品或使用方法不当或用品不符合相应安全标准	作业人员必须戴安全帽,拴安全带,穿防滑鞋。作业前要检查其符合相关安全标准,作业中应正确使用	

续表

序号	风险分析	安全措施	确认人
3	未派监护人或未能履行监护职责	作业监护人应熟悉现场环境和检查确认安全措施落实到位,具备相关安全知识和应急技能,与岗位保持联系,随时掌握工况变化,并坚守现场	
4	跳板不固定,脚手架、防护围栏不符合相关安全要求	搭设的脚手架、防护围栏应符合相关安全规程	
5	登石棉瓦、瓦楞板等轻型材料作业	在石棉瓦、瓦楞板等轻型材料上作业,应搭设并站在固定承重板上作业	
6	登高过程中人员坠落或工具、材料、零件高处坠落伤人	高处作业使用的工具、材料、零件必须装入工具袋,上下时手中不得持物。不准空中抛接工具、材料及其他物品。易滑动、易滚动的工具、材料堆放在脚手架上时,应采取措施防止坠落	
7	高处作业下方站位不当或未采取可靠的隔离措施	高处作业正下方严禁站人,与其他作业交叉进行时,必须按指定的路线上下,禁止上下垂直作业。必须垂直进行作业时,应采取可靠的隔离措施	
8	与电气设备(线路)距离不符合安全要求或未采取有效的绝缘措施	在电气设备(线路)旁高处作业应符合安全距离要求。在采取地(零)电位或等(同)电位作业方式进行带电高处作业时,必须使用绝缘工具	
9	作业现场照度不良	高处作业应有足够的照明	
10	无通信、联络工具或联络不畅	30m 以上高处作业应配备通信、联络工具,指定专人负责联系,并将联络相关事宜填入《高处作业证》安全防范措施补充栏内	
11	作业人员患有高血压、心脏病、恐高症等职业禁忌症或健康状况不良	患有职业禁忌症和年老体弱、疲劳过度、视力不佳、酒后人员及其他健康状况不良者,不准高处作业	
12	大风、大雨等恶劣气象条件下从事高处作业	如遇暴雨、大雾、六级以上大风等恶劣气象条件应停止高处作业	
13	涉及动火、抽堵盲板等危险作业,未落实相应安全措施	若涉及动火、抽堵盲板等危险作业时,应同时办理相关作业许可证	
14	作业条件发生重大变化	若作业条件发生重大变化,应重新办理《高处作业证》	

参 考 文 献

[1] 关文玲,蒋军成. 我国化工企业火灾爆炸事故统计分析及事故表征物探讨. 中国安全科学学报,2008,18(3):103-107.
[2] 国务院天津港"8·12"瑞海公司危险品仓库特别重大火灾爆炸事故调查组. 天津港"8·12"瑞海公司危险品仓库特别重大火灾爆炸事故调查报告,2016.
[3] 朱飞,刘祖建,等. 进一步完善职业病预防措施和保障体系的探讨//中国职业安全健康协会2013年学术年会论文集. 2013:588-591.
[4] 中华人民共和国国家卫生健康委员会. 2017年我国卫生健康事业发展统计公报,2018.
[5] 中华人民共和国国家卫生和计划生育委员会. 关于2016年职业病防治工作情况的通报,2017.
[6] 王志文,李晋军,任勇,等. 大型石油化工企业职业病危害现状调查. 公共卫生与预防医学,2012(02):85-87.
[7] 罗杨. 石油化工企业职业病危害识别与控制. 安全、健康和环境,2008(07):37-39.
[8] 刘景良. 化工安全技术. 第3版. 北京:化学工业出版社,2014.
[9] 朱宝轩. 化工安全技术基础. 北京:化学工业出版社,2008.
[10] 齐向阳. 化工安全技术. 第2版. 北京:化学工业出版社,2014.
[11] 冯肇瑞,杨有启. 化工安全技术手册. 北京:化学工业出版社,1993.
[12] 朱建军. 化工安全与环保. 北京:北京大学出版社,2011.
[13] 国家标准化管理委员会. 危险货物分类和品名编号:GB 6944—2012. 2012.
[14] 中华人民共和国国务院. 危险化学品安全管理条例. 2013.
[15] 王灿. 我国职业卫生的现状与对策. 沈阳医学院学报,2015,17(1):1-3.
[16] 刑娟娟. 劳动防护用品与应急防护装备实用手册. 北京:航空工业出版社,2007.
[17] 工建辉. 化工火灾的扑救对策与组织指挥. 中国新技术新产品,2010(16):103.
[18] 李建华,黄郑华. 火灾扑救. 北京:化学工业出版社,2012.
[19] 赵诗万. 化工场所灭火救援对策浅析扑救化工火灾应注意的几个问题. 消防技术与产品信息,2007(5):58-60.
[20] 王振中,兰建海,刘晗. 化工装置火灾事故特点和处置要点. 消防科学与技术,2004.
[21] 王玉晓. 石油与化工火灾扑救及应急救援. 北京:中国人民公安大学出版社,2016.
[22] 国务院江苏省苏州昆山市中荣金属制品有限公司"8·2"特别重大爆炸事故调查组. 江苏省苏州昆山市中荣金属制品有限公司爆炸事故调查报告. 2014.
[23] 吕俊霞. 电气火灾的产生及发展趋势. 照明工程学报,2009,20(3):81-84.
[24] 浙江省安全生产监督管理局. 关于印发《浙江省化工装置检修安全管理规定(试行)》的通知. 2007.
[25] 崔国峰,韩龙朝. 加强施工现场临时用电安全管理. 城市建设理论研究:电子版,2012(11).
[26] 陈莹. 工业火灾与爆炸事故预防. 北京:化学工业出版社,2010.
[27] 董军,排日代姆·努尔麦麦提,刘春英. 高处作业发生事故原因及风险削减措施. 云南化工,2018,45(5):224.